水资源开发利用
红线控制与动态管理研究
——以广西北部湾经济区为例

王　浩　王建华　褚俊英　桑学锋　严子奇　刘　扬 等/著

科 学 出 版 社
北　京

内 容 简 介

本书针对广西北部湾经济区实行最严格的水资源管理实践需求，开展了区域水资源开发利用控制的理论、指标体系建立、红线量化以及动态管理技术的研究。本书系统地提出了区域水资源开发利用总量控制模式及其控制曲线与路径；提出了交界断面动态闭环反馈的复杂水资源系统的多维均衡阈值确定方法；研发了面向河流生态功能维系的区域耗水红线分配及水循环动态响应模拟技术；提出了与取用水红线控制指标相协调的耗水控制指标；发展完善了径流聚类预报与断面复核双向约束的时程滚动修正序贯决策方法的动态管理技术，形成了广西北部湾经济区重点用水户的水资源动态管理方案。

本书可供水文水资源、水利水电及生态环境等相关领域的政府管理人员、专业技术人员以及本科教师和研究生参考。

图书在版编目（CIP）数据

水资源开发利用红线控制与动态管理研究：以广西北部湾经济区为例 /
王浩等著. —北京：科学出版社，2018.11

ISBN 978-7-03-057635-4

Ⅰ．①水…　Ⅱ．①王…　Ⅲ．①北部湾-经济区-区域资源-水资源管理-研究　Ⅳ．①TV213.4

中国版本图书馆 CIP 数据核字（2018）第 122269 号

责任编辑：陶　璇 / 责任校对：孙婷婷
责任印制：霍　兵 / 封面设计：无极书装

科 学 出 版 社 出版
北京东黄城根北街 16 号
邮政编码：100717
http://www.sciencep.com

北京通州皇家印刷厂 印刷
科学出版社发行　各地新华书店经销
*

2018 年 11 月第　一　版　开本：720 × 1000　1/16
2018 年 11 月第一次印刷　印张：16
字数：317 000

定价：150.00 元
（如有印装质量问题，我社负责调换）

前　言

受经济社会规模、发展阶段和方式、水资源条件与全球气候变化等因素的综合影响，广西北部湾经济区当前面临着突出的水资源与水生态环境问题。实行最严格的水资源管理，开展区域水资源开发利用总量控制已成为区域社会跨越式发展与水资源协调的必然选择。如何进行用水控制指标的细化分解，在不同来水条件下如何进行有效的动态管理，区域取水、耗水、退水如何定量平衡与校核已成为广西北部湾经济区水资源开发利用控制面临的主要科学问题。水资源开发利用红线制定与动态管理关键技术研发非常紧迫而重要，是广西北部湾经济区能否落实取用水总量控制的基石，对于广西北部湾经济区实施水资源定量化、规范化与精细化管理具有决定性意义。

本书开展了区域水资源开发利用过程控制基础理论研究，研究了区域社会水循环系统调控模式与路径；研究了基于交界断面动态闭环反馈的复杂水资源系统多维均衡阈值指标体系及确定方法；研发了面向河流生态功能维系的区域耗水红线分配及水循环动态响应技术，给出了与取用水总量控制指标相协调的耗水控制指标，分水源、分用户、分频率细化制定区县水资源控制阈值，提出了广西北部湾经济区交界断面的控制流量管理指标；研究了取用水总量控制红线在不同来水频率下的动态管理技术，研究了基于径流聚类预报与断面复核双向约束的时程滚动修正的序贯决策方法，提出了"预报—复核"双约束下逐月用水总量控制指标的序贯决策模式。本书是对上述研究成果的归纳和总结。

本书得到了"十三五"国家重点研发计划课题（2016YFC0400605）、中国工程院重大咨询课题（2016-ZD-08-03、2010-ZD-5）、国家自然科学基金（51679253，51779270）、广西壮族自治区水利厅项目（201313、201506）等研究计划的支持，由中国水利水电科学研究院、广西壮族自治区水利电力勘测设计研究院、广西水利电力职业技术学院、广西水利学会、南宁市灌溉试验站等单位的研究人员共同参与和编写。

全书共分为11章，第1章为绪论，由王浩、王建华、褚俊英撰写；第2章为广西北部湾经济区水资源开发利用与红线控制管理需求，由何亚闻、龚家国、黄伟军、刘扬撰写；第3章为区域水资源开发利用总量控制理论构架，由褚俊英、周祖昊、闫九球撰写；第4章为基于交界断面流量动态闭环反馈的水资源开发利用总量控制的多维均衡指标体系构建，由刘扬、王建华撰写；第5章为区域取用水总量控制红线制定关键技术研发，由桑学锋、户超、刘扬、何亚闻、罗维钢撰写；第 6 章为广西北部湾经济区水资源取用水总量控制红线制定研究，由翟正丽、桑学锋、刘扬、李桂新、户超撰写；第 7 章为广西北部湾经济区取用水总量动态控制方案，由严子奇、桑学锋、何素明撰写；第 8 章为取用水总量控制管理技术研发与应用，由严子奇、陈发科、孙凯撰写；第 9 章为广西北部湾经济区水资源开发利用监控体系与动态管理系统研发，由蔡德所、何亚闻、褚俊英、李传科、蒋华波撰写；第 10 章为广西北部湾经济区取用水总量管理阈值和措施，由桑学锋、褚俊英、农卫红、覃曼丽撰写；第 11 章为主要成果与展望，由褚俊英、桑学锋、严子奇、刘扬撰写。全书由王浩、王建华、褚俊英、桑学锋、严子奇、刘扬统稿。

本书的完成与出版得到了广西壮族自治区水利厅、广西大学、广西北部湾经济区管理委员会办公室、南宁市水务局、北海市水务局、钦州市水务局以及防城港市水务局等单位的大力支持，在此表示衷心的谢意。受作者水平所限，书中不足之处在所难免，恳请各位读者批评指正。

作　者

2017 年 9 月于北京

目　　录

第1章 绪　论

1.1　研　究　背　景

受经济社会规模、发展阶段和方式、水资源禀赋和全球气候变化等因素的综合影响，广西北部湾经济区目前正面临着突出的水资源问题，可以概括为两大类，一是水资源系统对经济社会发展的支撑能力不足的问题，如区域工程性缺水、农村人畜饮水安全问题等；二是经济社会系统开发利用水资源引发的外部性问题，如过度开发造成的生态退化、超量排污导致的水环境污染等问题。而随着广西北部湾经济区经济社会的跨越式发展，这些水资源的问题将日益突出和尖锐。水资源已成为制约广西北部湾经济区实现国家发展战略的关键因素。

2011年的中央1号文件《中共中央国务院关于加快水利改革发展的决定》，明确要求实行最严格的水资源管理制度，即在增强供水安全保障和抵御风险能力的同时实行最严格的水资源管理，其核心是建立用水总量控制制度、用水效率控制制度、水功能区限制纳污制度以及水资源管理责任和考核制度，确立了水资源开发利用控制、用水效率控制和水功能区限制纳污三条红线，从而将水资源开发利用行为控制在水资源系统承载能力范围之内。水资源开发利用控制是实行最严格水资源管理制度确定的三条红线中的第一条，也是"用水效率控制"和"水功能区限制纳污控制"的基础。根据2011年中央1号文件和国务院新近批复的《全国水资源综合规划》，2020年将全国用水总量控制在6700亿 m^3，到2030年控制在7000亿 m^3。在此基础上，2012年国务院3号文件《关于实行最严格水资源管理制度的意见》，进行全面部署和具体安排。2013年国务院办公厅2号文件《关于印发实行最严格水资源管理制度考核办法的通知》，提出了具体考核办法。总体上，从当前已有的工作和技术基础来看，国家层面已初步明晰了未来水平年用水总量控制宏观目标和制度框架，正在积极开展分阶段管理指标的细化分解，并推进江河水量分配、取水许可总量控制和计划用水管理等工作。在此过程中，管理目标的实现面临着突出的理论与技术瓶颈，水资源开发利用控制红线的基础理论如何构建、如何科学合理地进行红线的细化分解与分阶段落实以及如何进行变化条件下的控制指标滚动修正等已成为迫切需要解决的关键技术难点。

根据2013年国务院办公厅2号文件《关于印发实行最严格水资源管理制度考

核办法的通知》，2020 年和 2030 年，广西壮族自治区总用水量控制指标分别为 309 亿 m³ 和 314 亿 m³，占全国比重分别为 4.6% 和 4.5%；在全国 31 个省份中排名第 8 位左右。2012 年 4 月，广西壮族自治区政府出台《广西壮族自治区人民政府关于实行最严格水资源管理制度推动产业转型升级的实施意见》，明确要求把落实最严格水资源管理制度作为环境倒逼机制，推动产业转型升级的重要抓手，确定了广西壮族自治区 2015 年、2020 年和 2030 年"三条红线"的控制指标。2013 年 10 月，广西壮族自治区人民政府办公厅印发《广西壮族自治区实行最严格水资源管理制度考核办法》，将考核指标分解到 14 个设区市，其中，2020 年和 2030 年，广西北部湾经济区用水指标占广西壮族自治区的比重分别为 37.9% 和 38.3%。南宁市用水指标最大，其次为玉林市，防城港市用水指标最小，2010～2030 年经济区用水指标呈略增趋势。

广西北部湾经济区作为我国首个国际区域经济合作区，是我国与东盟国家既有海上通道又有陆地接壤的门户，是国家开放战略转型的先行区和新一轮沿海发展的重要增长极，也是带动和支撑西部大开发的战略高地，在我国经济和社会发展中占据不可替代的地位。2008 年 1 月国家批准实施《广西北部湾经济区发展规划》，标志着广西北部湾经济区开放开发正式纳入国家发展战略。这将大大推进该区域城镇化与重点产业园的建设，加快经济社会跨越式发展步伐，在此过程中对水资源合理利用提出更高的要求。

开创性制定水资源开发利用红线与研发动态管理关键技术非常紧迫而重要，是广西北部湾经济区落实取用水总量控制的基石，对于广西北部湾经济区实施水资源定量化、规范化与精细化管理具有决定性意义。

1.2　国内外研究进展综述

随着国家开展最严格水资源管理制度的实施，有关单位和学者针对取用水总量控制方面开展了一定研究，提出了关于取用水总量控制方面的总体构想及措施建议，对最严格水资源管理制度的实行起到了推进作用。

山东省首开用水总量控制先河，于 2011 年 1 月开始实施《山东省用水总量控制管理办法》[山东省人民政府令（2010）第 227 号]，这是我国出台的第一部有关用水总量控制的地方政府规章。该办法指出要以促进水资源合理开发和生态环境保护、实现水资源可持续利用为主要目的，明确了以供定需、促进地下水采补平衡等 5 项原则，设立了取水许可区域限批、水量水质监测、水资源论证等 6 项制度，规定政府对用水总量控制负总责，把水资源论证作为取水许可的前置条件，要求未获得取水许可的建设项目不得批准立项。2011 年 3 月，广州实施《广州市水务管理条例》，这是全国首例地方性水务立法，其中设置了水资源控制三条红线。

2011 年 5 月,《江西省农业灌溉用水定额》(制定)、《江西省工业企业主要产品用水定额》(修订) 和《江西省城市生活用水定额》(修订) 3 项地方标准也通过审定。这 3 项标准的实施,标志着江西省在加强计划用水、节水减排、取用水总量控制与定额管理方面将实现科学化。另外,河南、吉林、浙江、山西、湖南等省近年来也在逐步完善用水总量控制,优化水资源配置。国外也在广泛实践直接或间接地设定具体的取用水总量指标,例如,大湖-圣劳伦斯河流域通过原则上禁止增加新的调水和已有调水的调水量来控制取用水总量,而墨累-达令河流域和黄河流域则分别通过设定具体的最大取水量和最大耗水量指标来控制取用水总量。

国内外诸多学者也对取用水总量控制进行了研究。2008 年 Julian 等在 *Water Loss Control* 一书提出了多个耗水控制模型与渗漏监测技术,为用水总量控制提供了技术支持。Robert 等在 *The Use of Models for Water Resources Management,Planning,and Policy* 提到水资源总量控制方法,有很强的适用性。2010 年胡震云等基于水资源利用技术效率提出了区域用水目标水量测算模型,把用水总量控制分为控制水量和目标水量两个层次,利用随机前沿生产函数测算水资源利用技术效率,进而测算区域用水目标水量。陈润等对新安江流域水资源及其开发利用和流域取水许可现状等进行综合分析,提出了包括约束性和预期性指标在内的新安江流域取水许可总量控制指标体系,并确定出 2010 年流域取水许可总量控制各项指标取值,为新安江流域科学实施取水许可管理制度提供了定量化的技术支撑。

地表水总量控制包括江河水量分配、取水总量控制和用水总量控制等内容。在江河水量分配技术方面,我国最早的水量分配方案是 1987 年制定的《黄河干流水量分配方案》,截至目前,全国共有 11 个流域出台了水量分配方案。2006 年,《黄河水量调度条例》实施,对黄河水量实行统一调度,遵循总量控制、断面流量控制、分级管理、分级负责的原则,并对黄河水量分配、水量调度、应急调度等进行规定,为黄河水量统一调度提供了法律保障。2010 年,中华人民共和国水利部(以下简称水利部)批复了《全国主要江河流域水量分配方案制订任务书(2010)》,明确了第一批启动水量分配工作的 25 条河流名录和有关工作要求,2011 年 5 月水利部对《水量分配工作方案》进行了部署,全国范围的江河水量分配工作已经全面启动。总体上,国内对江河水量研究并不成熟,现有的水量分配研究主要是基于供需平衡的水量配置技术,而基于权利和准则的分配技术以及分配方案的实施技术仍没有真正建立,在方案的实施方面也多采取经验模拟和试行纠错的方式推行。国外一般通过立法进行水量分配,相关研究则集中于过程模拟。为了保障地表水量分配工作科学、稳定地进行,在总结以往实践经验基础上,迫切需要一套供需协调与物理规则相结合的水量分配技术、以水循环精细化模拟为基础的水量分配实现技术,实现对地表水水量分配的技术支撑。

地下水总量控制包括对地下水取水总量及合理水位的控制。有关省份在分解用水总量控制指标的过程中制定了地表水和地下水用水总量的控制指标。

综上所述，在水资源开发利用控制红线确定与取用水总量控制研究方面存在的主要问题包括以下几个方面：

（1）未能建立起比较完整的区域取用水总量控制理论基础，对于区域取用水总量控制的对象、依据和基本途径有待深入研究，在理论指导基础上系统的取用水总量控制指标体系有待建立和完善。

（2）区域取用水总量控制指标的制定还未形成统一标准，以"自然-社会"二元水循环模拟与调控为基础的取用水总量控制指标制定核心技术体系尚有待在定量化、规范化、精细化方面取得突破。

（3）当前各省级行政区和一级流域各规划水平年的取用水总量控制指标已初步建立，但如何科学合理地对红线开展进一步分解还有待研究和试点，变化条件下的控制指标滚动修正方案也有待研究和建立；不同区域取用水总量控制管理制度的建设重点、具体措施和保障体系有待深入研究。

1.3　研究目的和意义

面向当前广西北部湾经济区实行最严格水资源管理制度的现实需求，开展区域水资源开发利用总量控制的理论研究，构建地表取用水总量控制的层次化指标体系，制定区域水总量控制红线与研发动态管理的关键技术体系；开展关键技术应用，提出广西北部湾经济区取用水总量控制红线与管理方案，为经济区取用水的总量控制与精细化管理提供技术支撑。具体包括如下三个方面。

一是在基础层面上，揭示水资源开发利用总量控制的科学内涵，识别总量控制红线和分阶段管理指标关系，建立起系统化、层次化且有操作性的取用水总量控制指标体系，回答水资源开发利用"为什么控制"和"控制什么"的科学问题。

二是在应用层面上，提出广西北部湾经济区水资源开发利用红线目标和管理指标制定的依据和定量技术，并科学核算水资源开发利用红线目标和分阶段性管理指标，回答水资源开发利用"怎么控制"的科学问题。

三是在管理层面上，建立基于取用水总量控制目标的水行政管理指标定量核算与管理技术，将广西北部湾经济区规划层面的取用水总量控制目标与日常水行政管理工作结合起来，回答水资源开发利用"如何管理"的科学问题。

1.4　研究范围及水平年

研究范围为广西北部湾经济区，涉及南宁、北海、钦州、防城港 4 个地级市，以水资源三级区套县为研究基本单元。

研究的基准年为 2010 年，近期水平年为 2020 年，远期水平年为 2030 年。

1.5　研究任务与技术路线

面向广西北部湾经济区实行最严格水资源管理制度的实践需求，创新形成较为完善的水资源开发利用控制红线制定与动态管理的基本理论体系与定量化关键技术，并开展关键技术的应用，为广西北部湾经济区取用水的总量控制与精细化管理提供全面的理论与技术支撑，主要内容包括以下几方面。

（1）区域水资源开发利用总量控制理论研究。在对水资源属性功能和水资源问题进行分析的基础上，开展水资源开发利用总量控制理论研究，包括控制的对象、控制的依据及控制的途径，以重点解决为什么要控制、控制什么、怎样控制等关键问题。明确全口径取用水总量控制中包括地表水、地下水、再生水在内的多种水源之间的相互关系。

（2）广西北部湾经济区取用水总量控制的指标体系构建。在理论解析的基础上，依据广西北部湾经济区水资源开发利用现状特点与未来趋势，构建经济区用水总量控制的指标体系，体系构成初步拟定为三个层次，一是人与自然关系层面上，关键的指标如可耗用水资源量；二是经济社会取用水层面上，包括全口径取用水总量控制指标；三是水行政管理层面指标，如取水许可指标、计划用水指标等。

（3）广西北部湾经济区取用水总量控制红线制定关键技术研发与应用。水是取用水总量控制的基本对象，为科学制定北部湾经济区取用水总量控制红线目标，项目研究针对广西北部湾经济区构建取用水总量控制红线的关键支撑技术，为区域取用水总量控制管理提供科学基础，具体包括区域可耗水量评价技术、耗水量分配技术及二元水循环全过程的模拟技术。通过这些技术建立人工用水系统与过程的取耗水量转化关系，以及上游取用水行为与下游控制断面水量变化之间的响应关系，从而实现耗用水指标向取用水指标的转换。在技术研发的基础上，应用这些关键技术，提出广西北部湾经济区取用水总量控制红线方案。

（4）广西北部湾经济区取用水总量控制动态管理技术研发与应用。在区域取用水总量控制红线制定基础上，为强化水资源行政管理，实现和落实区域的取用水总量控制目标，需开展取水许可总量与全口径取用水总量的关系研究、计划用水与全口径取用水总量的关系研究，研发取水许可总量控制指标和计划用水总量控制指标的核定技术。应用这些研发技术，提出广西北部湾经济区取水许可总量控制指标和计划用水总量控制的动态管理方案。

项目按照"理论解析-指标建立-技术研发-示范应用"四个层次开展研究,研究技术路线如图 1-1 所示。

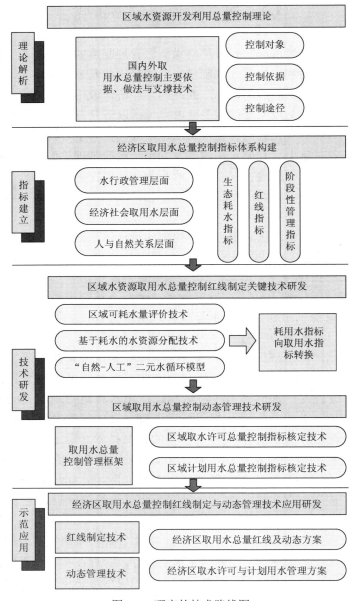

图 1-1　研究的技术路线图

一是理论解析。开展水资源开发利用总量控制的理论研究。通过大量文献检索与社会调研,掌握国内外取用水总量控制的主要依据、现行做法与支撑技术等，从落实科学发展观、实现人水和谐出发，明确水资源开发利用总量控制的对象、控制的依据及控制的途径，回答为什么要控制、控制什么、怎样控制等问题，识别开发利用红线与供水之间的关系以及水资源供用耗排（退）之间的内在联系。

二是指标建立。在理论解析的基础上，以定量和定性相结合的方式，构建区域用水总量控制指标体系，明确各个指标的基本概念。该指标体系要综合体现水资源供给能力、社会经济用耗水过程及水行政管理指标（如取水许可、计划用水）等多方面内容。该体系也要考虑红线指标与阶段性管理指标之间的时间动态关联。

三是技术研发。在理论解析与指标体系构建的基础上，围绕取用水总量控制红线制定与动态管理开展关键技术研究。其中，红线制定的关键技术为：①区域可耗水量评价技术，通过这一关键技术确定流域开发利用红线指标，核心是流域生态需水定量技术；②耗水量分配技术，将流域允许耗用水资源量在不同区域进行分配；③建立面向取用水总量控制的区域水循环模型，通过对自然水循环过程与人工取用耗排水过程全过程的模拟，建立人工用水系统取耗水量转化关系，以及上游取用水行为与下游控制断面水量变化之间的响应关系，实现以耗用水总量为控制目标到以区域取水量及断面下泄量为管理指标的转换。动态管理的关键技术为：①取水许可总量控制指标核定技术；②计划用水总量控制指标核定技术。

四是示范应用。应用研发的区域取用水总量控制红线制定关键技术及动态管理技术，提出广西北部湾经济区取用水总量控制红线方案、取水许可总量控制和计划用水总量控制的动态管理方案。

第 2 章 广西北部湾经济区水资源开发利用与红线控制管理需求

广西北部湾经济区的水资源开发利用特征与水资源开发利用红线控制管理的需求是水资源开发利用总量控制理论、指标体系、制定技术与动态管理的基础和前提。本章系统分析了经济区社会经济特点与水资源状况，并从供水和用水两个方面对其水资源开发利用的总量、结构与过程进行了分析，在此基础上，识别了广西水资源开发利用控制红线制定及其管理的实践需求。

2.1 广西北部湾经济区社会经济特点与水资源状况

2.1.1 经济区的战略地位

广西北部湾经济区地处我国沿海西南端，以南宁、北海、钦州、防城港四个地级城市为核心，海陆兼备，地理位置优越，背靠国内西南诸省，地处华南经济圈、西南经济圈和东盟经济圈的接合部，是我国大西南地区出海的最便捷通道，也是我国与东盟国家既有海上通道又有陆地接壤的地区。

作为全国首个国际区域经济合作区，广西北部湾经济区是我国西部大开发和面向东盟开放合作的重点地区，《广西北部湾经济区发展规划》明确了广西北部湾经济区的功能定位：立足北部湾、服务"三南"（西南、华南和中南）、沟通东中西、面向东南亚，充分发挥连接多区域的重要通道、交流桥梁和合作平台作用，以开放合作促进开发建设，努力建成中国−东盟开放合作的物流基地、商贸基地、加工制造基地和信息交流中心，成为带动、支撑西部大开发的战略高地和开放度高、辐射力强、经济繁荣、社会和谐、生态良好的重要国际区域经济合作区。北部湾经济区的区位优势特点集中体现在中国和东南亚、沿海和内陆的双重契合上（韩康等，2007）。加快推进北部湾经济区的开放开发，既关系到广西自身的发展，也关系到中国经济未来的发展，具有十分重要的战略意义。

2.1.2 社会经济特点

1. 经济规模集中，区域竞争力增强

改革开放特别是实施西部大开发战略以来，广西北部湾经济区的经济社会发

展取得显著成就，地区经济实力明显增强。依据《广西统计年鉴 2010》，2010 年
广西北部湾经济区总人口为 1313.71 万人，地区生产总值为 3042.76 亿元，三次产
业比重为 16.80%、39.37% 和 43.83%，人均 GDP 为 23161.58 元，如表 2-1 所示。
广西北部湾经济区集中了广西壮族自治区 25.46% 的人口和 31.80% 的 GDP，成为
区域政治、经济、文化、金融与贸易中心，是广西壮族自治区人口最为稠密、经
济最为发达的核心区域。广西北部湾经济区农业生产稳步增长，2010 年第一产业
总产值 511.24 亿元，常用耕地面积 91690 公顷，农作物播种面积 1582080 公顷，
有效灌溉面积 375400 公顷。经济区工业发展速度加快，2010 年第二产业总产值
1198.04 亿元，其中工业总产值 954.8 亿元，已具备相对完整的工业结构，食品加
工、石化产业、采矿业和机械制造业成为支撑广西北部湾经济区发展的支柱产业，
区域特色优势产业也得到快速发展。广西北部湾经济区第三产业对经济增速贡献
最为显著，2010 年第三产业总产值 1333.46 亿元，广西北部湾经济区已成为广西
壮族自治区集物流、商贸、旅游和信息交流为一体的经济中心。

表 2-1　广西北部湾经济区 2010 年人口、生产总值

分区	总人口/万人	地区生产总值/亿元	第一产业/亿元	第二产业/亿元	第三产业/亿元
南宁市	686.84	1800.26	244.43	651.88	903.94
北海市	161.75	401.41	87.17	167.88	146.36
防城港市	86.01	320.42	47.43	159.77	113.21
钦州市	379.11	520.67	132.21	218.51	169.95
广西北部湾经济区	1313.71	3042.76	511.24	1198.04	1333.46

2. 中国新一轮沿海开发，区域经济呈蛙跳式增长

广西北部湾经济区是我国西南地区唯一有出海通道的地区，是国家新一轮沿
海开放开发战略部署的重要组成部分。广西北部湾经济区拥有 9 个国家一类对外
口岸，海岸线曲折漫长，深水条件好，天然港湾多，港口腹地广阔，沿海港口吞
吐能力超过 5000 万 t。2008 年 6 月，继上海洋山、天津东疆、大连大遥湾、海南
洋浦、宁波梅山之后，国务院正式批准设置全国第六个保税港区——广西钦州保
税港区，它是我国中西部地区唯一的保税港区。北部湾经济区拥有我国沿海地区
规划布局现代化港口群，将发展成为我国经济增长的"第四极"。

广西北部湾经济区的经济社会发展取得了巨大成效，经济实力获得了长足发
展，2012 年广西北部湾经济区 GDP 占广西壮族自治区的 32.75%，2006～2012 年
北部湾经济区 GDP 增长 2834.11 亿元，平均增长率达到 44.04%，其中防城港市经
济增长最快，2006～2012 年 GDP 增长 324.38 亿元，平均增长率最高，达到 55.65%。
南宁市 GDP 增长量最大，2006～2012 年 GDP 增长 1633.03 亿元，平均增长率达

到42.36%。2006～2012年钦州市GDP增长446.25亿元，平均增长率达到41.57%。2006～2012年北海市GDP增长430.45亿元，平均增长率达到47.35%，见表2-2。

表2-2　广西北部湾经济区2006～2012年生产总值

分区	生产总值/（亿元）				平均增长率/%
	2006年	2008年	2010年	2012年	
南宁市	870.15	1316.21	1800.26	2503.18	42.36
北海市	199.64	313.88	401.41	630.09	47.35
防城港市	119.61	212.18	320.42	443.99	55.65
钦州市	245.07	377.42	520.67	691.32	41.57
广西北部湾经济区	1434.47	2219.69	3042.76	4268.58	44.04

3. 全球合作新平台，产业结构不断优化

广西北部湾经济区处于中国-东盟自由贸易区、泛珠江三角洲经济圈和大西南经济圈的中心接合部，是我国对外开放、联动东盟、走向世界的重要门户和前沿阵地，区位优势明显，战略地位突出。作为我国首个国际区域经济合作区和国家开放战略转型的先行区，广西北部湾经济区有辐射带动东盟国家发展的重要作用。中国-东盟自由贸易区由中国和东盟十国组成，2010年1月1日正式启动，涵盖19亿人口，GDP接近6万亿美元，贸易额达4.5万亿美元（约占世界贸易的13%），是继北美和科隆之后的世界第三大自贸区，也是世界人口最多的自贸区和发展中国家间最大的自贸区。随着中国-东盟博览会、中国-东盟商务与投资峰会、大湄公河次区域经济合作等合作机制的建立和实施，广西北部湾经济区将成为中国-东盟开放合作的物流基地、商贸基地、加工制造基地和信息交流中心。

近十年来，广西北部湾经济区的经济得到了快速稳定的增长，经济区的产业结构也不断改善和优化。2006～2012年，北部湾经济区第一产业所占份额从20.5%下降到15.9%，第二产业所占份额从36.1%提升到41.9%，第三产业所占份额从43.4%略减到42.2%。2012年三产比重达到15.9∶41.9∶42.2，产业结构不断优化，如表2-3所示。

表2-3　2006～2012年广西北部湾经济区GDP和三大产业产值　　单位：亿元

分类	2006年	2008年	2010年	2012年
第一产业	294.40	418.90	511.24	678.30
第二产业	517.48	847.33	1198.05	1787.21
第二产业中：工业	414.20	698.65	954.80	1408.76
第三产业	622.59	953.48	1333.45	1803.08
广西北部湾经济区	1434.47	2219.70	3042.76	4268.59

4. 城镇化进程不断加快，区位优势起推动作用

广西北部湾经济区是我国西部大开发的重点地区。国家《西部大开发"十一五"计划规划》，将广西环北部湾纳入西部大开发的三大重点经济区，推动其率先"成为带动和支撑西部大开发的战略高地"。北部湾地区岸线、土地、海洋与旅游等资源丰富，将发展成我国西部重要的产业群和高质量宜居城市的重要区域，其发展有利于促进我国东中西部的协调发展。在城镇化方面，2010 年南宁市、北海市、防城港市和钦州市的城镇化率分别为 52.62%、48.61%、48.28%和 30.71%。南宁市城镇化率增长最快，2010 年比 2005 年增长 8.28 个百分点，城镇化率高出同期全国平均水平（49.68%）2.94 个百分点。北海市、防城港市和钦州市城镇化率比 2005 年分别高出 1.23%、7.66%、5.26%。钦州市的城镇化率低于同期广西北部湾经济区平均水平（46.24%），见表 2-4。

表 2-4　广西北部湾经济区城镇化率

分区	2005 年（%）	2010 年（%）	增长率（个百分点）
南宁市	44.34	52.62	8.28
北海市	47.38	48.61	1.23
防城港市	40.62	48.28	7.66
钦州市	25.45	30.71	5.26
广西北部湾经济区	39.50	46.24	6.74

2.1.3　区域水资源状况

1. 河流水系

广西北部湾经济区内河流属于珠江流域的郁江水系、西江水系、红柳江水系和粤西桂南沿海诸河四大水系，代表性河流有郁江干流、左江、右江、南流江、钦江、大风江、茅岭江、防城河与北仑河等。

2. 降水量

以广西北部湾经济区雨量站 1956～2000 年降水量资料为依据，以各行政区域为计算分区，计算广西北部湾经济区的多年①平均降水深为 1764.1mm，广西北部湾经济区各市的年降水量特征值如表 2-5 所示。

---

① 本书"多年"均指 1956～2000 年

表 2-5　广西北部湾经济区各分区降水量表（1956～2000 年）

分区	多年平均		不同频率降水量/mm				
	年降水量/亿 m³	年降水深/mm	20%	50%	75%	90%	95%
南宁市	310.89	1391.1	1544.1	1377.2	1265.9	1168.5	1112.9
北海市	55.83	1673.0	1924.0	1656.3	1455.5	1305.0	1204.6
防城港市	131.89	2227.9	2495.3	2205.6	2005.1	1982.8	1737.8
钦州市	187.32	1764.5	1976.2	1746.8	1588.0	1570.4	1376.3
广西北部湾经济区	685.93	1764.1	1984.9	1746.5	1578.6	1506.7	1357.9

数据来源：《广西水资源公报》。

根据广西多年平均降水量等值线图，广西北部湾经济区四市内降水量高值区为防城港市，多年平均降水深为 2227.9mm；降水量低值区为南宁市，多年平均降水深为 1391.1mm。区域内降水量年内分配不均，明显分为多雨期与少雨期，雨季大多集中在 4～9 月，汛期降水量占年降水量的 70%～80%。

3. 蒸发量

基于广西北部湾经济区四市区内蒸发量测站 1956～2000 年系列水面蒸发资料，得到多年平均蒸发量为 900.8mm，多年平均降水量为 1764.1mm，干旱指数为 0.53，如表 2-6 所示。

表 2-6　广西北部湾经济区蒸发量表（1956～2000 年）

分区	多年平均蒸发量/mm	多年平均降水量/mm	干旱指数
南宁市	904	1391	0.65
防城港市	847	2228	0.38
钦州市	882	1764	0.50
北海市	970	1673	0.58
广西北部湾经济区	900.8	1764.1	0.53

总体上，广西北部湾经济区各市的干旱指数均小于 1，说明该地区气候偏于湿润，结合《广西水资源综合规划》研究成果，分析表明广西北部湾经济区的蒸发量变化趋势与降水量丰枯交替的波动态势相关，降水量较丰时期的蒸发量相对较小，但蒸发量总体变化趋势保持平稳。

4. 水资源总量

1）地表水资源总量

北部湾经济区多年平均地表水资源总量为 563.90 亿 m³，各行政分区的径流量见表 2-7。

表 2-7　各分区地表水资源量表（1956～2000 年）

分区	面积/km²	多年平均		不同频率天然年径流量/亿 m³				
		径流量/亿 m³	径流深/mm	20%	50%	75%	90%	95%
南宁市	22349	139.90	625.98	172.40	136.00	110.80	91.07	80.49
北海市	3337	31.22	935.57	37.77	30.52	25.43	21.37	19.17
防城港市	5920	73.02	1233.45	84.94	72.05	62.71	55.04	50.77
钦州市	10616	104.40	983.42	124.70	102.40	86.59	73.85	66.88

根据《广西水资源公报》各主要入海河流沿海控制站的实测水文资料，计算广西北部湾经济区主要河流的入海径流量，如表 2-8 所示。

表 2-8　广西北部湾经济区主要河流入海径流量（1956～2000 年）

河流名称	多年平均径流量/亿 m³	多年平均入海径流量/亿 m³
南流江	75.0	69.8
钦江	22.1	22.1
大风江	24.8	24.8
防城河	15.6	15.6
茅岭江	29.2	29.2
北仑河	21.0	20.6
合计	187.7	182.1

2）地下水资源量

广西北部湾经济区多年平均地下水资源总量为 87.20 亿 m³，与地表水资源量之前的重复计算量为 86.15 亿 m³，见表 2-9。

表 2-9　广西北部湾经济区（多年平均）地下水资源量（1956～2000 年）

单位：亿 m³

分区	地下水资源量	重复计算量	非重复计算量
南宁市	27.64	27.64	0.00
防城港市	26.41	26.41	0.00
钦州市	24.89	24.89	0.00
北海市	8.26	7.21	1.05
广西北部湾经济区	87.20	86.15	1.05

2.2　广西北部湾经济区水资源开发利用状况

2.2.1　用水现状与效率分析

2010 年广西北部湾经济区 4 市总用水量为 65.9630 亿 m³，其中工业用水量为 7.43 亿 m³，占总用水量的 11.26%，农业用水量最大，用水量为 46.12 亿 m³，占总用水量的 69.92%，如表 2-10 所示。

表 2-10　2010 年广西北部湾经济区用水情况　　单位：亿 m³

分区	农业	工业	建筑业和服务行业	居民生活	生态环境	合计
南宁市	23.84	5.01	0.93	4.52	2.2100	36.5100
北海市	7.86	1.46	0.41	1.10	0.5000	11.3300
钦州市	10.72	0.43	0.10	2.15	0.0007	13.4007
防城港市	3.70	0.53	0.10	0.39	0.0030	4.7230
广西北部湾经济区	46.12	7.43	1.54	8.16	2.7137	65.9637

根据广西北部湾经济区各市 2010 年社会经济指标和行业用水情况，计算各用水效率指标。其中，钦州万元工业增加值用水量最高为 163m³，超过广西壮族自治区同期平均水平（143m³）13.99%。农田灌溉亩均用水量防城港市最高，为 1019m³/亩，超过广西壮族自治区同期平均水平（961m³）6.04%。人均生活用水量防城港市最高，城镇和农村人均生活用水分别为 323L/（人·d）和 140L/（人·d），见表 2-11。

表 2-11　2010 年广西北部湾经济区用水效率

分区	万元工业增加值用水量/m³	农田灌溉亩均用水量/（m³/亩）	城镇人均生活用水量/[L/（人·d）]	农村人均生活用水量/[L/（人·d）]	人均生态用水量/[L/（人·d）]
南宁市	110	738	247	137	19
北海市	82	716	187	136	25
钦州市	163	707	155	108	25
防城港市	98	1019	323	140	18
经济区合计	113	795	228	130	21

随着区域经济社会的快速发展，区域内用水呈现增长模式，总用水量从 2006 年的 69.05 亿 m³ 增长到 2009 年的 69.44 亿 m³，如表 2-12 所示。由于 2010 年属于降水偏丰年份，因此用水量为 65.99 亿 m³，广西北部湾经济区 2006 年之后的人均综合用水量为 608m³/人左右。

表 2-12　2006～2010 年广西北部湾经济区人口、用水量与人均用水量

分区	年份	人口/万人	用水量/亿 m³	人均综合用水量/（m³/人）
南宁市	2006	671.89	33.05	491.90
	2007	683.51	34.00	497.43
	2008	691.69	41.54	600.56
	2009	697.9	37.21	533.17
	2010	686.84	36.52	531.71
北海市	2006	152.06	13.08	860.19
	2007	156.32	14.60	933.98
	2008	157.72	12.39	785.57
	2009	160.18	11.58	722.94
	2010	161.75	11.33	700.46
防城港市	2006	82.21	6.50	790.66
	2007	83.32	6.64	796.93
	2008	84.76	6.03	711.42
	2009	86.92	5.60	644.27
	2010	86.01	4.71	547.96

分区	年份	人口/万人	用水量/亿 m³	人均综合用水量/ (m³/人)
钦州市	2006	348.56	16.42	471.08
	2007	355.99	14.11	396.36
	2008	364.51	14.55	399.17
	2009	371.19	15.05	405.45
	2010	379.11	13.40	353.46

由于科学技术的进步及产业结构的调整，万元 GDP 用水量呈明显下降趋势，如表 2-13 所示。例如，南宁市由 379.82m³/万元下降到 202.86m³/万元，下降幅度为 46.59%。

表 2-13　2006～2010 年广西北部湾经济区人口、GDP 与万元 GDP 用水量

分区	年份	人口/万人	GDP/亿元	万元 GDP 用水量/ (m³/万元)
南宁市	2006	671.89	870.15	379.82
	2007	683.51	1069.01	318.05
	2008	691.69	1316.21	315.60
	2009	697.9	1524.71	244.05
	2010	686.84	1800.26	202.86
北海市	2006	152.06	199.64	655.18
	2007	156.32	246.58	592.10
	2008	157.72	313.88	394.74
	2009	160.18	321.06	360.68
	2010	161.75	401.41	282.26
防城港市	2006	82.21	119.61	543.43
	2007	83.32	159.28	416.88
	2008	84.76	212.18	284.19
	2009	86.92	251.04	223.07
	2010	86.01	320.42	147.09
钦州市	2006	348.56	245.07	670.01
	2007	355.99	303.92	464.27
	2008	364.51	377.42	385.51
	2009	371.19	396.18	379.88
	2010	379.11	520.67	257.36

2.2.2　现状供水特征分析

1. 以地表水为主体的供水体系

广西北部湾经济区供水方式包括地表水源供水、地下水源供水、其他水源和其他或无供水设施供水，其中以地表水源供水和地下水源供水为主。2010 年北部湾经济区四市总供水量 65.996 亿 m^3，其中地表水源供水量 62.51 亿 m^3，占总供水量的 94.72%，地下水供水量 3.486 亿 m^3，占总供水量的 5.28%，见表 2-14。

表 2-14　广西北部湾经济区四市 2010 年供水量　　　　单位：亿 m^3

分区	地表水源					地下水源	合计
	蓄水	引水	提水	调水量	小计		
南宁市	14.14	2.36	18.47	—	34.97	1.550	36.520
北海市	5.88	1.35	0.44	2.19	9.86	1.470	11.330
钦州市	6.06	3.79	1.71	1.28	12.84	0.460	13.300
防城港市	3.30	1.18	0.36	—	4.84	0.006	4.846
合计	29.38	8.68	20.98	3.47	62.51	3.486	65.996

2. 以蓄水为重点的水源结构

广西北部湾经济区供水基础设施及其供水能力如表 2-15 所示。据统计，2010 年广西北部湾经济区总供水能力为 88.65 亿 m^3（不包括海水直接利用量）。蓄水工程供水量最大，蓄水工程的供水能力占总供水能力的 55.87%，全区已建成的大中小型水库共计 14928 座，其中大型水库 12 座，总库容 76.52 亿 m^3，中型水库 44 座，总库容 13.09 亿 m^3，小型水库 1277 座，总库容 13.89 亿 m^3，塘坝 13595 座，总库容 2.35 亿 m^3。引水工程的供水能力占总供水能力的 17.70%，提水工程的供水能力占总供水能力 23.01%。

表 2-15　2010 年广西北部湾经济区供水基础设施及其供水能力

设施类别		指标	数量
地表水	蓄水工程	水库数量/座	14928
		总库容/亿 m^3	105.84
		兴利库容/亿 m^3	38.04
		现状供水能力/亿 m^3	49.53

续表

设施类别		指标	数量
地表水	引水工程	水库数量/座	6768
		现状供水能力/亿 m³	15.69
	提水工程	水库数量/座	6463
		现状供水能力/亿 m³	20.40
	合计	水库数量/座	28159
		现状供水能力/亿 m³	85.62
地下水	浅层地下水	生产井数量/眼	3850
	深层地下水	生产井数量/眼	331
	合计	生产井数量/眼	4181
		现状年供水能力/亿 m³	3.03
合计		现状供水能力/亿 m³	88.65

3. 水资源开发利用程度有待于进一步提高

广西北部湾经济区水资源总量虽然充沛，但时空分布不均匀，加之独流入海河流较多，河流源短流急、蓄水能力差，水资源调控能力不足，开发利用率低于珠江三角洲地区。随着近几年广西北部湾经济区经济的发展，水资源开发利用率呈逐年增长趋势，2010 年广西北部湾经济区水资源开发利用率为 19.0%（不包括过境水资源量），略低于全国平均的水资源开发利用率，远低于率先发展起来的珠江三角洲地区的水平，如表 2-16 所示。

表 2-16　2010 年广西北部湾经济区及珠江三角洲地区水资源可利用量和水资源开发利用程度

分区	地表水资源量/亿 m³	现状总用水量/亿 m³	现状开发利用率/%
南宁市	139.5	36.52	26.2
北海市	31.4	11.33	36.1
钦州市	104.9	13.30	12.7
防城港市	72.2	4.846	6.7
广西北部湾经济区	348	65.99	19.0
珠江三角洲地区	482.9	249.3	51.6
全国	27722	5819	21.0

南宁市、北海市现状水资源利用量已接近或超过地表水资源可利用量，在今后的经济社会发展中，必须强调节水优先，加快产业结构转型升级。钦州市和防

城港市的水资源还有一定的开发利用潜力，在增加水利基础设施建设的前提下，注重水资源的开发与保护，维持水资源的可持续发展。

4. 供水能力保持平稳增长

根据广西北部湾经济区四市 2001～2010 年地表水实际供水数据（表 2-17 和图 2-1），观察各市地表水供水量年际变化，其中南宁市逐年地表水供水量变化较大，2002～2003 年增长较多，增长了 62.47%，这是由于 2003 年南宁部分地区发生了罕见的春、夏和秋冬旱灾，从 2003 年 2 月开始降水量严重偏少，因此 2003 年

表 2-17　北部湾经济区 2001～2010 地表水供水量　　　单位：亿 m³

现状年	南宁市	北海市	防城港市	钦州市
2001 年	14.89	12.68	8.02	16.53
2002 年	16.84	13.18	8.17	16.28
2003 年	27.36	11.64	7.18	11.28
2004 年	28.28	12.26	6.92	12.97
2005 年	33.04	10.83	5.86	14.87
2006 年	31.77	11.39	6.46	14.7
2007 年	32.64	12.95	6.6	12.32
2008 年	40.17	11.41	5.99	12.32
2009 年	35.44	9.99	5.51	13.19
2010 年	35.83	9.62	6.12	14.46

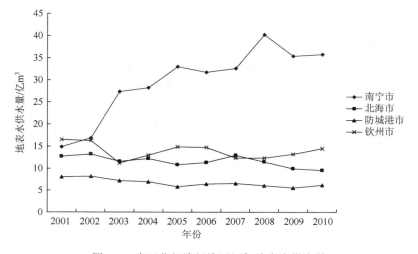

图 2-1　广西北部湾经济区逐年地表水供水量

地表水供水量增长较多。2008 年出现峰值，地表水供水量达到 40.17 亿 m³，这是由于 2008 年南宁局部地区出现了严重的秋旱，自 2008 年 10 月起，降水量偏少，因此 2008 年地表水供水量出现峰值。北海市、防城港市和钦州市基本保持平稳，年际变化不大。

广西北部湾经济区四市 2001～2010 年地下水实际供水情况如表 2-18 和图 2-2 所示。可以看出，南宁市逐年供水量变化较大，2005 年出现低值，地下水供水量仅为 0.66 亿 m³，这是由于广西"十五"期间水利建设加快，新建水库、除险加固使水库蓄水量增大，地下水供给减少。北海市地下水供水量常年保持在较高水平，2008 年出现低值，这是由于 2008 年的强台风"黑格比"使北海市遭受了巨大灾害，使得北海市农作物大面积受灾，因此地下水供给减少。防城港市和钦州市基本保持平稳，年际变化不大。

表 2-18 北部湾经济区 2001～2010 年地下水供水量　　单位：亿 m³

年份	南宁市	北海市	防城港市	钦州市
2001	1.07	1.48	0.08	0.56
2002	1.53	1.57	0.02	0.44
2003	0.96	1.45	0.28	0.4
2004	0.99	1.55	0.11	0.46
2005	0.66	1.61	0.1	0.35
2006	1.28	1.69	0.03	0.39
2007	1.4	1.68	0.04	0.46
2008	1.37	0.98	0.04	0.53
2009	1.77	1.59	0.09	0.53
2010	1.55	1.47	0.007	0.47

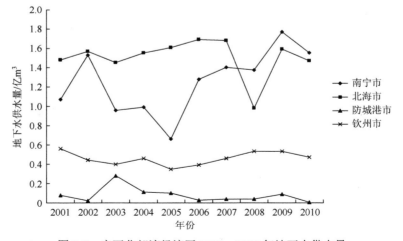

图 2-2　广西北部湾经济区 2001～2010 年地下水供水量

2.3　广西水资源开发利用控制红线制定及管理需求分析

《广西北部湾经济区发展规划》将促进资源节约和环境友好放在现代化发展战略的突出位置，提出要将经济区建设成为"南中国海海洋生态安全重要屏障区"。在区域重化工业化和快速城镇化发展背景下，北部湾经济区的用水需求量将会不断增大，区域水资源开发利用控制红线制定及管理是实现北部湾经济区经济社会发展与生态环境健康相协调的主要抓手，而区域水资源开发利用控制红线的科学制定，以及与来水变化的动态响应及动态管理研究是重中之重。

1. 区域水资源开发利用总量控制理论及指标阈值的确定

当前，国内外开展的区域水资源开发利用总量控制研究，尚未形成统一、系统、完整的理论体系，区域取用水总量控制的对象、依据和基本途径尚不明晰，也无法体现不同地域的差异化特征。区域水资源开发利用总量控制指标体系及其计算方法有待建立和完善，区域水资源开发利用红线的定量化、规范化、精细化管理无据可依。

2. 区域水资源开发利用控制红线的制定与细化分解

水资源开发利用控制红线的目标就是实现水资源、经济社会和生态环境的和谐发展，内在核心是保护生态环境、实现人水和谐。取排水过程是区域自然水循环和社会水循环之间的纽带，社会水循环通量是影响区域水资源开发利用和生态保护的关键指标。2012 年，广西壮族自治区政府出台《广西壮族自治区关于实行最严格水资源管理制度，推动产业转型升级的实施意见》，明确要求落实最严格水资源管理制度，确定了广西北部湾经济区各地市 2015 年、2020 年和2030 年水资源开发利用红线指标，如表 2-19 所示。到 2030 年广西北部湾经济区用水总量控制在 79.07 亿 m³ 以内；为实现上述目标，到 2015 年，用水总量控制在 74.41 亿 m³ 以内；到 2020 年，用水总量控制在 76.76 亿 m³ 以内；具体而言，南宁市 2020 年用水指标相较 2015 年上涨了 1.16%，2030 年用水指标相较 2020 年上涨 1.43%。北海市 2020 年用水指标相较 2015 年上涨了 3.55%，2030 年用水指标相较 2020 年上涨 1.91%。钦州市 2020 年用水指标相较 2015 年上涨了 1.97%，2030 年用水指标相较 2020 年上涨了 2.54%。防城港市 2020 年用水指标相较 2015 年上涨了 15.56%，2030 年用水指标相较 2020 年上涨了 12.76%。

表 2-19　广西北部湾经济区用水总量指标划分　　单位：亿 m³

城市	县级行政区	2015 年	2020 年	2030 年
南宁市	武鸣县	5.41	5.41	5.46
	横县	5.23	5.23	5.27
	宾阳县	5.74	5.74	5.79
	上林县	3.05	3.05	3.06
	马山县	1.92	1.99	2.00
	隆安县	1.94	2.13	2.14
	市区	15.40	15.59	15.98
	合计	38.69	39.14	39.70
北海市	铁山港区	1.69	1.96	2.69
	银海区	1.40	1.40	1.31
	海城区	1.56	1.74	2.07
	合浦县	7.47	7.45	6.72
	合计	12.12	12.55	12.79
钦州市	钦州港区	1.34	1.66	1.69
	钦南区	3.63	3.63	3.77
	钦北区	2.77	2.77	2.84
	灵山县	6.27	6.27	6.40
	浦北县	2.20	2.20	2.25
	合计	16.21	16.53	16.95
防城港市	上思县	1.94	2.05	2.29
	防城区	2.50	2.66	2.81
	东兴市	1.00	1.17	1.31
	港口区	1.95	2.66	3.22
	合计	7.39	8.54	9.63

注：1. 数据主要依据《广西壮族自治区人民政府办公厅关于印发〈广西壮族自治区实行最严格水资源管理制度考核办法〉的通知》《南宁市人民政府办公厅关于印发〈南宁市实行最严格水资源管理制度考核办法〉的通知》《北海市人民政府关于印发〈北海市实行最严格水资源管理制度考核办法〉的通知》《钦州市人民政府办公室关于印发〈钦州市实行最严格水资源管理制度考核办法〉的通知》《防城港市人民政府办公室关于印发〈防城港市实行最严格水资源管理制度考核办法〉的通知》。

2. 武鸣县于 2016 年正式更为武鸣区。

受天然降水过程、用水过程等影响，针对如何识别区域水文水资源节律与水资源开发利用控制红线的相关关系，本书建立了广西北部湾经济区水资源开发利用控制的主要准则及理论模式，提出了水资源开发利用控制的路径和具体的细化分解方法，这些是落实广西北部湾经济区水资源开发利用控制红线实用性的基础。

3. 区域水资源开发利用控制红线与水文变化下用水总量控制的动态响应

水资源开发利用控制红线与作为土地利用控制红线的耕地面积不同，耕地面积红线为一常数，而水资源开发利用控制红线需要考虑水资源量的丰枯变化和合理利用，为一个多年平均值，目前广西壮族自治区制定了 2015 年、2020 年和 2030 年水资源开发利用红线指标。但由于受天然降水随机性的影响，各年的水资源量、供水量及用水量等也将随之变化，水资源开发利用控制红线下的实际用水总量控制与多年平均值有所不同，如何科学判定未来不同年份、不同水文情形下的水资源开发利用控制红线下用水总量控制指标，并进一步分解实施，是落实广西北部湾经济区水资源开发利用控制红线的核心。

4. 区域水资源开发利用控制红线下水资源动态管理

在取用水总量控制红线制定基础上，为落实区域的取用水总量控制目标，必须强化水资源行政管理，重点开展取水许可总量、计划用水总量与全口径取用水控制红线的关系研究，梳理取水许可和计划用水中存在的问题，提出取水许可总量控制的核定技术以及计划用水动态管理模式，是落实广西北部湾经济区水资源开发利用控制红线的直接体现。

2.4　本 章 小 结

广西北部湾经济区地处华南经济圈、西南经济圈和东盟经济圈的接合部，是我国大西南地区出海的最便捷通道，也是我国与东盟国家既有海上通道又有陆地接壤的地区，在我国具有举足轻重的战略地位，确保经济区的水质安全尤为重要。本章系统分析了广西北部湾经济区的社会经济特点与水资源状况，在此基础上，对其供用水现状与过程进行了分析，识别了广西水资源开发利用控制红线制定及其管理的实践需求，具体包括控制理论及指标体系确定、红线制定与细化分解、多种水文变化下用水总量控制的动态响应、控制红线下水资源动态管理等。

第 3 章　区域水资源开发利用总量控制理论构架

在对区域水资源属性功能和水资源问题进行分析的基础上，结合国内外相关文献检索与调研，系统研究了区域水资源开发利用总量控制理论，具体包括水资源开发利用总量控制的内涵解析、水资源开发利用总量控制的基础理论、水资源开发利用总量控制的层次化目标与控制对象、水资源开发利用总量控制的主要准则及理论模式，并提出了水资源开发利用总量控制的路径。重点解决了为什么要控制、控制什么、怎样控制等关键问题。

3.1　水资源开发利用总量控制的内涵解析

水资源开发利用是指通过各种措施对天然水加以治理、控制、调节、保护和管理以及流域间、地区间调配，使在一定的时间和地点供应符合质量要求的一定水量，为国民经济各部门所利用。

作为最严格水资源管理制度的重要组成部分，水资源开发利用总量控制对改善水资源开发利用不合理的状况，提高水资源利用效率与效益，具有很大的促进作用，已成为我国水资源合理开发利用的重要举措和宏观管理方式。陈方等（2009）认为其内涵主要是指根据流域经济发展和水资源特点，确定流域和行政区域用水总量控制指标，协调区域用水定额指标，实行流域用水总量控制和定额管理相结合的水资源管理制度。陈进和朱延龙（2011）认为用水总量控制是在考虑水资源承载力和节水要求下，为取水许可和计划用水等水资源管理服务的水量分配。汪党献等（2012）认为用水总量控制制度就是以用水总量控制指标为依据、以水资源论证与取水许可制度为手段、以水资源论管理责任与考核制度为目标进行区域用水总量控制，实现区域经济社会可持续发展和水资源的可持续利用。林德才和邹朝望（2010）认为用水总量控制是对用水定量化的宏观管理，是指根据流域经济发展和水资源特点，确定流域和区域用水总量控制指标，协调区域用水定额指标，实行流域用水总量控制和定额管理相结合的水资源管理制度。总体上，当前研究者对水资源开发利用总量控制尚无统一的定义，对于水资源可利用量、取水总量、供水总量、用水总量、耗水总量等水量名词的含义以及用水总量控制、取水总量控制、取水许可总量控制、开发利用总量控制、耗水总量控制等概念的认识比较模糊。

综上所述，水资源开发利用总量控制是指，充分考虑区域水资源特点和经济社会发展状况，以区域可耗水量为约束目标，通过对经济社会系统用水通量的最优控制，以促进生态环境系统的健康，增进经济社会用水的公平效率，实现水资源的可持续利用。可以说，水资源开发利用总量控制的根本目标是实现人水和谐，通过减少外部性和提高内部效率，以水资源的可持续利用支撑经济社会的可持续发展。

在此概念基础上，依据《国务院办公厅关于印发〈实行最严格水资源管理制度考核办法〉的通知》以及相关政策文件，水资源开发利用控制红线是指多年平均条件下经济社会系统用水总量的刚性控制指标。

3.2　水资源开发利用总量控制的基础理论

水资源开发利用总量控制具有三大基础理论，即流域"自然-社会"二元水循环理论、分行业耗用水原理及适应性管理理论，分别为水资源开发利用的总量控制提供宏观边界、核心驱动和动态实施依据。

3.2.1　流域"自然–社会"二元水循环理论

自人类经济社会系统大规模开发利用水资源前，天然的一元水循环主要支撑着自然生态环境系统，水资源发挥着生态属性功能和环境属性功能；随着人类经济社会用水通量的不断增大，在自然主循环的框架下，逐步形成了以"取—供—用—耗—排"为基本环节的社会侧枝水循环，水资源的功能属性也有所拓展，开始发挥社会服务功能和经济服务功能，原有的生态和环境服务功能也具有了鲜明的人工属性。流域"自然-社会"二元水循环结构如图 3-1 所示。为此，完整的流域"自然-社会"二元水循环的耦合系统开始形成，具体包括"降水—坡面—河道—地下"为基本过程的自然主循环系统与"取水—供水—用水—排水"为基本过程的社会侧支循环系统。在此结构框架下，人类从自然界取、用、耗、排多少水才能既不影响水循环及水生态的整体稳定性，又不损害社会经济的可持续发展，是水资源开发利用控制需要解决的主要科学问题。该理论为水资源开发利用总量控制在宏观上提供了边界条件。该水资源开发利用总量控制边界条件的确定具有十分重要的意义，对于缺水地区可以减少水资源过度开发带来的生态影响，如生态用水被挤占、地下水超采破坏等。研究表明，我国北方地区现状多年平均挤占河道内生态环境用水 132 亿 m^3，中等干旱年挤占河道内生态环境用水达 221 亿 m^3；对于丰水地区可以减少过度耗水可能带来的低效问题。

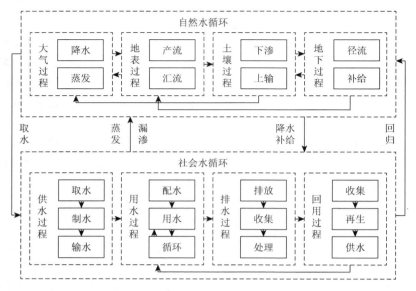

图 3-1　流域"自然-社会"二元水循环结构

3.2.2　分行业耗用水原理

分行业耗用水原理以及耗用水的转化规律是社会经济系统水资源合理分配与用水指标科学确定的主要依据。

（1）农业耗用水原理。农业灌溉具有用水量大、耗水率高的特点，通常受到降水量、种植结构和种植面积等多种因素的影响。农业耗用水是指人工补充灌溉下的农作物棵间土壤（或水面）蒸发量和植株蒸腾量。通常，农业耗水率在 40%～90%，平均为 63%，主要包括人工补给耗水和降水有效利用耗水两部分，其中后者是主体，所占比重约为 72%。

（2）工业耗用水原理。工业用水可大致分为间接冷却水、工艺用水和锅炉用水三大类。其中，工艺用水又分为产品用水、洗涤用水、直接冷却水和其他用水。工业耗用水是指工业生产中直接和间接用水过程中产生的消耗量。通常，工业产品用水耗水率最高约 90%，其次为锅炉用水，耗水率为 16%（耗水量占工业总耗水量比重较大，25%～30%），冷却耗水率和洗涤耗水率比较低，为 1%～2%。

（3）生活耗用水原理。生活用水可分为广义的大生活用水和狭义的居民家庭生活用水，其分类、功能和用水特点与人的需求关系密切，并表现出日、月的周期变化和年际的趋势性变化。生活耗用水是指居民用水和公共用水（含服务业、餐饮业、货运邮电业及建筑业等）过程中的消耗量。生活耗用水通常采用入户调查和分析方法进行，通常受到生活水平、用水习惯、自然条件和社会发展等多种因素影响。通常，冲厕、洗涤用水量较大，耗水率低；饮用、做饭等用水量较小，耗水率较高。

（4）生态耗用水原理。生态用水包括公共绿地和市政环卫等方面用水，生态耗用水是指公共绿地和市政环卫等用水过程中的消耗量，该耗水量受到降水量、绿地面积、温度、作物类型等多种因素的影响。

3.2.3　适应性管理理论

"适应性"（adaptability）一词来源于生态学领域，通常是指某一生物体随着外界环境条件的改变而改变自身的特征或生活方式的能力。适应性管理（adaptive management）是一个不断调整行动和方向的过程，根据整体环境的现状、未来可能出现的状况以及满足发展目标等方面的新信息进行调整。水资源管理的全过程可看成一个复杂适应系统，水资源的适应性管理旨在寻找一种适应水资源系统不断变化的平衡策略。为此，水资源的适应性管理是指根据水资源与社会经济系统的状况与既定目标，不断进行反馈、变化、调整管理过程，以促进系统的持续改善。水资源适应性管理理论为水资源开发利用总量控制红线条件的动态管理提供理论依据。

3.3　水资源开发利用总量控制的层次化目标与控制对象

水资源开发利用控制具有宏观、中观和微观三个尺度的特征：一是在宏观尺度上，协调经济社会用水通量与自然水循环过程之间的关系，实现"自然-社会"二元水循环整体框架下的"人"与"自然"的和谐；二是在中观尺度上，协调经济社会系统内部不同水源、不同行业之间的关系，通过水资源的合理分配，提升水资源系统安全保障程度，增进社会公平程度，实现社会水循环框架下社会经济用水的和谐；三是在微观尺度上，在分行业与分水源控制指标约束下，通过水资源行政管理手段，增进社会经济系统用水单元自身的自律性，实现其水资源利用效率的提高与适应性改进，增进微观主体用水的适应性。

3.3.1　宏观尺度：降低经济社会用水的外部性

自然水循环与社会水循环通量之间存在此消彼长的动态依存关系，经济社会耗用水量增加必然会影响水生态服务功能的实现，从而导致水生态系统退化。该外部性效应已经上升为水资源开发利用的主要矛盾。经济社会发展在某种意义上具有无限性，但水资源再生能力和可供给量是有限的。许多地区在一定时期经济社会需水量超过水资源可供给量，如果超量取用水资源，将会影响自然水循环系统的平衡，导致地表水河湖萎缩干涸、地下水水位持续下降等一系列的水生态问题。

水资源开发利用控制就是要将水资源过度开发利用所造成的外部性在经济社会系统内部化，维系经济社会用水与自然生态环境用水的平衡。在统一的"自然-社会"二元水循环的系统框架下，为实现天然生态环境服务功能与人工的经济社会服务功能的协调，需要合理确定经济社会的允许耗用水量，其阈值是基本的生态环境需水量。

在宏观尺度上，水资源开发利用控制主要是在满足生态环境流量和用水效率条件下，以耗水目标为约束，控制经济社会系统的总耗用水量，其中，耗水量是核心约束，用水量是总控对象。区域用水总量等于包括输水损失在内的毛用水量和毛供水量，即地表和地下新鲜水的取水量与回用量之和，也等于耗水量、排水量和回用量之和。需要说明的是，总用水量仅根据既定规划少量考虑非常规水源（如污水再生利用、海水淡化、雨水利用），以鼓励非常规水资源利用替代新鲜水源，相关概念的关系见图3-2。该控制量明显小于社会水循环通量，社会水循环通量通常还包括有效降水量、虚拟水通量等。区域可耗水量是以一定发展阶段的流域或区域水资源条件为基础，以生态环境良性循环为约束，满足经济高效良好发展与和谐社会建设要求的可耗用水量。从地表水可耗水量组成来说，主要包括地表径流量、地下径流量、上游来水量、河道生态流量、汛期不可利用量等。从区域经济社会耗水组成来说，主要包括人类生产、生活等取用水过程中产生的耗水量，具体可以分为生活耗水、工业耗水、农业耗水、人工生态耗水。通过各个分项的耗水控制，从而实现区域可耗用总量的控制。

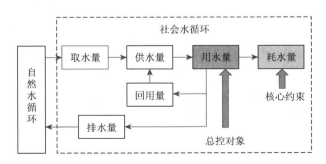

图3-2　水资源开发利用宏观尺度控制指标

3.3.2　中观尺度：促进经济社会用水的公平性

在中观尺度上，水资源开发利用控制主要是合理分配水资源，增进社会公平与和谐。在一个特定流域或区域内，基于宏观尺度耗水指标，综合考虑不同区域、不同行业、不同用户的特点与差异，满足效率、公平、可持续性要求，最大化提高内部性，对有限的、不同形式的水资源，通过工程与非工程措施在各用水户之间进行科学分配。

该尺度上水资源开发利用控制对象为经济社会分用户的耗水量、用水量，分水源的供水量。其中，供水方按照水源可具体细化为地表水、地下水、外调水、过境水及非常规水源等供水分量；需水方可以根据用户类型细化为生活、工业、农业及生态分行业的需水分量。

3.3.3　微观尺度：提高经济社会用水的适应性

在宏观总控和中观分水源及分用户水资源开发利用控制指标的基础上，通过水资源行政管理手段，建立各用水单元水资源利用过程的自律式发展模式，促进高校用水技术、工艺、设施和器具的改造和采用，生产与产品结构的变化以及用水行为规范的制定，提高工业水重复利用率、生活节水器具普及率，降低万元工业 GDP 用水量、灌溉水利用系数，实现其动态用水过程与水资源开发利用控制指标的动态适应，促进社会经济系统水资源利用效率的提高。该尺度水资源开发利用控制的对象为取水许可量和计划用水量。

综上所述，水资源开发利用控制层次化目标、控制对象与条件见表 3-1。

表 3-1　水资源开发利用控制的层次化目标、控制对象与条件

分类	控制目标	控制对象	控制条件
宏观尺度	主要协调经济社会用水通量、自然水循环过程之间的关系，实现"自然-社会"二元水循环整体框架下的"人"与"自然"的和谐	区域可耗水总量（耗水量是核心约束，用水量是总控对象，即红线）	满足生态流量的要求，最大限度减少外部性影响
中观尺度	主要协调经济社会系统内部不同水源、不同行业之间的关系，通过水资源的合理分配，增进社会公平程度	经济社会分用户的耗水量、用水量，分水源的供水量	满足效率、公平、可持续性要求，最大化提高内部性
微观尺度	借助水资源行政管理手段，增进社会经济系统用水单元自身的自律性，实现其动态用水过程与水资源开发利用控制指标的动态适应	取水许可量、计划用水量	满足既定目标、认清现状，多种手段并举实行自律式动态改进（如用水技术、工艺、设施和器具的改造和采用，生产与产品结构的变化以及用水行为规范的制定等）

3.4　水资源开发利用总量控制的理论模式

综合考虑上述三大基础理论，本研究创新性地提出水资源开发利用控制的

"效率一核制约、供需双向协调、宏中微三层嵌套"的基本框架，见图3-3。

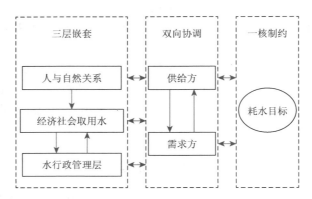

图 3-3　水资源开发利用控制的基本模式

3.4.1　效率一核制约

"效率一核制约"是指水资源开发利用总量控制的耗水目标作为约束条件。传统的水资源管理主要注重取水管理，缺乏对耗水量的控制，节水的效果主要由取水量的减少来衡量，结果导致发达地区或者强势部门通过提高水的重复利用率和消耗率，消耗更多的水量，在区域/流域可消耗水量不变的情况下，挤占欠发达地区或弱势部门如农业、生态等可使用的水资源，水资源利用的公平性、高效性并不能得到保证，生态系统的安全也并不能得到保障。特别是在水资源紧缺的地区，这种矛盾更为突出。

世行贷款节水灌溉项目首次提出了耗水（evapotransporation，即 ET）控制理念，并在我国华北平原农业真实节水和水资源管理中进行了实践。目标耗水是指在特定发展阶段的流域或区域内，以其水资源条件为基础，以生态环境良性循环为约束，满足经济持续向好发展与和谐社会建设要求的可消耗水量。水资源开发利用总量控制以耗水目标为约束条件，具体可细化为以下几个方面的机制。

（1）以生态流量为阈值的外部性约束机制。水资源开发利用应始终维持流域生态环境的良性循环，最大化降低水资源开发利用的外部影响。应确定河流湖库的最小生态流量阈值，保证一定的河川径流量与河口入海水量，以维持河道内生态与河口生态；应合理开采区域内地下水，在多年平均情况下逐步实现地下水采补平衡。

（2）以高效率为中心的水平衡决策机制。只有减少水分的蒸发、蒸腾，才能实现"真实节水"。应采取技术、经济可行的手段和措施，减少无效耗水，使得低效耗水向高效耗水转移，从而提高水资源的单位产出，最大化提高水资源开发利用内部效率，实现区域经济社会的可持续发展与和谐社会建设。

（3）以耗水为核心的耗用水转化机制。耗水是真实节水的核心，将耗水控制转化为用水控制，实现可统计、可监测、可考核，有利于提高水资源开发利用总量控制指标的可操作性和实践指导性，不同来水频率下耗用水的对应关系曲线如图 3-4 所示。

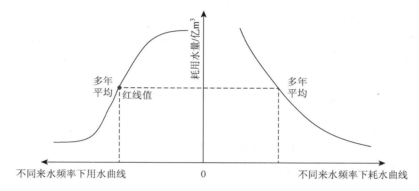

图 3-4　不同来水频率下耗用水的对应关系曲线（1956～2000 年）

3.4.2　供需双向协调

"供需双向协调"是水资源开发利用"需水方"和"供水方"两者之间的精细化配置，如图 3-5 所示。其中，需水方主要包括生活用水、工业用水、农业用水及生态用水等需求对象；供水方包括地表水、地下水、外调水及非常规水（如污水再生水、海水淡化水等）等供水水源。

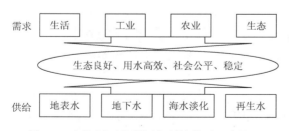

图 3-5　水资源开发利用控制的供需双向协调

3.4.3　宏中微三层嵌套

基于水资源开发利用具有层次化的目标和控制关键点，"宏中微三层嵌套"

是指水资源开发利用总量控制宏观尺度、中观尺度和微观尺度指标的嵌套结构，统筹考虑"人"与"自然"、"人"与"人"以及"人"与"自身"水资源开发利用指标的关系，如图3-6所示。具体而言，①宏观总控指标是中观细分指标的基础，通过控制耗水量，实现自然水循环和社会水循环的协调，协调人与自然的关系；②中观细分指标主要协调不同用水户与不同水源之间精细化对相应的关系，具体包括工业、生活、农业、生态用水量以及地表水、地下水、外调水、再生水及淡化海水之间精细化对相应的关系，强调人与人之间关系的协调；③微观管理指标主要是在水资源管理层面，基于宏观总控指标和中观细分指标，实现水资源开发利用控制指标与取水许可指标、计划用水指标衔接，协调人与自身的关系。

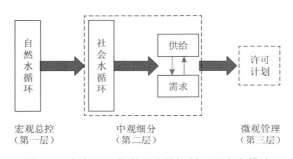

图3-6　水资源开发利用总量控制三层嵌套模式

3.5　水资源开发利用总量控制的准则与路径

3.5.1　水资源开发利用总量控制基本准则

科学、合理的水资源开发利用总量控制应当处理好四个基本关系，具体包括流域与区域关系、流域上下游关系、左右岸关系、近远期关系，并考虑遵循如下五个基本准则。

（1）生态学准则。水资源开发利用控制必须要遵循生态学原理，协调水资源开发利用与生态环境保护的关系，保障生态需水的供给，维系流域优良生态和河流健康。生态需水是指将生态系统结构、功能和生态过程维持在一定水平所需的水量，是一定生态保护目标对应的水生态系统对水量的需求。生态需水具有如下几个基本特征：一是时空变化性，河流、河口生态需水差异明显，年内与年际生态需水不同；二是阈值性，生态需水在一定范围内变动，一旦超出阈值，生态系统就会受到胁迫和健康威胁；三是量质统一性，不仅有水量的要求，也有水质的要求；四是目标性，生态需水主要基于生态建设和保护目标确定，并受到生态系统结构及服务功能的影响。

（2）水文学准则。水资源开发利用控制要符合水文情况，对于不同条件下来水做到水资源的科学配置。

（3）经济学准则。水资源开发利用控制要符合水资源开发利用边际效用最大化，通过优化配置手段提高用水效益和经济效益，在保障生态需水的前提下尽可能创造经济价值。

（4）社会学准则。水资源开发利用总量控制要符合社会公平原则，实现人水和谐，不仅要协调配置好经济生产用水，还要注重生活用水的保障。

（5）管理学准则。水资源开发利用控制还要保证在实践上能做到统一高效，统筹解决水资源问题对经济可持续发展的制约。

3.5.2　水资源开发利用总量控制曲线

水资源开发利用总量控制需要考虑不同来水频率条件下水资源开发利用指标的动态变化。通常，随着来水频率的增大，流域/区域的可供水量不断减少，需水量不断增大。

水资源开发利用总量控制的动态曲线如图 3-7 所示。其中，$D'\text{-}D'_1$ 为常规发展模式条件下的需水过程曲线；$D\text{-}D_1$ 为考虑水资源利用效率约束条件下的需水过程曲线；$S'\text{-}S'_1$ 为不考虑生态流量阈值约束的供水过程曲线；$S\text{-}S_1$ 为考虑生态流量阈值约束的供水过程曲线；p 为来水频率；p_0 为实现供需平衡的区域特定来水频率；Q 为供需水量；$D\text{-}O\text{-}S$ 为水资源开发利用总量控制曲线。以 $D\text{-}O\text{-}S$ 为控制指标，可维系水生态环境系统的健康，增进经济社会用水的公平效率，实现水资源的可持续利用。

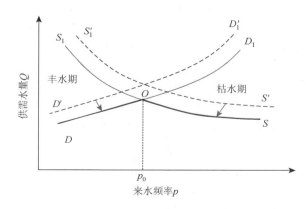

图 3-7　不同来水频率条件下水资源开发利用控制曲线

3.5.3 水资源开发利用总量控制的路径

1. 缺水期或缺水地区：基于生态阈值细分宏观总控指标

缺水期或缺水地区（即 $D>S$），区域水资源开发利用总量已经接近、达到甚至超过水资源可利用量，基本天然生态用水被挤占、地下水超采、用水竞争激烈。水资源开发利用总量控制的基本路径为：①基于自然水循环生态流量阈值的约束边界，得到水资源开发利用宏观总控指标；②将流域水资源可耗用量进行逐级分解，得到中观细分指标；③基于宏观总控指标和中观细分指标，综合考虑用户的历史用水行为特征，得到适应性的微观管理指标。

2. 丰水期或丰水地区：基于耗水标准汇总宏观总控指标

丰水期或丰水地区（即 $D<S$），区域水资源开发利用程度较低，实际开发利用量距离允许利用量还有一定容量。水资源开发利用总量控制的基本路径为：①遵循内涵式发展和可持续发展的基本思想，按照水资源公平、高效利用的要求，确定中观耗用水定额；②依据所确定的耗水定额，根据耗水和用水的转化关系，逐级汇总形成区域的用水总量，形成水资源开发利用宏观总控指标；③基于宏观总控指标和中观细分指标，综合考虑用户的历史用水行为特征，得到适应性的微观管理指标。

3.6　本　章　小　结

（1）充分考虑流域或区域水资源特点和经济社会发展状况，以耗水目标为约束，实行水资源开发利用总量控制是促进生态环境系统的健康、增进经济社会用水的公平效率、实现水资源的可持续利用的重要内容。

（2）水资源开发利用总量控制具有三大基础理论，即流域"自然-社会"二元水循环理论、分行业耗用水原理及适应性管理理论，分别为水资源开发利用的总量控制提供边界、驱动和动态修正。

（3）水资源开发利用控制具有宏观、中观和微观三个尺度的特征，即在宏观尺度上主要协调经济社会用水通量与自然水循环过程之间的关系，实现"自然-社会"二元水循环整体框架下的"人"与"自然"的和谐；在中观尺度上主要协调经济社会系统内部不同水源、不同行业之间的关系，通过水资源的合理分配，增进社会公平程度；在微观尺度上，通过水资源行政管理手段，增进社会经济系统用水单元自身的自律性，实现其水资源利用效率的提高与适应性改进。不同层次的控制目标和控制对象各有不同。

（4）水资源开发利用总量控制具有"效率—核制约、供需双向协调、宏中微三层嵌套"的基本框架，水资源开发利用总量控制应依据五大基本准则。不同地区水资源及其开发利用具有明显的时空差异，依据不同来水频率条件下水资源开发利用控制曲线，水资源开发利用总量控制具有不同的起点和路径。

第4章 基于交界断面流量动态闭环反馈的水资源开发利用总量控制的多维均衡指标体系构建

针对水资源开发利用过程中用户取用水环节无法校核的难点，提出基于交界断面流量为重要指标的取水、用水、耗水、排水全过程复杂水资源系统多维均衡阈值体系，并通过动态闭环反馈技术解决了区域取用水后上下游水量不闭合的矛盾，可以实现对流域、区域的复杂水资源系统进行分层次的水资源开发利用总量控制均衡决策。

4.1 以"交界断面流量倒逼社会经济用水"的总量闭环校核机制

4.1.1 总量不闭环需要实现以"交界断面流量倒逼社会经济用水"

为了加强水资源管理，提高水资源利用效率，我国在总量控制方面做了大量工作，如水资源综合规划、节水型社会建设、最严格水资源管理制度、三条红线指标分配等。近年来，我国在用水总量控制的法律法规完善和技术保障方面积累了丰富的经验。但是在具体实践中，出现不少新问题，最为突出的是在水资源开发利用总量控制实施过程中，水循环取水、用水、耗水、排水各环节无法校核，使得各层次控制总量不闭合，导致用户取用水环节无法校核。这种不闭合主要体现为社会水循环各环节通量与区域出入境断面流量无法形成闭环反馈。例如，水资源在经济社会各行业中不断循环，水资源利用效率不断提高，但排水量和入河水量越来越少，使得河道内生态环境用水无法保证，导致生态脆弱区和具有敏感生态目标的河道内生态系统濒临崩溃。

4.1.2 影响总量不闭环的主要因素

引起区域水资源开发利用总量控制不闭环的关键因素是取水和耗水定量关系、当地水资源状况、土地利用方式、计量监测网络覆盖率和取水许可证覆盖率等自然因素和人为因素（表4-1）。只有正确处理这些因素的关系，实现水循环各环节动态闭环反馈，才可真正形成水资源开发利用总量控制红线的动态管理。

表 4-1 影响水循环各环节总量不闭环的主要因素

影响分类	影响因素	水循环环节	
自然影响	水资源状况、气象条件、地形地貌条件	所有环节	
人为影响	供水状况、取水方式、供水方式、供水管网漏失率	取水	
	生活水平、生活用水习惯、收入状况	用水/耗水	生活
	国家政策、工业类型、生产规模、生产工艺设备水平、专业化程度、用水管理水平、职工技术素质等		工业
	农业种植结构、灌溉方式、灌区规模、灌区类型、取水口距离、充分灌溉和非充分灌溉、作物种类等		农业
	节水措施普及情况、水价、节水意识、节水宣传	水资源利用效率	
	排水管网收集率、污水处理工艺水平	排水	

其主要影响因素包括以下几方面。

（1）自然因素：主要是水资源状况、气象条件、地形地貌条件等。该因素主要影响区域水资源的本底条件及来水条件，决定了区域的可耗用水资源总量。

（2）人为因素：主要影响水循环取水、用水、耗水、排水各个环节的因素。①取水环节，主要受区域基础设施情况影响，如取水方式（集中取用水户、分散式取用水）、供水管网漏失率、引调水工程及引调水量等因素；②用水环节，主要受区域产业结构和产业规划等因素影响，如区域的三产结构、行业特征、生产方式、地区发展规划、产业规划、土地政策规划、产业调整规划等；③耗水环节，主要受水资源利用效率状况等因素影响，如地区各行业用水效率，包括工业用水提高重复利用率、生活用水节水器具普及率和农业用水中节水灌溉技术的推广应用情况、群众节水意识等因素；④排水环节，主要受排水处理方式，如管网收集情况、污水处理等级、再生水利用率等。

4.1.3 以"交界断面流量倒逼社会经济用水"的总量闭环校核机制

目前，我国最严格水资源管理制度是以行政区为考核单元，以区域取用水总量为考核指标的考核机制，但此机制根本难以满足生态文明的要求；交界断面流量正是行政区域水循环通量的边界条件，因此应以交界断面流量作为总量控制考核的重要抓手，形成一种以"区域交界断面流量倒逼经济社会用水"的总量闭合动态校核机制。

4.2 水资源开发利用总量控制系统多维均衡的维度特征和构成

4.2.1 水资源开发利用总量控制系统的内涵和构成

1. 复杂水资源系统的研究进展

水资源系统由若干子系统有序组合而成，承载了资源、经济、社会、生态、环境的多维属性。雷晓辉等（2012）详细阐述了复杂水资源系统模拟与优化理论，构建了通用水资源优化调配模型 WROOM，应用于南水北调中线水资源联合调度、北京市水资源优化配置及丹江口水库供水优化调度。邵东国（2012）也提出了水资源复杂系统的理论基础与建模方法，基于参考作物潜在蒸腾、蒸发量时空变异特性，构建了水资源系统多目标自优化随机模拟调度模型，并且此模型在南水北调中线工程及汉江中下游、举水流域灌排系统中得到应用。李少华等（2007）基于钱学森的开放复杂巨系统理论，提出了水资源复杂巨系统是以水为主体的一种特定系统，是由水循环、经济、社会、生态、环境等要素或子系统复合而成的系统。陈莹（2008）基于复杂性理论进行了水资源演化方向的研究，认为水资源系统是时间结构和空间结构都非常复杂的系统，且符合耗散结构条件。韩雁等（2011）基于区域不确定性分析水资源复杂系统的协调演化过程，深入分析了水资源系统的不确定性和复杂性。

2. 复杂水资源系统的内涵和组成

本书提出水资源开发利用总量控制系统主要是指以"自然-社会"二元水循环的供水、用水、耗水、排水各环节为基础，以涉水工程相关的水系统网络为骨架，各环节之间调配关系所共同组成的复杂水资源系统。

水资源开发利用总量控制系统主要由不同水利工程系统网络（蓄水工程、引水工程、提水工程、调水工程）、不同供水水源子系统（地表水、地下水、外调水、再生水、雨水等）、不同用水户子系统（农业、工业、生活、生态）组成。

4.2.2 多维性和均衡性的体现

多维均衡调控的基本内涵集中体现在"多维性"和"均衡性"两个方面。

1. 多维性调控的体现

多维性调控主要体现在以下几个方面。

（1）调控目标的多维性。水资源作为一个载体，承载着资源、社会、经济、环境、生态多种功能，因此其每个功能均被人类活动赋予了相应的目标，如供水安全、经济发展、生态环境保护、观光旅游等复杂的多重目标特性，这些目标之间互相竞争、互相促进，追求整个水资源复杂系统的利益最大化，更突出了均衡调控的重要性。

（2）调控对象的多维性。随着水资源需求的不断增长，区域内水源结构、用水单元、调配规则等均呈现出复杂多维的结构，区域水源结构已经变成了由地表水、地下水、再生水、外调水、其他非常规水源所共同组成的多重水源供水模式；各层各级也形成了复杂的用水单元（工业、农业、生活、生态）。以供水工程、排水工程、调水工程等多种涉水工程为基础组成的联系江河湖库等多种水源，联系农业、工业、生活、生态的各用水户、用水单元，形成了节点复杂的串联、并联，以及串-并联共存的多维水资源系统网络。

（3）调控时段的多维性。根据水资源来水频率不同，可分为不同水平年、不同频率年的水资源调控；根据生态控制目标，可分为枯季、压咸补淡、产卵期、育幼期、越冬期等调控，形成了包括不同时段、不同尺度的水资源多维调控。

（4）调控指标的多维性。由于调控目标的多维性，每个调控目标含有多个调控指标，而且涉及多个复杂水资源子系统，因此调控指标的多维性十分突出。这些调控指标不仅仅需要表征多维调控，还要与水资源开发利用总量控制的动态闭环反馈过程相对应。

2. 均衡性调控的体现

均衡性调控就是追求整个复杂水资源系统在多维调控目标、多维调控对象、多维调控时段、多维调控指标之间的均衡性，使整个复杂水资源系统整体效益最大化，各子系统内部得到均衡发展。具体体现为以下几点。

（1）目标调控的均衡性。当完成基于断面流量的动态闭环反馈过程后，需找到社会水循环取水、用水、耗水、排水各环节中没有达到预设均衡目标的环节，进行均衡调控。水资源作为一种承载着经济、社会、生态、环境多重属性的资源，在多重目标中均衡分配，实现水资源社会、经济、生态、环境等综合效益的最大化。

（2）空间调控的均衡性。在各节点形成的以串联、并联及混联的形式构成的复杂水资源系统网络中，实现水资源的空间均衡性调控，使得各个行政分区之间、国民经济各行业之间、城乡之间均衡发展。

（3）时间调控的均衡性。以调控时间的多维性为基准，根据设定的具体调控目标，尤其是在敏感时期的生态调控，如保证枯季最小生态流量、敏感期重点保护目标的流量脉冲，需要协调社会经济和生态环境用水矛盾，使得水资源在当代的不同时间段、代际得到均衡分配，以确保整个复杂水资源系统实现人水和谐。

4.2.3　多维立体交互式属性组成

本次提出的多维属性有多重含义。

1. 第一重多维属性（功能维）

依据本书第 3 章中所述的水资源开发利用总量控制理论，水资源开发利用控制具有宏观、中观和微观三个尺度的特征，因此本书的第一重多维属性为宏观维的人与自然关系层面、中观维的社会经济取用水层面和微观维的水行政管理层面。

宏观维的人与自然关系层面，调控的方向是实现"自然-社会"二元水循环整体框架下的"人"与"自然"的和谐；调控的内容是协调经济社会用水通量与自然水循环过程之间的关系，以耗水目标为约束，控制经济社会系统的总耗用水量；调控的基本原则是耗水量是核心约束，用水量是总控对象。

中观维的经济社会取用水层面，调控的方向是提升水资源系统安全保障程度，增进社会公平程度；调控的内容是协调经济社会系统内部不同水源、不同行业之间的关系，满足效率、公平、可持续性要求，进行水资源的科学分配；调控的原则是实现社会水循环框架下社会经济用水的和谐。

微观维的水行政管理层面，调控的方向是实现其水资源利用效率的提高与适应性改进，增进微观主体用水的适应性；调控的内容是由水行政主管部门直接面对整个区域层面或各类用水户，如灌溉、企业、机关事业或个人，根据用水户的取水申请和相应的用水定额核算其合理的用水总量，汇总后在本流域/区域用水总量限额内协调平衡，控制用水户的配水总量和年度用水计划；调控的原则是增进社会经济系统用水单元的自律性。

2. 第二重多维属性（要素维）

水循环在人类尚未大规模开发时，主要表现为自然属性，一方面是水循环自身规律和水生态效应，另一方面是水循环在过程中所发挥的生态服务功能。有了人类大规模活动之后就在自然属性之外增加了社会属性及与其伴生的经济属性和环境属性。本书主要针对"三条红线"的取用水总量控制红线，暂不考虑环境属性，因此第二重多维属性主要指由资源维、经济维、社会维、生态维组成的多维系统属性。

（1）资源维的取用水总量控制的均衡调控方向是水资源系统本身的稳定健康，使该系统具有自我恢复能力。调控内容是指以保障水资源系统的可持续发展为基础，在取用水总量约束下控制流域区域内水资源的取用量，并且不能突破该总量约束。资源维的均衡调控准则是维持水资源系统的稳定和可再生性。

（2）经济维的取用水总量控制的均衡调控的方向是效益最大。在狭义的经济生产领域，实行取用水总量控制，是在流域区域内使有限的水资源向用水效率高的地区和行业倾斜、同行业内向水资源产生的经济价值更大的个体倾斜，该手段将有利于促进全行业水资源效率的提高，最大限度发挥水资源的经济效益。经济维调控准则是有限的水资源流向效率更高的行业和地区，发挥最大的经济效益。

（3）社会维的取用水总量控制的均衡调控的方向是保障公平，为决策者提供支持。调控需要保障的社会公平性主要包括：①生存和发展的平衡，主要是保证粮食安全和经济发展之间的平衡关系；②地区之间的公平，主要是各个行政分区之间的公平；③国民经济行业之间公平；④城乡之间公平，用水权益差距不能过大；⑤代际公平性，协调当代与未来之间、近期与远期之间的公平性。社会维调控的准则是确保弱势群体和公益性行业的基本用水。

（4）生态维的取用水总量控制的均衡调控的方向是维持生态系统可持续发展。生态维调控旨在保证人类活动，诸如社会经济取用水不能破坏或损坏生态系统而导致其结构和功能不可逆转的反应，调控的内容是寻求在生态系统的最适宜和最小的生态需水量二者之间的上下限寻求合适的值，达到共赢。生态维调控的准则是确保重点生态系统的动态平衡。

3. 第三重多维属性（过程维）

前面所述的动态闭环反馈过程，实际是反映了以"自然-社会"二元水循环理论为基础的社会水循环取水、用水、耗水、排水全过程反馈过程，因此多维水资源系统也应反映此全过程通量。第三重多维属性为取水、用水、耗水、排水各过程。

4. 多维立体交互式属性空间

由以上三重多维属性所共同组成的多维立体交互式属性空间（图 4-1），实际表达了复杂水资源系统的多维属性，其所构成的空间也是调控的具体内容。

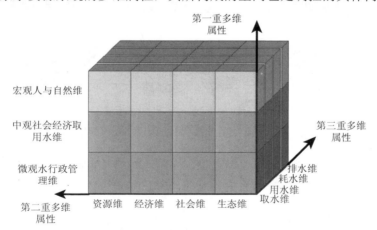

图 4-1　多维立体交互式属性空间

4.3　基于交界断面流量的动态闭环反馈技术

4.3.1　内涵

基于交界断面流量的动态闭环反馈技术是指基于"自然-社会"二元水循环原理，以交界断面流量为反馈媒介，以水资源开发利用系统供—用—耗—排的社会水循环全过程通量为反馈对象，以三重多维立体交互式空间为反馈尺度，以均衡发展为反馈标准的一种动态校核技术。

该技术可实现整个复杂水资源系统多维水资源效益最大化，将成为促进对流域、区域的复杂水资源系统进行分层次的水资源开发利用总量控制均衡决策。

4.3.2 闭环反馈原理

要想理解基于交界断面流量的闭环反馈原理（图 4-2），首先应搞明白以区域出入境断面流量为边界，基于"自然-社会"二元水循环原理，社会水循环从河道内取水，经过取水—用水—耗水—排水的复杂水循环过程。区域总量控制应首先设定一个控制目标，并确定社会水循环各环节的通量阈值和交界断面流量阈值。

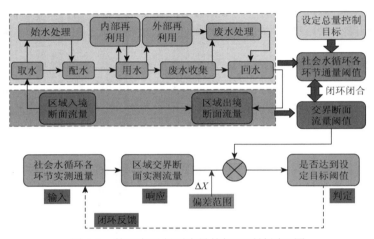

图 4-2　基于交界断面流量的闭环反馈原理图

基于交界断面流量的闭环反馈过程，是在系统中输入社会水循环各环节实测通量，得到区域交界断面实测流量的响应，预设偏差范围，与区域总量控制目标下的交界断面流量阈值进行对比，做出判定。若没有超出偏差范围，则认为达到设定目标；如果超出偏差范围，则认为没有达到设定目标，需要反馈到社会水循环各环节的通量，并进行调控修正。

4.3.3 各维度闭环回路

1. 第一重多维属性的闭环回路

第一重多维属性是指宏观维人与自然关系层面、中观维社会经济取用水层面和微观维水行政管理层面（图 4-3）。基于第一重多维属性的含义，绘制基于交界断面流量动态闭环回路。将区域的出入境断面流量和河道内的生态用水列入实现人与自然和谐的宏观维；将社会水循环中取用耗排过程列入保证高效公平的中观维；将取水许可总量和年度计划用水总量列入增进微观适应性的微观维。从三个层面（宏观、中观、微观）的角度来理解闭环回路过程。

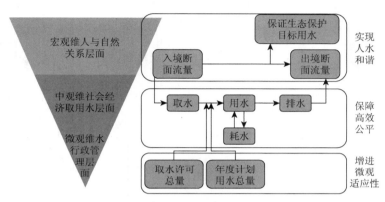

图 4-3　第一重多维属性的闭环回路图

2. 第二重多维属性的闭环回路

第二重多维属性是指资源维、经济维、社会维、生态维（图4-4）。同样根据第二重多维属性的含义，绘制基于交界断面流量动态闭环回路。将区域的出入境断面流量列为维持水资源系统稳定和可再生能力的资源维，是区域水资源的边界；将社会水循环取用耗排各环节和取水许可量、年度计划用水量等列入促进资源流向效率更高行业、效益最大化的经济维和保障社会公平用水的社会维。将保证河道内生态用水列入确保重点生态系统动态平衡的生态维。以第二重多维属性中的四个维度，即资源、经济、社会、生态的角度来理解闭环回路过程。

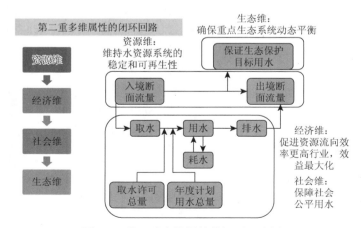

图 4-4　第二重多维属性的闭环回路图

3. 第三重多维属性的闭环回路

第三重多维属性是指取水维、用水维、耗水维、排水维（图 4-5）。同样根据第三重多维属性的含义，绘制基于交界断面流量动态闭环回路。将区域的入境断面流量、社会水循环的取水环节、取水许可总量和年度计划用水总量均列为取水维，即为整个系统的取水总量控制端；将社会水循环中的用水和耗水环节分别列为用水维和耗水维；将区域出境断面流量、社会水循环的排水环节、生态保护用水列为排水维。

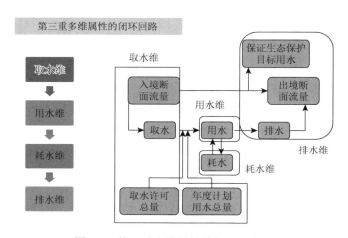

图 4-5　第三重多维属性的闭环回路图

4.3.4　多维均衡调控的目标

水资源开发利用总量控制系统多维均衡调控是指基于"自然-社会"二元水循环原理，以复杂水资源系统中供水、用水、耗水、排水的社会水循环全过程通量为调控对象，以实现在三重多维立体交互式空间均衡发展为调控目标，以交界断面流量动态闭环反馈为技术手段，以均衡阈值为标准的调控过程（图 4-6）。该过程将实现整个水资源开发利用系统多维水资源效益最大化，将成为促进对流域、区域的复杂水资源系统进行分层次的水资源开发利用总量控制均衡决策。

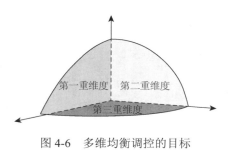

图 4-6　多维均衡调控的目标

三重维度形成一个多维立体交互式球体，即表明各个维度中各子系统均衡。如果用公式表达即

$$W\dim = f[\max(W_1\dim), \max(W_2\dim), \max(W_3\dim)]$$

式中，$W\dim$ 为多维均衡的总水量；$W_1\dim$、$W_2\dim$ 和 $W_3\dim$ 分别为第一、第二、第三重维度的总水量。

4.4　多维均衡的表征指标体系

4.4.1　国内外取用水总量控制多维均衡表征指标

1. 国外经验

在国外，以美国、澳大利亚、日本、俄罗斯、南非等为代表的国家均对用水总量控制设定了相应的考核指标。

美国大湖-圣劳伦斯河流域和澳大利亚的墨累-达令流域，均采用了取水（调水）许可总量控制指标、逐月计划用水控制量（取水量、耗水量、调水量）等（胡德胜，2013）。

日本有两种河川水权，即河川法规定的许可水权和历史上形成的惯例水权，并提出将取水许可总量控制量、暂定水权取水量控制量、特定时期取水许可量、河川维持流量（即保证河流维持各种用途水位的最小河川径流量）作为控制指标。（片冈直树，2005）。

俄罗斯采用限制或规定用水额度、设定污水最大允许排放量、阶段（年度或阶段）用水计划量来实现用水控制指标；英国采用取水许可控制量、污水排放达标率作为可持续用水控制指标；以色列也同样采取取水许可控制量作为用水统一管理和控制的关键因素（刘文海，2007）。

南非《水法》规定了保留量（the reserve）的概念，将人类基本需求保留量和生态环境保留量两部分作为生态用水控制的两个主要因素（李香云，2013）。

2. 国内经验

国内很多学者均开展了大量工作，针对全国层面，汪党献等（2012）提出要测算不同水源、不同行业的用水指标作为用水总量控制的关键性指标。

针对北方地区，鲁秉晓（2014）主要采用分行业用水量和分水源供水量对甘肃省金昌市的用水总量控制进行了研究。刘克岩等（2012）对石家庄市平原区的地下水用水总量控制进行了研究，建立各个县级行政区逐年年降水量与计算地下水位年变幅相关关系，将地下水用水总量控制指标作为管理评估指标。张海涛等（2011）针对邯郸市东风湖泉域，提出了泉域"取水总量、耗水总量与关键地下水位"三重控制的管理模式，并用一整套具体指标体系，即宏观总量控制指标体系和微观定额控制指标体系，其中宏观指标即东风湖泉域出口断面——匡门口站控制断面的下泄水量（不同规划时期、不同保证率的下泄水量），以及不同水源取水总量控制指标，还可衍生出地下水取水量（开采量）和地下水关键水位控制指标等；而微观定额控制指标则选取了用水定额和耗水定额控制指标。

针对南方地区，曾祥等（2011）在长江流域将用水总量控制指标分为了约束性指标和指导性指标，其中约束性指标是强制性的、具有约束力的总量控制指标，目的是对流域的取水许可和用水管理的各重要环节和因素进行强制性、有约束力的控制管理；而指导性指标是具有指导意义的、原则性的总量控制指标，目的是对流域用水效率和效益，以及用水方式进行指导性的、原则性的控制管理。陈润等（2011）在新安江流域针对取水许可总量控制，进行了指标筛选，分为社会经济用水预期性指标、取水许可总量控制指标、主要控制断面水量控制指标、水功能区管理指标四个层次，选取了 15 个指标构建了指标体系。林德才和邹朝望（2010）针对湖北省特点，将总量控制指标体系分为了目标性指标、动态指标和考核指标三类。其中目标性指标是指取水许可总量；动态指标是指总量控制实施过程和效果的监控性指标，要结合管理数据的监测可操作性和可获得性予以拟定；考核指标是定额管理在流域和区域层面的反映，它有别于当前流域内各行政区域颁布的用水定额标准，类似于节水指标。叶建春等（2007）针对太湖流域的特点，将太湖流域河道内用水控制指标按照太湖、平原河网区和黄浦江三部分，并分别采用主要控制断面最低旬平均水位和最小月净泄量作为河道内用水控制指标。

4.4.2　多维均衡的综合指标体系

针对水资源丰沛地区，根据水循环多维均衡调控中各维的调控目标和准则，考虑经济社会与生态环境协调均衡状态以及水循环的自身稳定健康和可持续性，搜索国内外研究者提出的取用水总量控制指标，提出以"人水和谐"为总体协调目标的多维均衡整体综合指标体系，如表 4-2 所示。

表 4-2　国内外经验中取用水总量控制指标库

序号	控制指标	单位	国内经验	国外经验
1	水资源总量			
2	耗水率	%	林德才	
3	区域可耗水量	m^3		
4	湖泊和河网代表站允许最低旬平均水位	m	曾祥、林德才、叶建春等	
5	流域河流主要控制断面允许最小月净泄量	m^3	张海涛、林德才、叶建春、曾祥、陈润等	片冈直树（日本）

续表

序号	控制指标	单位	国内经验	国外经验
6	行政省际边界控制断面水质目标		林德才	
7	流域控制断面水质目标		曾祥	
8	地下水位年变幅	m	刘克岩	
9	地下水开采量	m^3	张海涛	
10	地下水关键水位控制指标	m	张海涛	
11	生态环境用水保留量	m^3		李香云（南非）
12	各省级行政区流域内取用水总量控制指标	m^3	林德才、曾祥、张海涛	
13	地表水取水总量控制指标	m^3	张海涛、汪党献、鲁秉晓	
14	地下水取水总量控制指标	m^3	张海涛、汪党献、鲁秉晓	
15	其他水源取水总量控制指标	m^3	张海涛、汪党献、鲁秉晓	
16	引调水总量控制指标	m^3	曾祥	
17	城镇实际供水量与总引水量的比值	无量纲	林德才	
18	农村实际供水量与总引水量的比值	无量纲	林德才	
19	农业用水量	m^3	汪党献、鲁秉晓	
20	工业用水量	m^3	汪党献、鲁秉晓	
21	生活用水量	m^3	汪党献、鲁秉晓	
22	生态环境用水量	m^3	汪党献、鲁秉晓	
23	农业耗水定额	m^3/hm^2	张海涛	
24	工业耗水定额	$m^3/万元$	张海涛	
25	第三产业耗水定额	$m^3/万元$	张海涛	
26	城市供水管网漏损率	%	林德才	
27	工业用水重复利用率	%	林德才、陈润	
28	农业水利用系数	无量纲	张海涛、林德才、陈润	
29	节水灌溉率	%	林德才	
30	工业增加值（不含火、核电）用水量	m^3	曾祥	
31	高用水建设项目取水许可审批控制指标	m^3	曾祥	
32	取水（调水）许可总量控制指标	m^3	陈润	胡德胜（美国、澳大利亚）、刘文海（英国、以色列）
33	暂定水权取水量控制量	m^3	陈润	胡德胜（美国、澳大利亚）

序号	控制指标	单位	国内经验	国外经验
34	特定时期取水许可量	m³	陈润	胡德胜（美国、澳大利亚）
35	逐月（年度/阶段）用水计划量	m³		胡德胜（美国、澳大利亚）、刘文海（俄罗斯）
36	不同频率年度用水计划总量控制指标	m³		胡德胜（美国、澳大利亚）、刘文海（俄罗斯）
37	计划用水覆盖率（年度实际用水量中实行计划用水管理的水量比例）	m³		胡德胜（美国、澳大利亚）、刘文海（俄罗斯）

4.4.3　多维均衡的主要表征指标

在前面综述的关于取用水总量控制指标的国内外文献中，研究者大多只是根据研究的具体案例主观地提出了适用于当地的指标体系，但是这些指标在其他地区如何应用，这些指标所包含的信息是否全面、科学，是否具有层次，是否重复，在实际操作中，是否易于获得数据等，均没有客观的筛选机制。科学的评价指标体系是综合评价的重要前提。进行指标筛选时要遵循以下原则。

1. 目的明确原则

所选用的指标目的明确，采用科学的方法和手段，坚持科学发展的原则，统筹兼顾；从评价的内容看，该指标确实能够反映有关的内容，决不能将与评价对象、评价内容无关的指标选进来。

2. 系统全面原则

选择的指标要尽可能地覆盖评价的内容，具有系统性和代表性，即所选的指标确实能反映评价内容，虽然不全面，但要代表某一侧面；指标体系要综合地反映各个子系统、各个要素之间相互作用的方式、强度和方向等内容，是一个受多种因素相互作用、相互制约的系统量。同时，指标体系也应是由多层次结构组成，每个层次都能从不同方面反映目的的实际情况，要反映出各个层次的特征，再将各个要素相互联系构成一个有机整体，这样具有层次性、系统性的指标体系才能够准确反映指标间的支配关系，既能消除指标间的相容性又能保证指标体系的全面科学性。

3. 区域代表原则

选择的指标应在不同区域间具有相同的结构，因为不同的区域间用水总量控制的关键因素会有时空差异，南北方等地域性差异明显，不同发展阶段的时间差异明显，因此筛选指标体系时，应根据地方发展阶段和特色，选取包含这种反映区域特色的指标。

4. 独学独立原则

指标的概念必须明确，且具有一定的科学内涵，符合建立用水总量控制的内涵和目标，能够度量和反映被评价区域的水量控制程度。同时，度量用水总量控制程度的指标应避免指标信息上的重叠，所以要尽量选择具有相对独立性的指标。

5. 切实可行原则

选择的指标要有可操作性，为反映评价的客观性和公正性，应尽量采用可计算、易得到、具有操作性的指标，而一些难以得到、不切实可行的指标均不要选择。同时，由于取用水总量控制在现实中是会随着自然禀赋条件变化和人为作用发生变化，并具有非线性变化规律，因此筛选的指标还应能反映出评价目标的动态性特点。

根据以上五条筛选原则，本研究从上述指标中筛选得到 12 个指标，组成取用水总量控制多维均衡主要表征指标体系，具体指标如表 4-3 所示，多维均衡主要表征指标的立体交互式属性空间图如图 4-7 所示。

表 4-3　多维均衡的主要表征指标维度属性表

序号	指标	第一重维度	第二重维度	第三重维度
1	区域可耗水量	宏观人与自然维	资源维	耗水维
2	主要控制断面允许最小生态流量	宏观人与自然维	生态维	排水维
3	交界断面流量	宏观人与自然维	生态维	排水维
4	地表水取水总量	中观社会经济维	资源维	取水维
5	地下水取水总量	中观社会经济维	资源维	取水维
6	其他水源取水总量	中观社会经济维	资源维	取水维
7	工业用水量	中观社会经济维	经济维	用水维
8	农业用水量	中观社会经济维	经济维	用水维
9	生活用水量	中观社会经济维	经济维	用水维
10	生态用水量	中观社会经济维	经济维	用水维
11	取水（调水）许可总量控制指标	微观行政管理维	社会维	取水维
12	不同频率年度用水计划总量控制指标	微观行政管理维	社会维	用水维

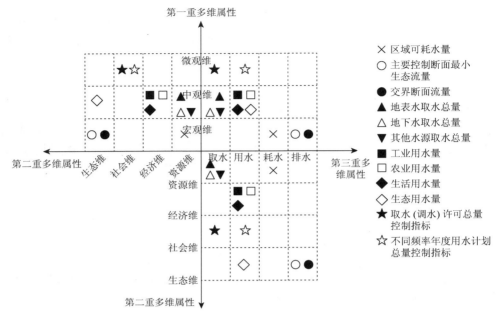

图 4-7　多维均衡主要表征指标的立体交互式属性空间图

在这 12 个南北通用的指标中，还需根据地区特色，设定强制性指标：

（1）在生态敏感区，将流域河流主要控制断面允许最小生态流量和生态环境用水量设定为强制性指标。其中生态敏感区，是指对人类生产、生活活动具有特殊敏感性或具有潜在自然灾害影响，极易受到人为的不当开发活动影响而产生生态负面效应的地区。具体包括河流水系、滨水地区、山地丘陵、海滩、特殊或稀有植物群落、野生动物栖息地以及沼泽、海岸湿地等重要生态系统。本次针对广西北部湾地区，生态敏感区主要设定为钦州湾茅尾海红树林自然保护区湿地、西津国家湿地公园、钦州湾海岸湿地、河流的鱼类三场（越冬场、产卵场、索饵场）等。

（2）在北方地区，将地下水取水总量设定为强制性指标。主要考虑北方地区地下水开发利用程度极高，在华北平原地区产生巨大的地下漏斗，由此带来一系列生态和环境问题，因此必须限制开采地下水，进一步加强地下水压采监管。

4.4.4　指标计算方法

广西北部湾地区地表水取用水总量控制指标的计算方法如下。

1. 指标 1：区域可耗水总量

主要组成：进入区域内的水量扣除蒸发渗漏、河道内生态用水、下游出境流量后的水量；区域可耗水总量应大于各行业耗水量的总和。该指标根据本书后续模型计算得到。

2. 指标 2：主要控制断面最小生态流量

主要组成：依据长系列水文资料，考虑河道功能，如输沙用水量、生物栖息地需水量、河道自净需水量、滨河湿地的生态需水量、河口生态需水量等。该指标由本书后续的生态流量计算方法得到。主要控制断面应选择水系重要节点水量控制断面、省界水量控制断面、重要城市水量控制断面、重要水利工程水量控制断面和有敏感生态保护目标的水质控制断面等河流水系中的重要断面。

控制断面的选择原则如下：

（1）重要干支流纳入原则：河流的干流及重要支流的控制性站点应全部纳入选取范围，并根据管理需要选取和设置相应的水资源控制断面。

（2）跨省和跨界河流纳入原则：规模以上的跨省或省际河流应纳入选取范围。

（3）重要水利工程断面纳入原则：控制性水库入库断面和大坝下游断面、跨流域引调水工程的引调水口断面、江河湖口的重要控制闸断面应纳入选取范围。

（4）重要环境和生态敏感区断面纳入原则：水功能区省界缓冲区、重要的生态敏感保护区、生态敏感保护目标断面应纳入选取范围。

（5）水事纠纷河流纳入原则：曾有水事纠纷和目前仍有水事纠纷的河流也应纳入选取范围。

3. 指标 3：交界断面流量

主要组成：以行政区域交界断面为边界，实现区域总量控制的关键指标。

4. 指标 4～6：地表水供水量、地下水供水量、其他水源供水量

主要组成：根据各类型水源工程现状及规划新增供水能力确定；外流域调水按受水区统计，包括地表水、地下水、非常规水等。该指标现状年的数据由统计数据获得，未来水平年数据由本书提出的模型计算得到。

5. 指标 7～10：工业用水量、农业用水量、生活用水量、生态用水量

主要组成：河道外用水分为生活、工业、农业和生态用水。

（1）农业用水包括农田灌溉用水和林牧渔畜用水。

（2）工业用水包括火（核）电和一般工业。

（3）生活用水包括城镇居民生活、城镇公共用水、农村居民生活用水，以及建筑业及第三产业用水。

（4）生态用水包括城镇生态用水和农村生态用水，指城镇河湖补水和绿化、

清洁用水，以及农村人工措施对湖泊、洼地、沼泽地的补水，不包括河道内的生态用水。

该指标现状年的数据由统计数据获得，未来水平年数据由本书提出的模型计算得到。

6. 指标 11：取水许可总量控制量

主要组成：根据一个区域的水资源总量，依据可持续发展原则和设定的水资源、水环境保护目标，将取水总量控制在取用水红线范围内，取用水红线即表示当地所有取水许可批准水量的上限。该指标由本书的模型计算结果减去不需要办理取水许可的水量即得到。

7. 指标 12：不同频率年年度计划用水总量控制指标

主要组成：在不同来水频率年下，各行政管理单位根据本年度的来水情况，设定的本行政区内计划用水总量控制的最大值。这是一项动态指标，将根据不同的来水情况和来水频率进行年度调整，再由各行政管理区域对本区域内的用水户下达年内各行业各用户的计划用水量。该指标根据不同来水频率，采用本书中所述模型进行折减。

4.5 本 章 小 结

本章深入挖掘了水资源开发利用过程中用户取用水环节无法校核的难点，剖析了水循环各环节总量闭合的原因，提出应用"交界断面流量倒逼社会经济用水"的总量闭合校核机制。详尽剖析了水资源开发利用总量控制系统的内涵和组成，研究了其中多维性和均衡性的具体体现，提出了多维立体交互式属性的组成。阐释了"基于交界断面流量的动态闭环反馈技术"的内涵和原理，从多维属性的含义入手，描绘各重多维属性的闭环回路，并提出多维均衡的调控目标。构建了多维均衡调控主要表征指标体系，并说明了其指标计算方法；为广西北部湾地区水资源开发利用总量控制均衡发展提供定量支撑。

第5章　区域取用水总量控制红线制定关键技术研发

针对广西北部湾经济区地表水资源特点与开发利用现状，抓住区域经济社会耗水对水循环和河流生态功能影响的本质，项目组自主研发了面向河流生态功能维系的区域耗水红线分配及水循环动态响应模型技术（ET_WAS 模型），提出了面向河流生态功能维系的区域经济社会目标耗水计算方法，通过原型观测实验建立了区域行业耗水-用水关系曲线，原创性地研发了基于耗水控制的水资源优化配置，提出了比取用水红线更准确的耗水红线，并在此基础上实现了区域耗用水过程下水循环过程仿真模拟，刻画出了"自然-人工"二元水循环动态反馈、各时段水循环转化通量及河流断面流量过程，该模型的成功研发为区域水资源总量控制红线指标制定、生态调度和动态管理提供了科学工具。

5.1　面向河流生态功能维系的区域耗水红线分配及水循环动态响应综合模型系统（ET_WAS 模型）

综合考虑水资源总量控制主要技术方法的优劣性，本次采用模拟模型和综合分析方法、总量分解法相结合的方法，并结合广西特点以自上而下分解的各地市的用水总量指标为约束边界，开展水资源模拟、不同水源和用户的细化分配，为区域水资源总量控制指标细化分解提供技术支撑。

面向河流生态功能维系的区域耗水红线分配及水循环动态响应综合模型系统（water simulation and allocation model based on ET control，ET_WAS），具体包括面向河流生态功能维系的区域可耗水量评价技术、耗水量分配技术以及面向取用水过程的二元水循环模拟技术三个方面的关键技术。通过这些技术定量分析行业用水量与耗水量的转化关系，以及上游取用水行为与下游控制断面水量变化之间的响应关系，实现耗水控制指标下的取用水管理指标的分配和制定，为区域地表水总量控制红线管理提供技术支撑。

5.1.1　系统总体框架

根据面向河流生态功能维系的水资源耗水管理的理念、研究框架、目标及调控体系，本研究利用最新的 Fortran 模块化编程思想，开发了面向河流生态功能维系的区域耗水红线分配及水循环动态响应综合模型系统，以实现区域生态环境健康发展下地表水开发利用分配。模型框架见图 5-1，该模型可分解为三大子模型，分别为面向河流生态功能维系的区域可耗水量计算子模型（simulation of evaporation based on ecology module，SEE module）、实现基于耗水控制下的水资源优化配置子模型（allocation of water optimised model，AWOM model）和仿真模拟配置方案下的区域水循环相应和断面流量过程子模型（soil and water assessment tool model，SWAT model）。

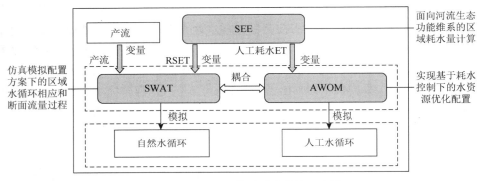

图 5-1　ET_WAS 模型系统结构示意图

5.1.2　系统模型相互耦合关系

ET_WAS 的三个子模型在运用中相互耦合，输入、输出数据不断反馈、修正。其中 SEE 模型通过区域地表径流、河道生态流量等因素确定区域水资源可耗用总量，作为区域经济社会耗水控制目标，也是区域耗水最大控制外包线；AWOM 子模型在供用水边界条件下对区域水资源优化调度，根据建立的行业耗水-用水关系曲线，进行水资源合理分配，控制着区域经济社会水资源的开发利用，是人工水循环的描述，也是实现区域水资源高效利用的关键，并指导 SWAT 子模型不同水源工程和用户的供用水过程；SWAT 子模型可以刻画"自然-人工"二元水循环过程及各时段水循环转化通量，可以为 AWOM 子模型实时提供水资源边界情况，并对 AWOM 子模型调控人工供用耗排情况后的区域水循环作出响应，检验重要河道断面的流量过程达标情况，并进行反馈修正，进而为区域水资源的合理利用、经济社会和生态环境的协调发展提供定量支持。

5.1.3　模型计算流程

取用水总量控制红线制定关键技术计算流程为区域目标耗用量制定—行业耗

用水解析识别—基于耗水的水资源优化配置—取用水总量控制—区域断面流量管理，具体为：①在生态环境保护和社会经济发展目标前提下，以区域水资源可利用量为基础，以河道断面流量为约束，制定区域的地表水可耗用量；②对区域开展分行业耗水-用水定量实验分析，找出行业耗用水定量关系曲线，从而实现耗水-用水的关联；③采用基于耗水的水资源优化配置模型开展区域供用耗排定量控制指标分析；④通过区域二元水循环模拟模型校核区域取用耗排控制量是否满足区域生态环境恢复目标；⑤提出适合区域发展的地表水开发利用总量控制、区域主要断面流量指标等成果。

5.2　技术 1：区域可耗水量评价技术（SEE 子模型）

SEE 子模型（面向河流生态功能维系的区域可耗水量评价技术）通过区域地表径流、河道生态流量等因素确定区域可耗水量，是区域耗水最大控制外包线，作为区域经济社会耗水控制目标，为基于耗水的水资源配置模型提供耗水目标约束。

5.2.1　区域可耗水量调控机制

（1）以耗水为中心的水平衡机制。流域水资源演化是诸多水问题产生的共同症结所在，过多的耗水是造成水资源短缺、水生态退化的关键因素，因此基于耗水的水资源与水环境综合规划首先要遵循以耗水为中心的水平衡机制。水平衡决策机制包括两个层面：一是资源量平衡机制，包括对径流性水资源量、社会经济用水耗水量和排水量之间的平衡关系进行分析，其目标是界定满足流域/区域水循环稳定健康的国民经济取用水量、可消耗水量；二是社会水循环水量平衡，分析计算各种水源在国民经济各部门之间、不同时段的供用耗排水平衡，其目标是界定满足流域/区域水循环稳定健康的国民经济各部门取用水量、可消耗水量。

（2）以水生态文明建设为中心的生态决策机制。生态决策机制的核心是水资源利用的可持续性，要求在实现经济用水高效和公平的同时，考虑水循环系统本身健康和水生态系统健康对水生态文明建设的支撑。在水资源紧缺地区，社会经济用水和生态环境用水竞争激烈，必须在经济社会发展与生态环境保护之间确定合理的平衡点。将水资源开发利用、社会经济发展、生态环境保护放在流域水资源演变和生态环境变化的统一背景下进行研究，以流域为基础，以经济建设和生态安全为出发点，根据水分条件与生态系统结构的变化机理，在竞争性用水的条件下，通过比较和权衡，确定合理的生态系统耗水量和国民经济耗水量，既能使生态系统保持相对稳定和功能协调，又能使经济发展受到较小影响。

（3）以公平为核心的社会决策机制。社会决策机制的核心是水量分配的公平性，包括区域间的公平性、时间段上的公平性、行业间的公平性、代际的公平性。社会决策机制能体现水资源配置对不同地区、行业和群体利益的协调，保障社会发展的均衡性。

（4）以边际成本和社会净福利为中心的经济决策机制。经济决策机制体现水资源调控的高效原则，水资源合理配置的经济决策机制是根据社会净福利最大和边际成本替代两个准则确定合理的水资源配置指标。在区域层面上，抑制水资源需求、降低耗水（降低水资源消耗）需要付出代价，增加水资源供给、增加可消耗耗水（从外部调水、增加海水利用）也要付出代价，两者间的平衡应以更大范围内的全社会总代价最小（社会净福利最大）为准则；在行业用户层面，不同水平上抑制水资源需求、降低耗水产生的边际成本在变化，不同水平上增加水资源供给、增加可消耗耗水的边际成本也在变化，其平衡应以边际成本相等或大体相当为准则，从用水、耗水的效益和社会福利基础上分析水资源调控的方向，通过不同的水资源利用方式实现在公平基础上对水资源更高效的利用。

5.2.2　区域可耗水量计算子模型

为了改变目前区域水资源过度使用现状，并达到可持续发展的目的，实现耗水管理，必须确定符合可持续发展的区域未来耗水值，也就是区域可耗水量。区域可耗水量是在满足区域经济社会和生态环境可持续发展条件下，从水平衡的角度确定区域所能允许经济社会化消耗的最大耗水量。具体来说，就是在满足河道生态、河口生态和下游用水要求，以及保证区域内地下水不超采的条件下，区域所能消耗的最大耗水量。

SEE 子模型通过区域地表径流、河道生态流量等因素确定区域可耗水量，是区域耗水最大控制外包线，作为区域经济社会耗水控制目标，为基于耗水的水资源配置模型提供耗水目标约束。

SEE 子模型计算公式见式（5-1）：

$$ET_{obj} = Q_r + Q_{in} + Q_{gw} + Q_o - Q_{rs} - \nabla_{gi} - W_{obj} \qquad (5-1)$$

其中：

$$W_{obj} = W_{rb} + W_{rq}$$

$$ET_{obj} \geqslant EL + EI + EF + EE$$

式中，ET_{obj} 为区域地表水可耗用量；Q_r 为区域河川径流量；Q_{in} 为地表入境水量；Q_{gw} 为地下水可供水量；Q_o 为外调水进入量；Q_{rs} 为区域河道蒸发渗漏损失量；∇_{gi}

为区域地表地下蓄变量；W_{obj} 为满足下游用水要求或者近岸海域生态需要的出境流量和入海水量；W_{rb} 为河流控制断面最小生态流量；W_{rq} 为汛期不可利用量；EL 为生活耗水量；EI 为工业耗水量；EF 为农业补水耗水量；EE 为人工生态补水耗水量。

显然，由于生态环境用水挤占一般是在区域缺水状态下经济社会过度取用消耗而发生的，区域可耗水量对区域干旱年份或者干旱缺水时段的水资源管理具有重要的意义。需要指出的是，河道生态流量是影响区域可耗水量的关键因子，直接影响到区域河流生态环境的健康发展和区域水资源开发利用总量控制指标的阈值，因此，项目组对河道生态流量进行了专门研究。

5.2.3　面向河流生态功能维系的河道生态流量计算方法

1. 河流生态流量组成 W_{rb}

按照《河湖生态环境需水计算规范》（SL/Z 712—2014）和河流服务功能，本研究提出河流生态流量由控制断面生态基流量、控制断面目标生态流量等组成 [式（5-2）]。

$$W_{rb} = \max\{W_{rbf}, W_{pobj}\} \tag{5-2}$$

式中，W_{rb} 为河流控制断面最小生态流量；W_{rbf} 为河流控制断面基本生态环境需水量最小值；W_{pobj} 为控制断面目标生态环境需水流量。

下面将分别说明其计算方法。

2. 控制断面基本生态环境需水量最小值计算

基本生态环境需水量最小值是指年内生态环境需水过程中的下限值。该值是为维持河流控制断面生态环境用水需求，河道中必须予以保留的最小水量。最小值多用流量表示，称生态基流。

3. 控制断面目标生态环境需水流量计算

河道内需水具有多功能性，可以"一水多用"，主要包括维持河流系统水沙平衡所需要的输沙需水流量、维持河流水生生物栖息地所需要的流量、维持河流系统的稀释自净能力所需流量等，在满足一种需水要求的同时，还可兼顾其他需水要求，这些生态需水流量总量并不是各项分量直接相加，如输沙用水同时也可输送盐分，同时还可为水生生物提供栖息地用水等多重服务功能，因此需要根据各自的耦合关系来分析确定。具体计算公式如下所述。

1）河流控制断面目标生态环境需水流量的计算

生态环境需水流量的计算结果并不是各个部分生态需水流量的简单叠加，生态环境需水流量的各个组成部分可能在一定的流量范围内相互涵盖，即在一定流量范围内同时被其他功能全部或部分地满足。因此生态环境需水流量的确定应该扣除各种重复部分的生态需水流量之和，是各项生态需水流量的有机组合。例如，在汛期河流基本生态需水流量包含在输沙需水及入海需水流量中，而在非汛期河道输沙需水量就无须考虑。输沙需水与入海需水既有重合部分，又有包含与被包含的关系，其主要取决于河流的主导功能。从一水多功能的特征来看，自净流量在净化污染物的同时也能挟带泥沙，反之，输沙流量也具有净化污染物的作用。同样，河流基本生态需水流量在对水生生境生态功能维护的同时，也能净化污染物和携带泥沙，反之亦然。

河流生态需水流量 (W_{pobj})，包括输沙需水流量 (W_s)、水生生物需水流量 (W_{wl})、河道自净需水流量 ($W_{selfpurification}$)、河口基本需水流量 ($W_{estuary}$) 与河流相联系的天然湿地需水流量 ($W_{wetland}$)。从各项生态需水流量的相互关系可以得出以下公式：

$$W_{pobj} = \max \{W_s, W_{wl}, W_{selfpurification}, W_{wetland}\} + W_{estuary} \qquad (5\text{-}3)$$

2）输沙水流量计算

水土流失导致的大量泥沙随着河流进入下游河道，从而使得河床淤积、水位抬高，大大降低河道的排泄能力，成为下游河道堤防决口、洪水泛滥的主要根源，因此为维持河流系统的水沙动态平衡，必须预留一部分流量用于输沙。

本研究采用多年平均含沙量法，计算河流的输沙用水流量：

$$W_s = S_t / C_{max} \qquad (5\text{-}4)$$

$$C_{max} = \frac{1}{n} \sum_{i}^{n} \max(C_{ij}) \qquad (5\text{-}5)$$

式中，W_s 为输沙需水流量，m^3/s；S_t 为多年平均输沙量，kg/s；C_{max} 为多年最大月平均含沙量的平均值，kg/m^3；C_{ij} 为第 i 年 j 月的月平均含沙量，kg/m^3；n 为统计年数。

3）水生生物需水流量计算

本研究采用生物需求法，对于有水生生物物种的产卵期和育幼期、越冬期等对水量需求的资料，可按照以下公式计算：

$$W_{wl} = \max(W_{ij}) \qquad (5\text{-}6)$$

式中，W_{wl} 表示水生生物需水流量，m^3/s；W_{ij} 表示第 i 月第 j 种生物需水流量，m^3/s，j 根据物种保护的要求，可以是一种或多种物种。W_{ij} 可以根据具体生物物种生活（生长）习性确定。

4）河道自净需水流量计算

自净需水是指为了使水质达到一定的标准，河道内必须保留的最小水量。为了保证下游的自净需水，需要限制上、中游的用水定额，保证一定比例的下泄流量，也就是说通过河流上、中、下游的内部调节来达到流域的用水平衡。

但本次计算采用近十年最枯月流量平均值计算。

5）景观和沿河湿地需水流量

选取敏感生态保护目标进行湿地生态需水的计算，首先根据维持湿地各生态功能最小生态水位来确定相应水深及湿地水面面积，然后求其蒸发、渗漏用水流量，即湿地生态需水流量。当水文资料短缺时，也可以直接利用原始面积来核算蒸发与渗漏需水流量。

$$W_{\text{wetland}} = A \times h \times T - E_{\text{wetland}} - L_{\text{wetland}} \qquad (5\text{-}7)$$

式中，W_{wetland} 为与河流相连且重要的湿地需水流量，m^3/s；A 为湿地的水面面积，m^2；h 为湿地平均水深，m；T 为湿地换水周期，次/年；E_{wetland} 为湿地水面蒸发流量，m^3/s；L_{wetland} 为湿地渗漏流量，m^3/s。

6）河口生态环境需水流量计算方法

由于河流在河口段具有许多特殊性，其表现在淡水与盐水的混合，也是河口生态系统营养物质富集并成为重要生物栖息地的根本原因。

海陆间交互作用使河口生态系统具有复杂的环境因素和独特的生态服务功能。其中河道径流是河口生态系统的控制因素，河流的淡水输入对河口营养物质和盐度梯度分布产生巨大影响，这将会直接影响相应生物种群分布和生物量的多少。

河口生态环境需水流量具有明显的空间和时间差异性。

本次研究河口生态环境年际总需水流量（W_{estuary}），包括河口蒸发消耗需水流量（F_a）、河口水生生物栖息地需水流量（F_b）和泥沙输送需水流量（F_c），但其中 F_a 在区域可耗水量中统一计算，此处为避免重复，不再计算。

$$W_{\text{estuary}} = F_a + F_b + F_c \qquad (5\text{-}8)$$

（1）河口水生生物栖息地需水流量（F_b）。

河口生物栖息地状况受到河流径流输入淡水改变水体盐度影响的同时，受到径流挟带泥沙、营养物等有机、无机物质对河口生态系统物质及生物循环的影响。

生物栖息地需水流量首先满足河口一定程度淡水、盐水混合，保持河口生态系统合理盐度。计算假定淡水在河口区水体中所占比例与深海、河口盐度差成正比：

$$\frac{S_{\text{sea}} - S_{\text{estuary}}}{S_{\text{sea}}} = \frac{\text{FW}_{\text{estuary}}}{V_{\text{estuary}}} \qquad (5\text{-}9)$$

式中，$S_{estuary}$ 为河口目标盐度，mg/L；S_{sea} 为外海盐度，mg/L；$FW_{estuary}$ 为河口淡水流量，m³/s；令 $K = \dfrac{S_{sea} - S_{estuary}}{S_{sea}}$，考虑河口水体盐度主要发生季节性变化，河口水体盐度需水流量计算以季节为单位进行，则有

$$F_b = \sum_{i=1}^{n} K_i V_{estuary} \tag{5-10}$$

式中，K_i 表示不同季节淡水在河口区水体中所占比例；$V_{estuary}$ 为河口外海水体体积，m³。采用下式近似计算得到 $V_{estuary} = \dfrac{1}{3} A_0 H$，$A_0$ 为从河流近口段（0 潮界）至河口外海滨段的咸淡水交界的水域面积，m²；H 为河口外边界处平均水深，m。

由于鱼类对环境的长期适应，鱼类的生产和繁殖均有自己的适宜条件。大部分洄游鱼类的产卵期在 4～6 月，产卵场位于河口及附近的咸淡水混合区；而 7～9 月汛期水量十分充沛，随之而来的营养物质将为幼鱼的生长提供良好的环境。

（2）泥沙输送需水流量（F_c）。

泥沙问题是很多河口面临的一个重要的水质问题，河口生态系统需保证一定河道径流量实现河口生态系统泥沙冲淤平衡。同时，河口生态系统是自然系统中最具有生产力的生态系统，由于其挟带的营养物质在河口地区富集，因此河口生态环境需水流量需要保证河口生态系统营养物质的输运。

河口泥沙输送需水流量采用式（5-11）计算：

$$F_c = Q_i / C_i \tag{5-11}$$

式中，F_c 为泥沙输送需水流量；Q_i 为泥沙年淤积量；C_i 为河流冲泄流能力，可采用水流挟沙能力表示。研究将最大含水量作为最大水流挟沙能力，并对应最小等级泥沙输送需水流量，采用最大年平均含沙量及多年平均含沙量作为适宜及最小水流挟沙能力。水流饱和含沙量大小与淤积泥沙特性密切相关。

4. 采用蒙大拿法进行校验

对于常年性河流而言，要求河流径流量要维持在一定的水平，即避免出现诸如断流等可能导致河流生态功能破坏的现象，本研究采用蒙大拿法（Tennant 法）计算，本方法优点是利用水文站径流监测资料进行推荐流量的估算。如表 5-1 所示，将全年分为两个计算时段，汛期和非汛期，根据两个计算时段河道内生态环境状况与多年平均流量百分比的对应关系，分时段求和计算维持河道一定功能的生态环境需水量。

表 5-1　Tennant 法中不同流量百分比对应的河道内生态环境状况

河道内生态环境状况	非汛期流量百分比/%	汛期流量百分比/%
最大或冲刷	200	200
最佳范围	60~100	60~100
极好	40	60
非常好	30	50
好	20	40
中	10	30
差	10	10
极差	0~10	0~10

本方法优点是利用水文站径流监测资料进行推荐流量的估算。但由于该方法没有考虑河流形状、水盐情况等因素，本次研究采用 Tennant 法与其他生态流量计算方法综合比较，进而判定河道生态流量。

5.3　技术 2：基于耗水的水资源配置模型（AWOM 子模型）

耗水的水资源配置通过控制耗水实现资源节水，使水资源管理从"取水"管理开始向"耗水"管理转变，这有利于实现水资源的高效利用，尤其是对人类活动干扰极为剧烈的流域具有重要的科学依据和实践意义，可作为制定取用水总量控制红线的基础依据。

5.3.1　基于耗水的水资源配置模型建模思路

基于耗水的水资源配置模型是在区域地表可控耗水总量控制下，在二元水循环模拟的基础上，进行区域水资源合理配置。如果计算的区域分配耗水大于区域可控耗水总量，则要进一步分析，采取相关措施调整，如调整产业结构、行业节水水平等措施；若实在满足不了，则要修正区域可控耗水总量或考虑进行外调水。

5.3.2　基于耗水的水资源配置分配原则

基于耗水的水资源分配，以水资源的可持续性、高效性、公平性和系统性为原则进行科学综合分配。

（1）可持续性原则表现在为实现水资源的可持续利用，区域发展模式要适应当地水资源条件，水资源开发利用必须保持区域的水量平衡和水生态平衡。

（2）高效性原则是通过各种措施提高参与生活、生产和生态过程的水量及其有效程度，减少水资源转化过程和用水过程中的无效蒸发，提高水资源利用效率及效益，增加单位供水量对农作物、工业产值和 GDP 的产出。

（3）公平性原则具体表现在增加地区之间、用水目标之间、用水人群之间对水量的公平分配。

（4）系统性原则表现在对地表水和地下水统一分配，对当地水和过境水统一分配，对原生性水资源和再生性水资源统一分配，对降水性水资源和径流性水资源统一分配。

5.3.3　模型水资源系统概化方法

1. 水资源系统网络图概化

在水资源系统概化方面，水资源配置模型首先进行水资源系统网络概化，真实水资源系统进行概化得到的水资源系统网络应充分反映真实系统的主要特征及系统组成部分间的相互关系。水资源系统网络（图 5-2）由节点和有向线段构成，节点包括重要水库及计算单元等；有向线段代表天然河道或人工输水渠，它们反映节点之间的水流传输关系。其中水源工程、用水单元为网络的节点，而输水河渠及排水河渠则成为联系网络上各个节点的弧。

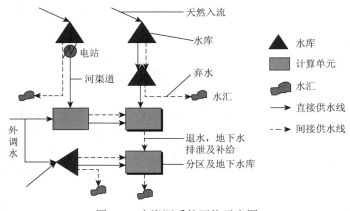

图 5-2　水资源系统网络示意图

2. 供水水源分类

供水水源分为常规水源和非常规水源两大类。

1）常规水源

常规水源中的地表水概化为大型水库供水、当地可利用地表水两类。当地可利用地表水指由于当地河网、中小型水利工程的作用而能被直接利用的当地地表径流。

常规水源中的地下水概化为浅层地下水和深层地下水两类。浅层地下水是一种可再生资源，它有降水入渗、灌溉入渗、河道入渗、湖泊水库入渗等多种补给来源，其中降水入渗和灌溉入渗补给占主要部分。深层地下水的补给较为缓慢，随着水资源条件的改善，要限制开采深层地下水。

2）非常规水源

各种非常规水源的利用能力都要随规划水平年而变化。

3. 用水部门分类

用水部门概化为生活、工业、农业、生态用水等几类。

生活用水包括城市生活用水和农村生活用水两类。其中，城市生活用水包括城镇居民日常生活用水、公共设施用水等，在某一规划水平年下，它只考虑年内变化。农村生活用水包括农村居民生活用水，在某一规划水平年下，它也只考虑年内变化。

工业用水指工矿企业在生产过程中用于制造、加工、冷却、洗涤等方面的用水以及建筑、服务业用水。在某一规划水平年下，它也只考虑年内变化。

农业用水包括种植业灌溉用水、渔业用水、林业用水、牧业用水等。种植业灌溉用水所占比例最大，其用水年内分配和年际分配受气象因素变化影响显著。在某一规划水平年下，农业用水需考虑年内变化及年际的变化，给出系列值。

生态用水主要为城镇生态用水，包括城镇绿化、环卫、景观用水等。在某一规划水平年下，这类需水只考虑年内变化而不涉及年际的变化。

5.3.4 AWOM 模型研发

1. 目标函数

基于区域可控耗水总量的水资源合理配置是一个涉及经济、社会、生态、水资源等多目标的问题，本研究采用经济效益（f_{eco}）作为经济发展方面的指标；行业缺水程度（f_{pqsl}）作为社会公平指标；河道外生态用水（Q_{bio}）作为生态目标；水量损失（Q_{wet}）作为水资源控制指标。这四个目标之间是相互联系、相互制约的关系。

目标方程定义为

$$C_{obj} = f[\max(f_{eco}), \max(Q_{bio}), \min(Q_{wet}), \min(f_{pqsl})] \tag{5-12}$$

2. 模型主要计算方程

1）水量平衡方程

水量平衡方程包括供水水源水量平衡方程、用水节点水量平衡方程。其中供水水源水量平衡方程又包括地表水库水量平衡、本地河网水量平衡、河道水量平衡、地下水库水量平衡、污水回用水量平衡等方程；用水节点水量平衡方程包括城市供水水量平衡、农村供水水量平衡、城市生态供水水量平衡、农村生态水量平衡等方程。

（1）用户耗用水平衡方程：

$$E_h = \sum_{i=1}^{m} [Q_h(u,m,y) \times F_h(u,m,y)] \qquad (5\text{-}13)$$

式中，E_h 为区域行业耗水总量，h 取 1～4，分别代表生活、工业、农业、生态等行业；$Q_h(u,m,y)$ 为区域 m 时段每个单元 u 内行业的用水量；$F_h(u,m,y)$ 为区域 m 时段单元 u 内行业的耗用水关系函数，由区域典型作物实验、典型行业水平衡测试等方法推求。

（2）地表水库水量平衡方程：

$$\begin{aligned} QR(r,m+1,y) = {}& QR(r,m,y) + Q_{\text{rin}}(r,m+1,y) + Q_{\text{prin}}(r,m+1,y) - \\ & Q_{\text{rko}}(r,m+1,y) - Q_{\text{rfo}}(r,m+1,y) - Q_{\text{rseep}}(r,m+1,y) - Q_{\text{ret}}(r,m+1,y) \end{aligned}$$

$$(5\text{-}14)$$

式中，$QR(r,m,y)$ 为水库 m 时段末蓄水量；$QR(r,m+1,y)$、$Q_{\text{rin}}(r,m+1,y)$、$Q_{\text{prin}}(r,m+1,y)$、$Q_{\text{rko}}(r,m+1,y)$、$Q_{\text{rfo}}(r,m+1,y)$、$Q_{\text{rseep}}(r,m+1,y)$、$Q_{\text{ret}}(r,m+1,y)$ 分别为水库 $m+1$ 时段末蓄水量、水库来水量、水库降水量、人工调水量、水库下泄水量、水库渗漏量、水库蒸发量。

（3）本地河网水平衡方程：

$$\begin{aligned} Q_{\text{rv}}(r,m+1,y) = {}& Q_{\text{rv}}(r,m,y) + Q_{\text{rvin}}(r,m+1,y) + Q_{\text{rvu}}(r,m+1,y) - \\ & Q_{\text{wq}}(r,m+1,y) - Q_{\text{rvseep}}(r,m+1,y) - Q_{\text{rvet}}(r,m+1,y) \end{aligned} \qquad (5\text{-}15)$$

式中，$Q_{\text{rv}}(r,m,y)$ 为河网 m 时段末蓄水量，万 m^3；$Q_{\text{rv}}(r,m+1,y)$、$Q_{\text{rvin}}(r,m+1,y)$、$Q_{\text{rvu}}(r,m+1,y)$、$Q_{\text{wq}}(r,m+1,y)$、$Q_{\text{rvseep}}(r,m+1,y)$、$Q_{\text{rvet}}(r,m+1,y)$ 分别为本地河网 $m+1$ 时段末蓄水量、本地产水量、人工取用量、本地污水排放量、河网渗漏量、河网蒸发量，万 m^3。

（4）地下水平衡方程：

$$GW(m+1,y) = GW(m,y) + \sum_{m=1}^{t} [Q_{\text{si}}(m,y) + Q_{\text{ci}}(m,y) - Q_{\text{ko}}(m,y) - Q_{\text{et}}(m,y) - Q_{\text{co}}(m,y)]$$

$$(5\text{-}16)$$

其中：

$$Q_{ko}(m,y) = QG_l(m,y) + QG_i(m,y) + QG_f(m,y) + QG_e(m,y)$$

式中，GW(m,y)、GW$(m+1,y)$分别为第 m 时段的地下水初始和第 $m+1$ 时段地下水最终水量，万 m³；$Q_{si}(m,y)$为第 m 时段的入渗补给量，包括降水入渗和灌溉入渗量，万 m³；$Q_{ci}(m,y)$为第 m 时段的地下径流侧入量，万 m³；$Q_{ko}(m,y)$为第 m 时段的地下水开采量，万 m³；$Q_{et}(m,y)$为第 m 时段的蒸发蒸腾量，万 m³；$Q_{co}(m,y)$为第 m 时段的地下径流侧出量，万 m³；QG$_l(m,y)$、QG$_i(m,y)$、QG$_f(m,y)$、QG$_e(m,y)$分别为地下水供给生活、工业、农业、生态等行业的供水量。

（5）污水处理水平衡方程：

$$QW(m,y) = QW_e(m,y) + QW_i(m,y) + QW_f(m,y) + QW_q(m,y) \tag{5-17}$$

式中，QW 为 m 时段单元污水处理量，万 m³；QW$_e(m,y)$为 m 时段污水处理后供生态量，万 m³；QW$_i(m,y)$为污水处理后供工业量，万 m³；QW$_f(m,y)$为污水处理后供农业灌溉量，万 m³；QW$_q(m,y)$为污水处理后剩余弃入本地河网量，万 m³。

（6）计算单元生活供水水量平衡：

$$Q_l(u,m,y) = QR_l(r,m,y) + Q_{rv_l}(r,m,y) + QG_l(m,y) + Q_{uc_l}(m,y) \tag{5-18}$$

式中，$Q_l(u,m,y)$为 m 时段内单元生活用水量，万 m³；QR$_l(r,m,y)$为水库供给生活水量，万 m³；$Q_{rv_l}(r,m,y)$为河网供给生活水量，万 m³；QG$_l(m,y)$为深层水供给生活水量，万 m³；$Q_{uc_l}(m,y)$为非常规水源水供给水量，万 m³。

（7）计算单元工业供水水量平衡：

$$Q_i(u,m,y) = QR_i(r,m,y) + Q_{rv_i}(r,m,y) + QG_i(m,y) + QW_i(m,y) + Q_{uc_i}(m,y)$$

$$\tag{5-19}$$

式中，$Q_i(u,m,y)$为 m 时段内单元工业用水量，万 m³；QR$_i(r,m,y)$为水库供给工业水量，万 m³；$Q_{rv_i}(r,m,y)$为河道供给工业水量，万 m³；QG$_i(m,y)$为深层水供给工业水量，万 m³；QW$_i(m,y)$为污水处理水供给工业水量，万 m³；$Q_{uc_i}(m,y)$为非常规水源水供给水量，万 m³。

（8）计算单元农业供水水量平衡：

$$Q_f(u,m,y) = QR_f(r,m,y) + Q_{rv_f}(r,m,y) + QG_f(m,y) + QW_f(m,y) + Q_{uc_f}(m,y)$$

$$\tag{5-20}$$

式中，$Q_f(u,m,y)$为 m 时段内单元农业用水量，万 m³；QR$_f(r,m,y)$为水库供给农业水量，万 m³；$Q_{rv_f}(r,m,y)$为河道供给农业水量，万 m³；QG$_f(m,y)$为深层水供给农业水量，万 m³；QW$_f(m,y)$为污水处理水供给农业水量，万 m³；$Q_{uc_f}(m,y)$为非常规水源水供给农业水量，万 m³。

（9）计算单元生态供水水量平衡：

$$Q_e(u,m,y) = QR_e(r,m,y) + Q_{rv_e}(r,m,y) + QG_e(m,y) + QW_e(m,y) \quad （5-21）$$

式中，$Q_e(u,m,y)$ 为 m 时段内单元生态用水量，万 m^3；$QR_e(r,m,y)$ 为水库供给生态水量，万 m^3；$Q_{rv_e}(r,m,y)$ 为河道供给生态水量，万 m^3；$QG_e(m,y)$ 为深层水供给生态水量，万 m^3；$QW_e(m,y)$ 为污水处理水供给生态水量，万 m^3。

2）耗用水预测计算方程

（1）生活耗水计算：

$$E_1(u,m,y) = \left[QR_1(r,m,y) + Q_{rv_1}(r,m,y) + QG_1(m,y) + Q_{uc_1}(m,y) \right] \times F_1(u,m,y)$$

$$（5-22）$$

式中，$E_1(u,m,y)$ 为区域 m 时段单元 u 内的生活需水量，万 m^3；$F_1(u,m,y)$ 为区域 m 时段单元 u 内生活用水耗用水关系函数；其余变量解释同前。

（2）工业耗水计算：

$$E_i(u,m,y) = \left[QR_i(r,m,y) + Q_{rv_i}(r,m,y) + QG_i(m,y) + QW_i(m,y) + Q_{uc_i}(m,y) \right] \times F_i(u,m,y)$$

$$（5-23）$$

式中，$E_i(u,m,y)$ 为区域 m 时段单元 u 内的工业需水量，万 m^3；$F_i(u,m,y)$ 为区域 m 时段单元 u 内工业用水耗用水关系函数；其余变量解释同前。

（3）农业耗水计算：

$$E_f(u,m,y) = \left[QR_f(r,m,y) + Q_{rv_f}(r,m,y) + QG_f(m,y) + QW_f(m,y) + Q_{uc_f}(m,y) \right] \times F_f(u,m,y)$$

$$（5-24）$$

式中，$E_f(u,m,y)$ 为区域 m 时段单元 u 内的农业需水量，万 m^3；$F_f(u,m,y)$ 为区域 m 时段单元 u 内农业用水耗用水关系函数；其余变量解释同前。

（4）生态耗水计算：

生态耗水量主要包括城镇绿化、河湖补水、环境卫生等生态人工补水消耗量。

$$E_e(u,m,y) = \left[QR_e(r,m,y) + Q_{rv_e}(r,m,y) + QG_e(m,y) + QW_e(m,y) \right] \times F_e(u,m,y)$$

$$（5-25）$$

式中，$E_e(u,m,y)$ 为区域 m 时段单元 u 内的生态需水量，万 m^3；$F_e(u,m,y)$ 为区域 m 时段单元 u 内生态用水耗用水关系函数；其余变量解释同前。

3. 模型约束

模型约束包括资源约束和社会约束两个方面。

（1）区域地表可耗水量约束。即区域总地表耗水量小于地表可耗水总量。

$$E_l + E_i + E_f + E_e \leqslant ET_{obj} \tag{5-26}$$

式中，E_l 为生活耗水量；E_i 为工业耗水量；E_f 为农业各种植面积下作物补水耗水量；E_e 为人工生态补水耗水量。

（2）地下水超采约束。即地下水开采量小于允许开采量。

$$Q_{ko} \leqslant Q_{komax} \tag{5-27}$$

其中

$$Q_{ko} = \sum_{i}^{m} \sum_{j}^{n} Q_{ko}^{ij}$$

式中，Q_{ko} 为目标年地下水开采量；Q_{komax} 为规划年地下水允许开采量；Q_{ko}^{ij} 为 i 计算单元 j 行业地下水开采量。

（3）人饮安全约束。人饮安全得到保障，生活用水全部得到保证。

$$Q_l \geqslant Q_l^{bs} \tag{5-28}$$

式中，Q_l 为生活用水量；Q_l^{bs} 为生活用水基本保障量。

5.3.5　行业用水–耗水定量规律研究

区域行业用水-耗水定量关系计算和分析是耗水的水资源分配的基础，项目组针对广西北部湾经济区典型作物、居民生活、工业进行了耗用水实验研究，解析耗用水内在的关系曲线，可为基于耗水的水资源分配提供定量支撑。

1. 农业耗用水

农业耗水量是指农作物在土壤水分适宜、生长正常、产量水平均较高条件下的棵间土壤（或水面）蒸发量、植株蒸腾量、植物表面蒸发量及组成植物体、消耗于光合作用等生理过程所需水量之和，而植物表面蒸发量和构建植物体、消耗于光合作用等生理过程所需水量占农作物总好水量的比例很小，在实际计算中通常是忽略不计的，因此，可用农作物棵间土壤（或水面）蒸发量和植株蒸腾量，即作物腾发量来近似表示农田作物耗水量。计算作物腾发量的方法很多，目前常见的分类为水文学法、微气象学法、经验公式法、遥感方法，其中水文学法包括水量平衡法、水分通量法和蒸渗仪法，微气象学法包括能量平衡-空气动力学法、波文比-能量平衡法、空气动力学法、涡度相关法以及各种基于微气象因子的模拟研究方法。

考虑方法的简便性及推广实用性，研究推荐选用野外实验的方法进行计算，具体采用土壤墒情的水量平衡法。

实验从 2013 年 12 月开始至 2015 年 12 月止。糖料蔗和水稻耗水量实验在南宁市灌溉实验站内进行，同时，在钦州那丽镇选择土壤肥力均匀，地势平整，便于灌、排设计的种植基地进行木薯耗水量实验。

a）灌溉设计

以滴灌为灌溉方式，设置 150m³/亩、250m³/亩、350m³/亩三种灌溉定额，研究不同灌水量下糖料蔗、水稻等主要作物耗水规律。

b）气象观测

每日 8 时、14 时、20 时观测气温、地中温度、降水量、日照时数、蒸发量等指标。

c）耗水量计算

每隔 10 天取各处理蔗田 10cm、20cm、30cm、40cm 不同深度（h）的土壤，测土壤容重（r）、含水率及蓄水量（R），再结合灌水量（M）、排水量（C）、降水量（P）、地下水补给量（K）计算耗水量（ET），公式如下：

$$ET_f^i = 10 \times h \times (R_1 - R_2) + M + K + P - C - ET_P^i \tag{5-29}$$

式中，R_1 为前次土壤蓄水量；R_2 为后次土壤蓄水量；ET_P^i 为 i 作物降水贡献蒸发量。

1）作物-糖料蔗耗用水量分析

糖料蔗是北部湾地区最重要的经济作物之一，为当地农业发展带来良好的经济效益和生态效益。糖料蔗整个生育期耗水量两头低、中间高，呈抛物线趋势。生长前期和成熟期需水量不多，伸长期糖料蔗发大根、长大叶、拔大茎，因此耗水量极大。糖料蔗耗水量与灌溉定额有关，耗水量 350m³/亩＞250m³/亩＞150m³/亩，见图 5-3。

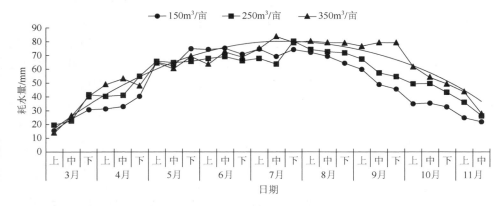

图 5-3　糖料蔗不同灌溉定额耗水量对比

在一定范围内，糖料蔗产量随耗水量增加而升高，但超过一定程度后，耗水量越多产量反而越下降。本研究结果显示，在年耗水量达到 950.7m³/亩左右时，糖料蔗产量最高，见图 5-4。

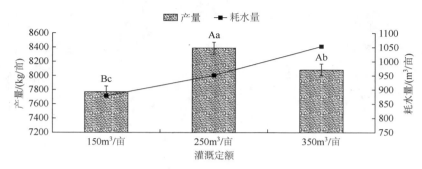

图 5-4　糖料蔗不同灌溉定额产量和耗水量分析

图中不同小写字母表示差异显著（$p<0.05$），不同大写字母表示差异极显著（$p<0.01$），下同

2）作物-木薯蔗耗用水量分析

木薯是广西地区重要的经济作物之一，其产量和经济效益呈逐年增大的趋势。木薯耗水量随木薯的生长而逐渐增加，在 7 月下旬和 8 月下旬出现两个峰值，之后逐渐降低，整个生育期耗水量两头低、中间高，呈抛物线趋势。木薯耗水量与灌溉定额存在密切的关系，图 5-5 中可看出，耗水量 150m³/亩＞100m³/亩＞80m³/亩＞50m³/亩。

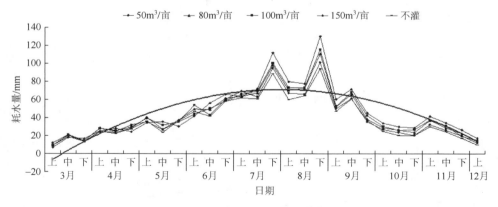

图 5-5　木薯不同灌溉定额耗水量对比

在一定范围内，木薯产量随耗水量增加而升高，但超过一定程度后，耗水量越多产量反而越下降。本研究结果显示，在年耗水量达到 823.3m³/亩左右时，木薯的产量达到最高，见图 5-6。

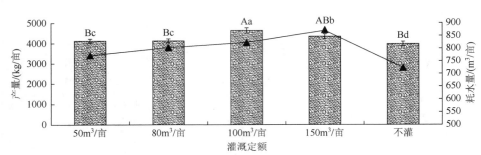

图 5-6 木薯不同灌溉定额产量和耗水量分析

3）作物-水稻耗用水量分析

随着水稻生长发育，耗水量先降低，再逐渐升高，至抽穗开花期达到最大，之后渐渐回落。前期耗水多可能与降水有关，早稻 4 月上旬、晚稻 8 月中下旬降水较多，水面蒸发大，因而耗水量较大。进入抽穗开花期，水稻叶面积达到最大，蒸腾活动强烈，蒸发量大，其耗水量也就变大，见图 5-7 和图 5-8。

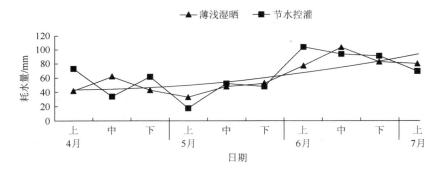

图 5-7 水稻（早稻）不同处理耗水量变化分析

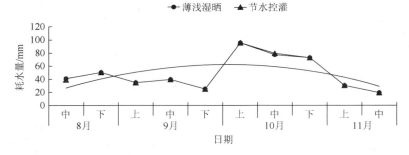

图 5-8 水稻（晚稻）不同处理耗水量变化分析

2. 生活耗用水

生活耗水量包括输水损失以及居民家庭和公共用水消耗的水量，还包括建筑业和第三产业消耗的水量，分为城镇生活耗水量和农村生活耗水量。城镇生活耗水量的计算方法与工业基本相同，即由用水量减去污水排放量求得；一般农村住宅没有给排水设施，用水定额低，耗水率较高，农村生活耗水量可近似认为就是农村生活用水量。

本次实验从 2013 年 10 月开始至 2014 年 12 月止，地点设在南宁，选择有代表性的居住区开展研究。

在南宁市居民住宅区挑选有代表性的两口之家（A）、三口之家（B）、五口之家（C）为研究对象，在排水管上安装远程控制流量计，监测排水情况，并记录好家庭水表读数，掌握来水情况，具体实验方案如下：以月为单位，从 1 月 1 日开始，每个月连续观测记录，至 12 月底结束，搜集记录各个月份的来水和排水数据，计算年度耗水量。

结合调查结果中的家庭用水数据，计算人均耗水量，并绘制人均日耗水量概率分布直方图（图 5-9），同时对南宁市居民生活用水结构进行分析（表 5-2）。直

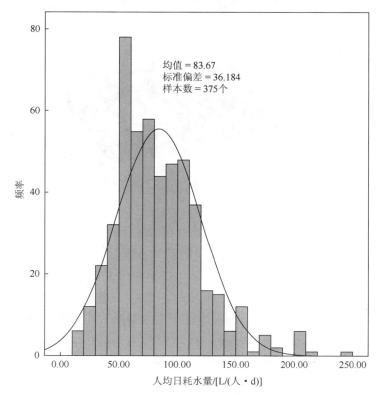

图 5-9　家庭人均日耗水量概率分布直方图

方图直观地反映出调查样本中各耗水量出现的概率分布情况，准确描述出南宁居民生活耗水量的分布特征。由直方图可以看出，人均居民生活耗水量大体呈正态分布，耗水量峰值稍向左偏，出现在 79.37L/（人·d），均值为 83.67L/（人·d），耗水量超过 150L/（人·d）的样本出现的概率很小。由表 5-2 可以看出，居民生活耗水以烹饪、洗浴、冲厕、洗衣等为主，而这些均是日常生活中的基础性用水需求。

表 5-2　居民生活耗用水结构统计

类型	饮用	烹饪	洗衣	冲厕	洗浴	养殖	清洁	其他
占比	6.9%	16.0%	31.4%	14.0%	21.7%	1.1%	8.8%	0.1%

引进收入水平、青年人比例、对节水的看法等 11 个可能与居民生活耗用水量有关的因素建立线性回归方程。利用获取的线性回归方程，采用理想情景假设法，计算出采取最积极节水行动的理想情景下的耗用水量，并将可实现最小耗用水量与调查得到的现状年实际用水量对比，得到南宁市不同生活方式耗水系数关系曲线，见图 5-10。

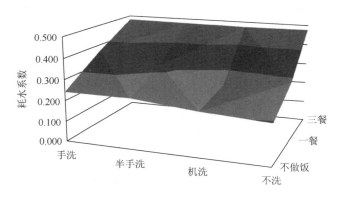

图 5-10　南宁市不同生活方式耗水系数关系曲线

3. 工业耗用水关系

工业耗水是指在生产加工过程中水资源的消耗，可采用水平衡测试进行分析，得到不同行业的单位耗水率，最后用耗水率法由工业用水量乘以耗水率计算得到工业的耗用水量。考虑工业耗水与企业行业和产品性质有极大关系，本次工业耗用水关系采用广西南宁、北海、钦州、防城港水资源公报各区县的耗水系数。

4. 生态耗用水

生态耗用水主要为城镇绿化、环卫、景观用水等城镇生态用水，由于城镇生态补水一般不回归到河流，基本全部消耗，本次城镇生态用水耗水系数为1。

5.4　技术3：面向用水总量控制的水循环模拟技术（SWAT_S）

SWAT_S分布式水文循环模型是ET_WAS模拟模型底层基础，用来仿真模拟人类活动取用方案下的各时段水循环转化过程。通过SWAT模型为AWOM模型实时提供时段的水资源边界情况，并对AWOM模型调控人工供用耗排情况后的区域水循环和水环境作出响应，检验重要河道断面的流量过程达标情况，并进行反馈修正，进而为区域水资源的合理利用、经济社会和生态环境的协调发展提供定量支撑。

5.4.1　模型原理及功能分析（SWAT模型）

SWAT（soil and water assessment tool）是由美国农业部（United States Department of Agriculture，USDA）的农业研究中心的Jeff Arnold博士1994年开发的一个具有很强物理机制的、长时段的流域水文模型。模型开发的最初目的是预测在大流域复杂多变的土壤类型、土地利用方式和管理措施条件下，土地管理对水分、泥沙和化学物质的长期影响。SWAT对水文循环的模拟分为两个部分：陆面部分和水面部分。陆面部分是确定流向每个子流域内主河道的水量、泥沙量、营养成分及化学物质多少的各水分循环过程；而水面部分是和汇流相关的各水文循环过程，即水分、泥沙等物质从河网向流域出口的输移运动。除水量外，SWAT还可以对河流及河床中化学物质的迁移转化进行模拟。

SWAT模型将水文循环分成了两个阶段，产流和坡面汇流过程及河道汇流过程。模型对地表水与地下水的交换也进行了研究，该模型的水文模块构成见图5-11。

1. 产流和坡面汇流模型

SWAT将流域划分为若干子流域及水文响应单元（hydrologic research unit，HRU），HRU是子流域中土壤、土地利用的组合，是进行水文模拟的基本单元。

SWAT模型非饱和带水量平衡方程为

$$SW_t - SW_0 = \sum_{i=1}^{t}(P - Q_{surf} - E_a - Q_{lat} - Q_{gw})_i \qquad (5-30)$$

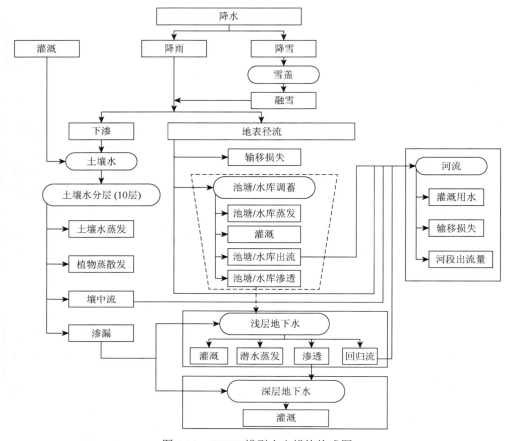

图 5-11 SWAT 模型水文模块构成图

式中，SW_t 为时段末土壤含水量，mm；SW_0 为时段初土壤含水量，mm；t 为时段长度，d；P 为时段内第 i 天的降水量，mm；Q_{surf} 为时段内第 i 天的地表径流，mm；E_a 为时段内第 i 天的蒸散发量，mm；Q_{lat} 为时段内第 i 天壤中流量，mm；Q_{gw} 为时段内第 i 天的地下水回归量，mm。

2. 河道汇流模型

1）河道水文循环

主河道水平衡方程为

$$V_{stored,2} = V_{stored,1} + V_{in} - V_{out} - t_{loss} - E_{ch} - d_{iv} + V_{bnk} \qquad (5\text{-}31)$$

式中，$V_{stored,2}$ 为时段结束时的河道水量，m^3；$V_{stored,1}$ 为时段开始时的河道水量，m^3；V_{in} 为流入河段的水量，m^3；V_{out} 为流出河段的水量，m^3；t_{loss} 为传输损失量，

m^3；E_{ch} 为河道的蒸发量，m^3；d_{iv} 为河道取水或点源排放量，m^3；V_{bnk} 为进入河道的基流量，m^3。

2）水库水文循环

水库的水量平衡方程为

$$V = V_{stored} + V_{flowin} + V_{flowout} + V_{pcp} - V_{evap} - V_{seep} \qquad (5\text{-}32)$$

式中，V 为时段结束时的库容，m^3；V_{stored} 为初始库容，m^3；V_{flowin} 为水库入流量，m^3；$V_{flowout}$ 为水库出流量，m^3；V_{pcp} 为水库范围内降水量，m^3；V_{evap} 为水库的蒸发量，m^3；V_{seep} 为水体的渗漏量，m^3。

5.4.2　模型调整与改进（SWAT_S 模型）

项目组在二元水循环理论的指导下，以 SWAT 模型为基础构建"自然-人工"二元水循环模型，并对其人工侧支水循环方面的模拟进行系统改进，使其能适应高强度人类活动影响下流域二元水循环过程的模拟。改进后的 SWAT 模型结构见图 5-12。

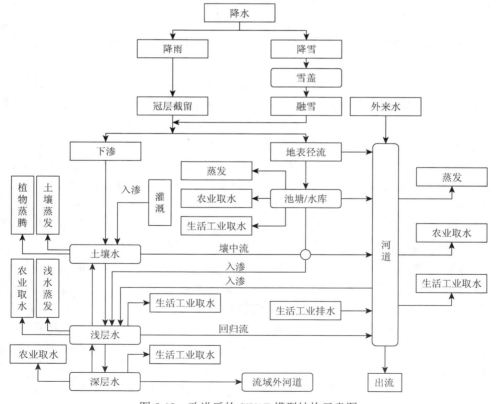

图 5-12　改进后的 SWAT 模型结构示意图

　　模型中，对人工水循环过程的模拟及其与天然水循环过程的耦合是重点，下面分不同用水部门详细阐述人工侧支循环过程的模拟和模型改进。

　　1. 农业水循环过程模拟改进

　　当前我国农业用水量占总用水量的 2/3 左右，是第一用水大户，灌溉用水对水循环的影响相当大，故灌溉用水分布及水源的确定对分布式水文模型水循环过程的模拟起到重要的作用。历史上灌溉用水是以行政区划为单元进行统计的，时间尺度是年，在采用 SWAT 模型进行流域水循环的分布式模拟时，需要输入各个计算单元逐日的灌溉水量，因此存在统计数据和模型输入数据不匹配的问题，所以要求灌溉用水信息在时空上进行科学展布。同时要确定各计算单元水源和用水之间的关系，把农业用水的水源和用水联系起来。

　　因此，在农业灌溉用水方面，要考虑以下方面：首先，根据农业种植面积及种植作物类型的空间分布，考虑降水、气温、地下水情况进行灌溉水量的空间展布；其次，根据灌溉制度并考虑日降水过程情况将农业灌溉时间及水量在时间上向下细化，即根据灌溉制度进行作物水量分配时要进行灌溉时段内的降水统计，避开降水日期以达到合理的灌溉；最后，应根据各灌区水源分布和渠系布置以及灌区实际运行情况等统计资料确定每个计算单元上的灌溉水源。

　　在原 SWAT 分布式水文模型中，农业管理模块具有灌溉模块、管排水模块、蓄放水模块和调水模块。灌溉模块指农业的灌水，需指定水源、取水量、取水时间及受水单元；管排水模块是设置在田间地块中，即土壤层的渗入河道中的水量，和地下水的侧向流原理相似；蓄放水模块指即使对种植像水稻那样生长在水田里的作物单元进行灌溉和放水，也需要指定水源、取水量、取水时间及受水单元；调水模块指从流域内一个水体向另一个水体调水，需要指定调水量或调水比例。灌溉模块可以指定详细的水源、取水量、取水时间，这在进行农业管理和情景分析中是 SWAT 分布式水文模型相对其他分布式水文模型的优势，并在国内外得到了广泛的应用和认可。

　　SWAT 模型对农业管理方面考虑得比较全面，但在功能上还不能完全满足我国的实际情况，例如，水田的蓄放水模块在进行年内多次放水设置时会产生错误、调水模块进行水库灌溉会产生问题，在进行农业灌溉的年内或者年际只能为一种水源（水库、河道、浅层水、深层水、外流域水）等。前者只是比较简单程序的代码问题，已经改正；而后者在农业灌溉方面有着重大的不足，在此重要介绍对后者的改进。

　　在制定水源时，应参考当地的实际情况，在水资源相对短缺的地区，农业灌溉由于气象条件的时空变化和水资源的短缺，其灌溉水源（水库、河道、浅层水、深层水、外流域水）在年内和年际可能是经常变化或者同时使用多种水源。为此，在灌溉水源模块中增加一个多水源灌溉组合模块，如果为一种水源则按照原模型进行运算，否则进入多水源子模块，由多水源组合模块进行年际年内的变化水源调水-供水运算，即在进行多年分布式模拟时可以在不同时段为灌溉指定不同的水源。其改进前后模型灌溉水源运算见图 5-13。

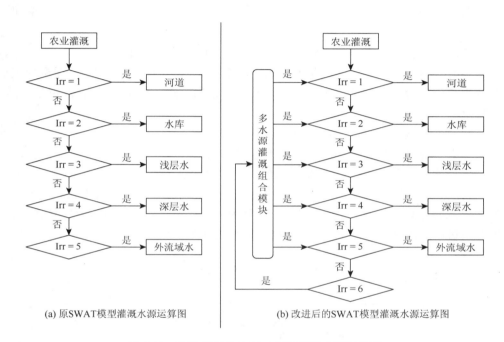

(a) 原SWAT模型灌溉水源运算图　　　　　　(b) 改进后的SWAT模型灌溉水源运算图

图 5-13　改进前后的 SWAT 模型灌溉水源运算图

2. 工业与生活水循环过程模拟改进

随着经济和技术的发展，以及城镇化率和居民生活水平的提高，工业、生活用水量（包括三产和居民生活）稳步增加。例如，广西北部湾工业用水量从 2000 年的 4.38 亿 m^3 增加到 2012 年的 12.0 亿 m^3，年均增长率为 8.8%。城镇生活用水从 2000 年的 2.66 亿 m^3 增加到 2012 年的 7.14 亿 m^3，年均增长 8.6%，增加了 1.68 倍。由此可见，人类生活工业不断提高，尤其在经济高速发展的地区，其用水比重越来越大，对水循环的影响越来越大。同时用水量是一个年际变化的过程，因此在进行多年流域分布式水文模拟时应考虑生活工业用水量的时间变化，以符合实际情况。

1）生活工业用水的空间展布改进

与农业水循环过程类似，要进行统计用水信息的时空展布，以便和模型的时空尺度匹配。为此，本书对 SWAT 模型内部的耗用水模块进行了改进，增加的 readwuh 模块将用户用水数据（河道、水库、浅层水、深层水每年每月的取用量）读入，参加 watuse 模块的计算，可以得到逐年逐月的人工耗用水数据并进行水循环模拟。

首先，考虑用水主体的空间分布，进行用水量的空间展布，工业和部分三产用水空间展布根据其产值的空间分布进行，生活用水按照人口密度进行空间展布。

其次，将各个计算单元不同时间的用水量在时间上进行细化分配。

最后，根据统计资料或优化方案确定各个计算单元的水源，SWAT 在考虑工业及生活用水时设计有耗用水模块，其水源可以为河道、水库、浅层水和深层水四种水源。

2）生活工业用水过程改进

在人口变化大和经济高速发展的地区或时期，区域生活和工业用水往往波动很大，为此，本书对 SWAT 模型内部的耗用水模块进行了改进，增加的 readwuh 模块将用户用水数据（河道、水库、浅层水、深层水每年每月的取用量）读入，参加 watuse 模块的计算，可以得到逐年逐月的人工耗用水数据并进行水循环模拟，模型改进前后区域逐年生活-工业用水数据对比见图 5-14。

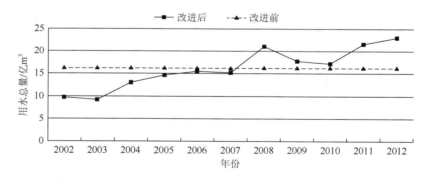

图 5-14 模型改进前后广西北部湾经济区逐年生活-工业用水数据对比

5.5 ET_WAS 模型构建

5.5.1 模型数据整理

模型构建主要根据区域的实际情况进行建模和调整关键参数，使之具有较好的区域水循环和水资源的仿真刻画能力，一般采用历史实际数据进行构建和校验。因此，在 ET_WAS 模型构建过程中，AWOM 模型主要用来细化现状下的不同水源和用户的水资源分配，模型输入的数据来自综合分析方法下的统计调查资料成果，SWAT 模型输入的数据主要来自气象、土壤、土地类型以及河流水系、水利工程的属性数据。

1. 资料收集与处理

目前已采集到大量基础数据，包括基础地理信息、遥感信息、数字流域特征信息、水文气象信息等（表 5-3），并将不同来源和不同格式的数据资料，进行统一处理，形成一整套构建北部湾经济区 SWAT 模型所需的模型参数和输入数据。数据信息来自于中国地面国际交换站气候资料日值数据集（V3.0）、世界土壤数据库、广西壮族自治区水利电力勘测设计院、中国科学院地理科学与资源研究所。

表 5-3　研究收集整理的数据清单

信息类型	详细类别	特征描述
基础地理信息	数字高程模型（digital elevation model，DEM）	分辨率 90m×90m
	河网图	比例尺 1：25 万
	水库	北部湾经济区 24 座大中型水库基本信息及调蓄水量
	灌区分布图	4 座大型灌区基本信息及取用水量、水源类型等
	土壤分布图	1：100 万的分类到亚类及相应理化性质
气象信息	温度	2003～2012 年 7 个气象站最高最低气温日资料
	风速	2003～2012 年 7 个气象站的日风速资料
	相对湿度	2003～2012 年 7 个气象站的日相对湿度资料
	太阳辐射	2003～2012 年 7 个气象站的地表交换站日资料
	雨量站	2003～2012 年 7 个气象站日降水资料
水文信息	水文站	6 个河道、水库水文站的系列观测资料
遥感信息	土地利用图	250m×250m 分辨率的北部湾经济区土地利用资料
取水信息	大中城市取水量	北部湾经济区生活及三产用水

2. 基础地理信息

基础地理信息包括：流域数字高程模型；河网矢量图；水系边界、水资源三级分区界、省界、地市界矢量图；大型灌区分布图及灌区基本信息；土壤图及理化性质等。

1）数字高程模型

数字高程模型是用采集的 1∶25 万矢量地形信息中的等高线、等深线、控制点、高程点、深度点，以及特征地形要素，通过数学内插处理生成的规则地面格网点上的海拔高程数据集，用来表达地表起伏的形态特征，北部湾经济区的数字高程模型的空间分辨率为 90m×90m。

2）北部湾经济区水系

北部湾经济区水系图是在 1∶25 万数字地理底图的基础上得到的水系数据集，包括不同级别水系要素和河网。

3）境界数据

境界数据为 1∶25 万基础地理信息，包括北部湾经济区界、省级行政界、地市行政界等。

4）土壤数据库

SWAT 模型的土壤数据来自于中国科学院南京土壤研究所的土壤数据库，该数据以 2km×2km 为栅格，采用美国制土壤粒径分类方法给出 0～10mm，10～20mm，20～30mm，30～70mm，＞70mm 总共 5 层的土壤黏粒、砂粒、粉粒的粒径组成。把这 5 层土壤数据概化为 SWAT 模型需要 3 层土壤，再进一步把各个网格的土壤粒径分布概化为每个计算单元的土壤粒径分布，根据这个土壤分类给出一套本区域的土壤水动力学参数。

3. 气象信息

收集到北部湾经济区及其周边地区 7 个气象站点 2003～2012 年的监测数据，包括降水量、最高气温、最低气温、太阳辐射、风速、相对湿度等。

4. 水文信息

水文信息包括水文站点的基本信息和监测信息。站点基本信息包括站点名称、站码、经纬度坐标、控制区域等，站点的监测信息是日（月）系列的流量信息。北部湾经济区共收集 6 个比较重要的水文控制站点及站点的监测信息，监测信息的时间系列为 2003～2012 年的日（月）资料。

5. 遥感信息

土地利用是基于 MODIS（moderate-resolution imaging spectroradiometer，中分辨率成像光谱仪）遥感数据进行反演的，其空间分辨率为 250m。本次构建北部湾经济区的 SWAT 模型所使用的土地利用信息是基于 MODIS 生成的 2005 年的北部湾经济区土地利用图。

6. 经济社会信息

1）大型灌区信息

大型灌区包括北部湾经济区内的大型灌区 4 个，灌区的基本信息包括灌区的位置、灌区面积、水源类型及水源位置等。

2）大中型水库信息

包括北部湾经济区内的 23 座大中型水库，水库的基本信息包括水库的位置、水库的建成年份、达到正常溢洪道时的库容和面积、达到非常溢洪道时的库容和面积、水库的初始库容、出流量数据等。所选取的大中型水库如表 5-4 所示。

表 5-4　北部湾经济区大中型水库列表

水库名称	地点	水库类型
大龙洞	南宁	大型水库
六朝	南宁	中型水库
东敢	南宁	中型水库
仙湖	南宁	大型水库
暮定	南宁	中型水库
忠党	南宁	中型水库
定标	南宁	中型水库
龙潭	南宁	中型水库
西津	南宁	大型水库
凤亭河	南宁	大型水库
屯六	南宁	大型水库
大王滩	南宁	大型水库
灵东	钦州	大型水库
石梯	钦州	中型水库
青年水闸	钦州	中型水库
金窝	钦州	中型水库
那板	防城港	大型水库
小峰	防城港	大型水库
木头摊	防城港	中型水库
小江	北海	大型水库
清水江	北海	中型水库
旺盛江	北海	大型水库
洪朝江	北海	大型水库

3）现状取用水情况

在人工取用水的数据处理方面收集了北部湾经济区四个主要城市的现状年不同用水户不同水源的供用情况，见表 5-5。

表 5-5　2011 年北部湾经济区主要城市用水情况　　　　　单位：亿 m^3

分区	城镇生活（包括建筑、三产用水）	农村生活	农业	工业
南宁市	2.71	2.37	24.59	5.22
北海市	0.46	0.30	7.63	0.99
防城港市	0.46	0.03	3.68	0.53
钦州市	0.92	0.86	11.31	2.75

5.5.2　模型构建

1. 广西北部湾地区 AWOM 模型单元划分及系统网络图

水资源配置基本单元采用区县行政分区套水资源四级分区进行剖分，充分考虑已有数据资料，结合单元的自然条件及产业发展规模，既要突出各区县需要研究和解决的主要水资源问题，又要体现流域和水系的特点，便于为水资源开发利用与管理服务。

根据上述原则与方法，规划将广西北部湾经济区四个市区划分出 31 个水资源配置基本单元。水资源的优化和模拟计算均以此为计算单元。水资源配置分析、计算共分三个层次：最底层是 31 个基本单元；中间层是 4 个行政分区和 7 个四级区；最高层是广西北部湾经济区整个区域。配置基本单元见表 5-6。

表 5-6　基本单元信息表

水资源二级区	水资源三级区	水资源四级区	区县	面积/km²	水资源二级区	水资源三级区	水资源四级区	区县	面积/km²
郁江	右江	右江下游	南宁市区	508	郁江	左江及郁江干流	郁江干流	南宁市区	947
			武鸣县	3161				武鸣县	232
			隆安县	2289				宾阳县	686
			马山县	531				横县	3505
			上林县	9				上思县	294
			宾阳县	137				灵山县	633
	左江及郁江干流	左江	南宁市区	377				浦北县	675
			上思县	2321	红柳江	红水河	红水河中游	马山县	1658

续表

水资源二级区	水资源三级区	水资源四级区	区县	面积/km²	水资源二级区	水资源三级区	水资源四级区	区县	面积/km²
红柳江	红水河	红水河下游	马山县	188	粤西桂南沿海诸河	桂南诸河	其他独流入海诸河	北海市区	1008
			上林县	1877				合浦县	1156
			宾阳县	1510				防城港市区	2634
粤西桂南沿海诸河	桂南诸河	南流江	北海市区	4				上思县	172
			合浦县	1169				东兴市	499
			钦州市区	127				钦州市区	4652
			灵山县	772				灵山县	2120
			浦北县	1637					

考虑到广西北部湾经济区地理、河流水系的特点及水资源系统的相对独立性，将全区水资源配置划分为右江下游、左江、郁江干流、红水河中游、红水河下游、南流江、其他独流入海诸河共 7 个水资源四级区子系统，在考虑子系统水资源联系的基础上，分别进行研究和规划。

2. 广西北部湾地区 SWAT 模型构建

1）模型子流域划分与河网修正

由于北部湾经济区河流渠系纵横交错，DEM 提出数字河网困难较大。针对这一难题在项目研究中对实际河网进行手工数字化，并经过修整后导入 SWAT，获得比较符合北部湾实际情况的数字化流域特征信息。

根据北部湾经济区的河流出水口分布情况，河道阈值面积为 8424hm²，共划分为 244 个子流域。

2）水库信息处理

SWAT 模型提供了对水库的模拟控制功能，将水库作为独立的单元添加在相应的子流域中，可以十分方便地模拟出水库对流域水循环的影响。本项目根据模拟需要和实际情况，对经济区内 23 座大中型水库进行模拟控制。确定水库空间位置及所在的子流域后，导入水库信息文件。数据的基本信息包括水库的建成年份、水库的面积、达到正常溢洪道时的库容和面积、达到非常溢洪道时的库容和面积、水库的初始库容、出流量数据等。

3）下垫面信息处理

（1）土地利用重分类。将 MODIS 遥感影像数据生成的分辨率为 250m×250m的土地利用栅格文件导入模型，作为土地利用的数据层。

（2）土壤数据的处理。建立北部湾经济区 1：100 万的土壤数据库，包括 21 个土类。

4）水文响应单元划分

根据北部湾经济区数字高程模型（USGS-GTOPO30 全球陆地 DEM，水平分辨率约为 1km）和实测水系矢量图，结合土地利用情况及土壤类型空间分布，将流域划分成具有空间拓扑关系的 244 个子流域（相应有 244 条河段），将各子流域划分成 1～10 个等高带，在 244 个子流域的基础上进一步生成 2180 个水文响应单元。

5）气象数据信息输入

SWAT 模型需要的气象数据包括日平均降水量、最高和最低大气温度、太阳辐射、风速和相对湿度。模型构建过程中使用了 2003～2012 年的日平均资料。气象站的位置信息见表 5-7。

表 5-7　气象站位置分布表

所在地	气象站编号	纬度/(°N)	经度/(°E)	相对高程
北海	59644	21.27	109.08	12.8
东兴	59626	21.32	107.58	22.1
防城港	59631	21.47	108.21	32.4
灵山	59446	22.25	109.18	66.6
南宁	59431	22.38	108.13	121.6
平果	59228	23.19	107.35	108.8
钦州	59632	21.57	108.37	4.5

5.5.3　模型校验

1. 控制水文站选取

广西北部湾经济区境内有两大水系，即珠江流域西江水系、桂南沿海诸河水系，境内总流域面积为 42222km²，多年平均水资源量为 349.6 亿 m³，占全广西水资源总量的 18.5%。主要河流有西江水系郁江流域的郁江干流、上游段右江及支流左江，西江水系红水河流域的红水河干流及支流清水江，桂南沿海诸河水系的南流江、钦江、大风江、茅岭江、防城河、北仑河等。选取 2012 年的各项数据，综合考虑北部湾经济区自然水文特性，选取了六个主要的水文控制站点，并将 SWAT 模型的模拟结果与这个六个控制点的实测流量进行验证。这六个水文站点的分布见表 5-8。

表 5-8　控制水文站及所在河流分布表

控制水文站	控制断面所在河流	纳什效率系数	R^2
南宁站	邕江	0.97	0.98
长岐站	防城河	0.82	0.85
黄屋屯站	茅岭江	0.85	0.97
陆屋站	钦江	0.81	0.86
坡朗坪站	大风江	0.85	0.98
常乐站	南流江	0.94	0.96

2. 模型校验

1）南宁站校验

经参数率定后，将模型模拟的邕江上的南宁站点处的模型输出结果与南宁水文站实测径流过程进行对比，模拟的水文过程和实测径流过程对比见图 5-15。

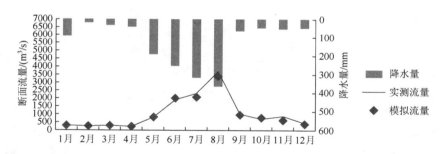

图 5-15　南宁水文站模拟水文过程与实测径流过程对比图

图 5-15 中线段为南宁站的实测流量，散点为南宁站的模拟流量。从图中可以看出模拟水文过程与实测径流过程较为吻合，尤其是 8 月出现峰值的时间与量值都极为一致，说明该模型模拟结果能反映出站点上游的实际水文过程。

2）陆屋站校验

经参数率定后，将模型模拟的钦江上的陆屋站点处的模型输出结果与陆屋水文站实测径流过程进行对比，模拟的水文过程和实测径流过程对比见图 5-16。

图 5-16 中线段为陆屋站的实测流量，散点为陆屋站的模拟流量。从图中可以看出模拟水文过程与实测径流过程较为吻合，尤其是 6 月出现峰值的时间与量值都极为一致。虽然 9 月的模拟值要略大于实测值，但是总体说来该模型模拟结果能反映出站点上游的实际水文过程。

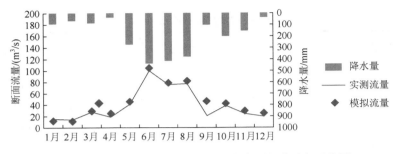

图 5-16　陆屋水文站模拟水文过程与实测径流过程对比图

3）坡朗坪站校验

经参数率定后，将模型模拟的大风江上的坡朗坪站点处的模型输出结果与坡朗坪水文站实测径流过程进行对比，模拟的水文过程和实测径流过程对比见图 5-17。

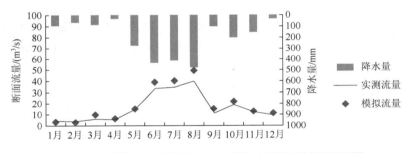

图 5-17　坡朗坪水文站模拟水文过程与实测径流过程对比图

图 5-17 中线段为坡朗坪站的实测流量，散点为坡朗坪站的模拟流量。从图中可以看出模拟水文过程与实测径流过程较为吻合，虽然 8 月的峰值模拟数据要比实测数据稍高，但是总体说来模型模拟结果能反映出站点上游的实际水文过程。

4）黄屋屯站校验

经参数率定后，将模型模拟的茅岭江上的黄屋屯站点处的模型输出结果与黄屋屯水文站实测径流过程进行对比，模拟的水文过程和实测径流过程对比见图 5-18。

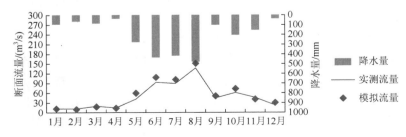

图 5-18　黄屋屯水文站模拟水文过程与实测径流过程对比图

　　图 5-18 中线段为黄屋屯站的实测流量，散点为黄屋屯站的模拟流量。从图中可以看出模拟水文过程与实测径流过程较为吻合，尤其是 8 月出现峰值的时间与量值都极为一致，说明该模型模拟结果能反映出站点上游的实际水文过程。

　　5）常乐站校验

　　经参数率定后，将模型模拟的南流江上的常乐站点处的模型输出结果与常乐水文站实测径流过程进行对比，模拟的水文过程和实测径流过程对比见图 5-19。

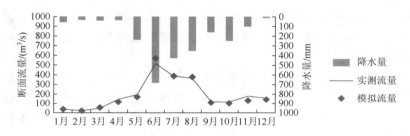

图 5-19　常乐水文站模拟水文过程与实测径流过程对比图

　　图 5-19 中线段为常乐站的实测流量，散点为常乐站的模拟流量。从图中可以看出模拟水文过程与实测径流过程较为吻合，尤其是 6 月出现峰值的时间与量值都极为一致，说明该模型模拟结果能反映出站点上游的实际水文过程。

　　6）长岐站校验

　　经参数率定后，将模型模拟的防城河上的长岐站点处的模型输出结果与长岐水文站实测径流过程进行对比，模拟的水文过程和实测径流过程对比见图 5-20。

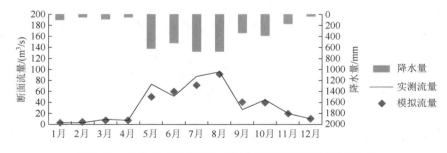

图 5-20　长岐水文站模拟水文过程与实测径流过程对比图

　　图 5-20 中红色线段为长岐站的实测流量，蓝色散点为长岐站的模拟流量。从图中可以看出模拟水文过程与实测径流过程较为吻合，尤其是 8 月出现峰值的时间与量值都极为一致。虽然 5 月的模拟值略小于实测值，但是总体说来模型模拟结果能反映出站点上游的实际水文过程。

5.6　本　章　小　结

（1）针对广西北部湾经济区的区情水情，抓住区域经济社会耗水对水循环和河流生态功能影响的本质，自主研发了面向河流生态功能维系的区域耗水红线分配及水循环动态响应模型技术（ET_WAS 模型），通过 ET_WAS 模型仿真模拟上游取用水行为与下游控制断面水量变化之间的响应关系，实现耗水控制指标下的取用水管理指标的分配和制定。该模型的成功研发，推动了高强度人类活动下二元水循环仿真模拟的发展，为区域水资源总量控制红线指标制定、生态调度和动态管理提供了科学工具。

（2）针对广西北部湾经济区典型作物、居民生活进行的耗用水实验研究，分析了不同灌溉方式下的作物耗水量及产量，对城市居民家庭用水和排水进行了水平衡测试，得到居民生活用水定额及耗水系数，上述成果可为基于耗水的水资源分配提供定量支撑。

第6章　广西北部湾经济区水资源取用水总量控制红线制定研究

根据广西北部湾经济区的区情水情，借鉴《广西水资源管理控制指标（2013）》和《广西水资源综合规划（2014）》对南宁、北海、钦州和防城港的分析成果，采用上述技术方法与模型进行细化分配模拟，提出不同水文频率下各水平年的三级区套县单元水资源总量控制指标，进而提出基于耗水的广西北部湾开发利用控制指标阈值，为广西北部湾经济区水资源总量控制和管理提供支撑。

6.1　广西北部湾经济区水资源目标可耗水量

6.1.1　主要控制断面目标生态流量

1. 主要控制断面选择

主要控制断面的选择应根据生态环境保护要求和基础资料，选择有代表性的河流控制断面和河口作为节点。本次计算，主要考虑水文控制断面、入海河流河口控制断面这两个因素，加之资料的限制，因此选择了广西南宁、北海、钦州、防城港四个城市的六条主要河流的六个主要站点——郁江南宁站、钦江陆屋站、茅岭江黄屋屯站、大风江坡朗坪站、防城河长岐站、南流江常乐站——作为主要控制断面。

2. 主要控制断面生态基流量计算

本次计算采用水文综合法，即控制断面的长系列水文资料的排频法计算，采用90%频率流量计算，具体如表6-1所示。

表 6-1　六个站点生态基流量　　　　　　　　　单位：m³/s

站点	生态基流量
郁江南宁（三）	247.23
钦江陆屋	4.64
茅岭江黄屋屯	9.45
大风江坡朗坪	1.93
防城河长岐	2.65
南流江常乐	32.11

3. 主要控制断面目标生态环境需水流量计算结果

1）输沙水流量计算

由于资料限制，本次计算均采用珠江流域片水文手册中六个站点多年平均泥沙含量数据和 1998～2007 年六个站点逐月流量数据，见表 6-2。由于广西北部湾经济区河流泥沙含量较小，因此此部分生态需水流量较小。

表 6-2　六个站点输沙需水流量　　　　　　　　　单位：m³/s

站点	输沙需水流量
郁江南宁	4.363
钦江陆屋	3.261
茅岭江黄屋屯	3.004
大风江坡朗坪	6.017
防城河长岐	—
南流江常乐	5.951

2）河道内水生生物需水流量计算

参考已有的成果，郁江南宁段鱼类约有 97 种，分别隶属于 6 目 19 科 6 属，其中以鲤科鱼类最多，比较常见的有尼罗罗非鱼、草鱼、赤眼鳟、鲫、伍氏华吸鳅、壮体沙鳅、黄颡鱼等种类。这些鱼类中濒危鱼类有 2 种（赤魟和大眼卷口鱼，如图 6-1 所示），易危鱼类 6 种（叶结鱼、唇鲮、暗色唇鲮、乌原鲤、龙州鲤和长臀鮠），广西特有鱼类 3 种（颊鳞异条鳅、大眼卷口鱼和圆体爬岩鳅），洄游性鱼类 3 种（七丝鲚、日本鳗鲡和白肌银鱼，如图 6-2 所示），均未列入国家或地方重点保护野生动物名录。

(a) 赤魟　　　　　　　　　　　　　　　(b) 大眼卷口鱼

图 6-1　郁江南宁段濒危鱼类

(a) 七丝鲚　　　　　　　　　(b) 日本鳗鲡　　　　　　　　　(c) 白肌银鱼

图 6-2　郁江南宁段洄游性鱼类

南宁站附近有产卵场 7 处，分别为大凉滩、花梁州、大滩、红石角、牛轭滩、蚂蟥滩和南宁园艺场；鱼类越冬场 2 处，分别为左江、右江汇合口和谭丁潭；未发现有大型的鱼类索饵场所分布。

鳗鲡是一种在海里产卵孵化、在淡水中长成的降海洄游性鱼类。日本鳗鲡产卵场在马里亚纳群岛的西部海域，其产卵期一般为每年的 5~12 月，高峰期在 8 月，且有人认为每月的产卵期都在新月前后，孵化的鳗鲡仔鱼随北赤道海流和黑潮流系向北要经历几个月的洄游才到达东亚沿岸的夏季分布水域。而七丝鲚也是洄游鱼类，该鱼在福建闽江、九龙江、广东韩江、珠江等河流的河口全年均有渔获，以 7~12 月为多，4~7 月为其产卵期。

本研究选取日本鳗鲡作为指示物种，六个站点水生生物栖息地需水流量见表 6-3。根据蒋晓辉等（2009）研究结果，日本鳗鲡洄游通道的适宜流速为 0.3~0.5m/s。

表 6-3　六个站点水生生物栖息地需水流量　　　　单位：m³/s

站点	最低流速条件水生生物栖息地需水流量	适宜流速条件水生生物栖息地需水流量	较好流速件水生生物栖息地需水流量
郁江南宁	317.400	423.200	529.000
钦江陆屋	10.260	13.680	17.100
茅岭江黄屋屯	12.350	16.467	20.584
大风江坡朗坪	6.312	8.416	10.520
防城河长岐	8.363	11.150	13.938
南流江常乐	32.205	42.940	53.675

3）河道自净需水流量计算

考虑河道自净能力，采用近 10 年最枯月平均流量或 90%保证率最枯月平均流量，根据 1978~2007 年逐月流量资料，确定各河道自净能力需水流量，见表 6-4。

表 6-4　六个站点河道自净能力需水流量　　　　单位：m³/s

站点	自净需水流量
郁江南宁	237.30
钦江陆屋	4.28
茅岭江黄屋屯	10.78
大风江坡朗坪	1.73
防城河长岐	2.60
南流江常乐	30.86

4）河口生态环境需水流量计算

钦州湾位于广西壮族自治区南部钦州市以南。以东边犀牛脚半岛南面的大面墩（玳瑁洲）和西边企沙半岛的天堂角间的连线为其南界，水域面积约 400km²。由于北北东向压扭断裂和南南东向张性断裂作用构成钦州湾断陷，受第四纪冰期后期海侵，湾内岸线曲折，岛屿棋布，港汊众多。钦州湾北部为茅尾海，有钦江、茅岭江淡水汇入，饵料充足，鱼类资源丰富，水产养殖发达（表 6-5）。

表 6-5　钦州港茅尾海红树林水域鱼类物种组成

目名	科数	属数	物种数
鲈形目	15	32	40
鲻形目	1	4	4
鲱形目	2	5	5
鲀形目	1	2	3
鲉形目	3	3	3
鲇形目	2	2	2
鳗鲡目	2	2	3
鲽形目	2	2	3
刺鱼目	1	1	1
颌针鱼目	1	1	1
鲤形目	1	2	2
银汉鱼目	1	1	1

由于此次研究中的南宁、北海、钦州、防城港围绕钦州湾，茅岭江、钦江、大风江依次汇入钦州湾，南流江独流入海，因此需重点关注钦州湾河口生态需水。

（1）河口生态系统栖息地需水流量。

本次计算中，盐度资料来源于杨斌等（2012）2009 年在钦州湾春夏秋冬 4 个季节的调查和监测数据，数据分析了钦州湾表层海水温度、盐度及 pH 的季节变化特征与气温的季节变化关系，其中取海水平均盐度春季为 29.164‰，夏季为 29.717‰，秋季为 30.718‰，冬季为 30.157‰，河口区盐度低、湾口区盐度高；何本茂和韦蔓新（2010）在钦州湾 1983～2003 年 12 个航次水文、盐度和 pH 调查资料显示，钦州湾盐度和 pH 随时间变化有下降的演化趋势，水温则有上升趋势。已有文献资料为钦州湾茅尾海盐度，比外湾盐度偏低，因此本研究综合考虑盐度下降的趋势，采用 2009 年的数据资料。

　　而钦州湾面积根据李树华（1988）的研究结果，钦州湾近似于一个葫芦海湾，它主要由三大部分组成，即外湾、内湾、湾颈。外湾是钦州湾的主体部分，指湾口至湾颈的区域；湾颈指龙门港附近；内湾指茅尾海一带。其中外湾湾口处最宽，可达 28km，湾颈处最窄，狭窄处仅 1.3km，内湾宽 13～18km，整个海湾平均水深约 10m。按照此数据，结合地理信息系统（geographic information system，GIS）估算钦州湾内湾面积。

　　此次计算，采用 2009 年四个季节钦州湾湾顶的三个河口、湾中及湾口，直至龙门的盐度分布进行计算。

　　由于鱼类对环境的长期适应，鱼类的生产和繁殖均有自己的适宜条件。大部分洄游鱼类的产卵期在 4～6 月，产卵场位于河口及附近的咸淡水混合区；而 7～9 月汛期水量十分充沛，随之而来的营养物质将为幼鱼的生长提供良好的环境。虽然物种各不相同，但通过资料收集，确定 4～6 月为主要产卵期，7～9 月为主要育幼期，将这两个时期的适宜盐度作为本研究中生态需水的盐度控制标准。

　　由于钦州湾水域的保护鱼类资料缺乏，本次计算采用黄德练等（2013）在钦州湾红树林的鱼类调查结果和蒋雪莲（2012）在珠江口的研究结果，最终选取大黄鱼（图 6-3）作为关键物种。大黄鱼集群移动和受精卵的孵化会受到盐度的影响（表 6-6），其产卵的适宜盐度为 18.9～33.1mg/L；育幼期适宜盐度范围为 24.8～34.5mg/L，最终本研究取最低限 28～32mg/L 作为产卵期和育幼期的盐度适宜范围。

图 6-3　河口栖息地指示物种——大黄鱼

表 6-6　产卵期和育幼期盐度控制标准　　　　　　　　单位：mg/L

物种	盐度	
	产卵期（4～6 月）	育幼期（7～9 月）
大黄鱼	19～33	25～34

此次计算将不同的盐度作为不同的生态目标等级，分别取 19mg/L、22mg/L、25mg/L 作为盐度目标，来计算钦州湾河口生物栖息地生态需水流量，见表 6-7。

表 6-7　钦州湾河口生物栖息地生态需水流量　　　　单位：m³/s

需水流量	春	夏	秋	冬
较好生态需水流量	0.785	0.812	0.859	0.833
适宜生态需水流量	0.553	0.585	0.639	0.609
最低生态需水流量	0.321	0.357	0.419	0.385

（2）湿地生态需水量。

钦州湾的红树林湿地已被列入中国重要湿地名录，是自治区级自然保护区。

本次计算只计算钦州湾茅尾海红树林自然保护区湿地，位于钦州市境内，最近处距市区不到 10km，总面积逾 2700hm²，分别由康熙岭片、坚心围片、七十二泾片和大风江片四大片组成（图 6-4）。其中，康熙岭片区位于康熙岭镇辖区的滩涂湿地；坚心围片区位于茅尾海区域的尖山、大番坡坚心围一带的滩涂湿地；七十二泾片区位于钦州港辖区的滩涂湿地；大风江片区位于东场镇、那丽镇大风江区域的滩涂湿地。

图 6-4　茅尾海红树林自然保护区

不同的红树林树种对盐度有不同的要求，研究表明，在实验条件下，秋茄（*kandelia candel*）、无瓣海桑（*sonneratia apetala*）、木榄（*bruguiera gymnorrhiza*）、红海榄（*rhizophora stylosa*）、白骨壤（*avicennia marina*）、桐花树（*aegiceras corniculata*）、老鼠勒（*acanthus ilicifolius*）等几种红树植物幼苗的适宜水体盐度范围分别为 5～15mg/L、0～25mg/L、＜10mg/L，20mg/L，25mg/L，＜25mg/L，5mg/L。

保护区共有珍稀濒危树种 3 种，老鼠勒、木榄、红海榄，尤其是后两种保护树种数量极少，需要重点保护（图 6-5）。

(a) 老鼠勒　　　　　　　　　(b) 木榄　　　　　　　　　(c) 红海榄

图 6-5　茅尾海红树林珍稀濒危树种

因为茅尾海红树林处于河口滩涂之中，因此取春季的盐度为 18mg/L，夏季 8mg/L，秋季 15.8mg/L，冬季 16mg/L。

而上述红树林树种的盐度适宜范围为实验室条件，野外条件的适应范围会更广。因此本研究选择红树林适宜盐度为 6～15mg/L，并且取 6mg/L、10mg/L、15mg/L 作为红树林生态保护目标三个等级的目标盐度，红树林面积按 2700hm^2 计算（表 6-8）。

表 6-8　钦州湾茅尾海红树林生态需水流量　　　　　　　单位：m^3/s

需水流量	春	夏	秋	冬
较好生态需水流量	0.381	0.143	0.354	0.357
适宜生态需水流量	0.254	0.000	0.210	0.214
最低生态需水流量	0.114	0.000	0.030	0.038

5）景观和沿河重要湿地需水流量

本次计算，主要考虑郁江，而钦江、大风江和茅岭江则计入钦州湾河口的茅尾海红树林自然保护区生态需水流量，而南流江则参考钦州湾河口生态流量计。

南宁市内郁江横县西津国家湿地公园，位于西津水库库区的莲塘片、南乡片和横州片部分区域。作为生态敏感目标，需进行湿地生态需水流量计算。其他城市景观湿地由于不处于郁江干流，此次计算并未考虑。

目前西津湿地（图 6-6）面积为 1853.29hm^2，已知湿地脊椎动物 174 种，湿地植物 39 种，是华南地区面积最大的人工湿地之一。根据《广西西津国家湿地公园总体规划（2013～2020 年）》，未来西津湿地的总面积将达到 4000hm^2。湿地公园需水考虑水量消耗与水域的换水周期，由于广西北部湾地区降水量较充沛，因此换水周期按三个月计算，湿地平均水深按 3～5m 计算，湿地植被与水面的比例按 7∶3 计算，据此计算湿地公园年需要补水流量。

图 6-6　西津湿地景色

其中最低生态需水流量按 1853.29hm^2、水深 3m 计算；适宜生态需水流量按 2500hm^2，水深 3m 计算；最大生态需水按 4000hm^2，水深 3m 计算，如表 6-9 所示。

表 6-9　郁江南宁段西津国家湿地公园生态需水流量

湿地面积/hm^2	水面面积/hm^2	水深/m	换水周期/次	需水流量/（m^3/s）
1853.29	555.987	3	4	2.116
2500	750	3	4	2.854
4000	1200	3	4	4.566

4. 采用 Tennant 法进行校验

广西北部湾经济区目前河道水质情况总体良好，《广西水资源公报》公布的数据显示，2007 年、2008 年和 2009 年郁江和桂南沿海诸河全年期 II～III 类河长占总评价河长的 66.7%、57.1% 和 52.5%，尽管总体情况良好，随着经济发展对水环境的破坏，也呈现出水质情况下降的趋势。本次研究中，认为当研究区进入经济跨越式发展阶段后，河道内生态环境状况按照 Tennant 法"一般或较差"、"较好"、"好"三级分别作为最小生态流量、较适宜生态流量和较好生态流量进行河道内生态需水的预测。生态流量分级取值比例见表 6-10。预测结果见表 6-11。

表 6-10　广西北部湾经济区 Tennant 法河道内分级生态流量比例　　单位：%

河道内生态环境状况	非汛期流量百分比	汛期流量百分比
非常好	30	50
好	20	40
中	10	30

表 6-11 北部湾经济区河道内生态需水预测成果

序号	河流水系	控制节点名称	多年平均径流量/亿 m³	汛期径流量/亿 m³	非汛期径流量/亿 m³	生态流量/（m³/s）（最小生态基流）			生态流量/（m³/s）（适宜生态基流）			生态流量/（m³/s）（较好生态基流）		
						汛期	非汛期	全年	汛期	非汛期	全年	汛期	非汛期	全年
1	郁江	南宁	372.22	288.92	83.30	274.85	26.41	301.26	366.46	52.83	419.29	366.46	66.04	537.32
2	钦江	陆屋	10.00	8.02	1.98	7.63	0.63	8.26	10.17	1.26	11.43	12.72	1.88	14.60
3	茅岭江	黄屋屯	14.17	11.16	3.01	10.62	0.95	11.57	14.16	1.91	16.06	17.69	2.86	20.56
4	大风江	坡朗坪	5.83	4.91	0.92	4.67	0.29	4.96	6.23	0.58	6.81	7.78	0.88	8.66
5	防城河	长岐（河道）	9.08	7.56	1.52	7.19	0.48	7.67	9.59	0.96	10.55	11.99	1.45	13.43

5. 河道内最小月生态流量结果

按照河流的生态服务功能，本研究计算了河流生态流量，由生态基流量和控制断面目标生态流量两部分组成。具体结果见表 6-12～表 6-14。

表 6-12 广西四市六河河道内生态流量结果——最小生态流量 单位：m³/s

站点	生态基流量	输沙需水流量	水生生物需水量	河道自净需水量	景观生态用水	河口生态需水量		合计（最低）	tennant法验证
						生物栖息地	茅尾海红树林湿地		
郁江南宁（三）	247.23	4.36	317.40	237.30	2.12			317.40	301.26
钦江陆屋	4.64	3.26	10.26	4.28		0.49	0.06	10.75	8.26
茅岭江黄屋屯	9.45	3.00	12.35	10.78		0.70	0.09	13.05	11.57
大风江坡朗坪	1.93	6.02	6.31	1.73		0.29	0.04	6.60	4.96
防城河长岐	2.65		8.36	2.60				8.36	7.67
南流江常乐	32.11	5.95	32.21	30.86		1.48	0.18	33.69	

表 6-13 广西四市六河河道内生态流量结果——适宜生态流量 单位：m³/s

站点	生态基流量	输沙需水流量	水生生物需水量	河道自净需水量	景观生态用水	河口生态需水量		合计（适宜）	tennant法验证
						生物栖息地	茅尾海红树林湿地		
郁江南宁（三）	247.23	4.36	423.200	237.300	2.854			423.200	419.292
钦江陆屋	4.64	3.26	13.680	4.280		0.795	0.226	14.475	11.428
茅岭江黄屋屯	9.45	3.00	16.467	10.780		1.127	0.320	17.594	16.064
大风江坡朗坪	1.93	6.02	8.416	1.730		0.464	0.132	8.880	6.811
防城河长岐	2.65		11.150	2.600				11.150	10.553
南流江常乐	32.11	5.95	42.940	30.860		2.386	0.677	45.326	

表 6-14　广西四市六河河道内生态流量结果——较好生态流量　单位：m³/s

站点	生态基流量	输沙需水流量	水生生物需水量	河道自净需水量	景观生态用水	河口生态需水量		合计（适宜）	tennant法验证
						生物栖息地	茅尾海红树林湿地		
郁江南宁（三）	247.23	4.363	529.000	237.300	4.566			529.000	537.322
钦江陆屋	4.64	3.261	17.100	4.280		1.096	0.411	18.196	14.599
茅岭江黄屋屯	9.45	3.004	20.584	10.780		1.553	0.583	22.137	20.557
大风江坡朗坪	1.93	6.017	10.520	1.730		0.639	0.240	11.159	8.660
防城河长岐	2.65		13.938	2.600				13.938	13.432
南流江常乐	32.11	5.951	53.675	30.860		3.288	1.234	56.963	

6.1.2　区域水资源目标可耗水量

根据广西北部湾经济区六大主要河流断面的水文、盐度、入海口等生态需水目标计算结果，并将不同频率下历史的入境及河川径流等数据一并输入 SEE 模型，求得南宁、北海、钦州和防城港四个地市的可耗水量。

广西北部湾经济区多年平均目标可耗水量为 39.79 亿 m³，其中南宁为 19.55 亿 m³，占总量的 49%，北海为 7.04 亿 m³，占总量的 18%，钦州为 7.47 亿 m³，占总量的 19%，防城港为 5.73 亿 m³，占总量的 14%。不同频率下四个地市的目标可耗水控制量详见表 6-15。

表 6-15　广西北部湾经济区各地市不同频率下水资源目标可耗水量　单位：亿 m³

分区	频率	Q_{in}	Q_r	Q_{gw}	$Q_{蓄变}$	ET河道损失	W_{obj}		ET$_{obj}$
							$Q_{生态流量}$	$Q_{汛期不可利用}$	
南宁市	多年平均	302.51	139.93	1.00	0.54	14.76	146.28	262.31	19.55
	50%	289.76	124.23	1.00	0.60	14.90	146.28	233.95	19.26
	75%	270.48	102.54	1.01	−2.99	13.69	121.60	223.82	17.90
	95%	251.80	82.10	1.03	−3.50	11.66	97.23	214.07	15.47
北海市	多年平均	71.93	31.22	0.41	0.19	3.98	14.89	77.47	7.04
	50%	67.72	30.07	0.41	0.15	3.71	14.89	72.94	6.52
	75%	53.32	24.69	0.41	−0.62	2.76	12.41	58.10	5.78
	95%	34.67	18.16	0.44	−0.06	1.92	9.92	37.26	4.23

续表

分区	频率	Q_{in}	Q_r	Q_{gw}	$Q_{蓄变}$	$ET_{河道损失}$	W_{obj}		ET_{obj}
							$Q_{生态流量}$	$Q_{汛期不可利用}$	
钦州市	多年平均	0.00	104.40	0.33	0.11	4.07	12.53	80.55	7.47
	50%	0.00	102.00	0.33	0.27	4.05	12.53	78.41	7.07
	75%	0.00	86.60	0.33	−0.44	3.65	10.44	67.32	5.96
	95%	0.00	66.90	0.32	−0.27	3.29	8.54	50.51	5.15
防城港市	多年平均	25.00	73.02	0.17	−0.22	4.47	3.77	84.43	5.73
	50%	24.56	72.57	0.17	0.27	4.29	3.77	83.56	5.41
	75%	22.79	58.05	0.17	−0.52	4.05	3.14	71.17	3.16
	95%	19.12	38.53	0.18	−0.20	3.62	2.51	49.10	2.79
合计	多年平均	399.44	348.57	1.91	0.62	27.28	177.47	504.76	39.79
	50%	382.04	328.87	1.92	1.29	26.95	177.47	468.85	38.26
	75%	346.59	271.88	1.91	−4.57	24.15	147.59	420.41	32.80
	95%	305.59	205.69	1.97	−4.03	20.49	118.21	350.94	27.64

6.2　区域行业用水需求分析

6.2.1　经济社会发展预测

1. 人口预测

以 2010 年和 2015 年各市总人口数为基数，结合《广西壮族自治区新型城镇化规划（2014—2020 年）》以及广西水资源综合规划成果，预测各县 2020 年和 2030 年人口数，如表 6-16 所示。

表 6-16　广西北部湾经济区各地市人口预测　　单位：万人

行政分区	总人口			
	2010 年	2015 年	2020 年	2030 年
南宁市	667	701	733	774
北海市	154	230	320	462
钦州市	365	370	395	428
防城港市	87	99	109	134
广西北部湾经济区	1273	1400	1557	1798

续表

行政分区	城镇人口				农村人口			
	2010 年	2015 年	2020 年	2030 年	2010 年	2015 年	2020 年	2030 年
南宁市	351	408	474	537	316	293	259	237
北海市	87	156	248	410	67	74	72	52
钦州市	128	158	198	260	237	212	197	168
防城港市	42	56	71	99	45	44	38	35
广西北部湾经济区	608	778	991	1306	665	623	566	492

2030 年南宁市人口将达到 774 万人，北海市人口 462 万人，钦州市人口 428 万人，防城港市人口 134 万人，北部湾经济区 2010～2030 年年均增长率为 1.7%，其中城镇人口将达到 1306 万人，城镇化率达到 72.64%，比 2010 年（46.76%）提高 25.88 个百分点。

2. 工业增加值预测

以 2010 年和 2015 年各市的工业增加值数为基数，结合各市有关部门经济社会发展规划，预测各县 2020 年和 2030 年 GDP 数额（表 6-17）。

表 6-17   广西北部湾经济区各地市工业增加值预测   单位：亿元

行政分区	2010 年	2015 年	2020 年	2030 年
南宁市	485.00	975.00	1429.00	2414.00
北海市	147.91	410.45	723.35	1876.18
钦州市	158.30	274.00	484.40	891.40
防城港市	139.19	314.83	486.83	801.61
广西北部湾经济区	930.40	1974.28	3123.58	5983.19

预计 2030 年广西北部湾经济区工业增加值将达到 5983.19 亿元，其中，南宁市工业增加值达到 2414.00 亿元，北海市工业增加值 1876.18 亿元，钦州市工业增加值 891.40 亿元，防城港市工业增加值 801.61 亿元，北部湾经济区 2010～2030 年年均增长率为 9.75%。

3. 农业灌溉面积

以 2010 年和 2015 年各市农业灌溉面积为基数，结合各市有关部门经济社会发展规划，预测各市 2020 年和 2030 年农业灌溉面积（表 6-18）。

表 6-18　广西北部湾经济区各地市农业灌溉面积预测　单位：万亩

行政分区	2010 年	2015 年	2020 年	2030 年
南宁市	361.00	393.00	442.00	523.00
北海市	56.46	60.30	61.49	61.49
钦州市	37.50	41.90	48.20	54.00
防城港市	140.70	144.10	147.60	153.00
广西北部湾经济区	595.66	639.30	699.29	791.49

　　预计 2030 年广西北部湾经济区农业灌溉面积将达到 791.49 万亩。其中，南宁市农业灌溉面积达到 523.00 万亩，北海市农业灌溉面积 61.49 万亩，钦州市农业灌溉面积 54.00 万亩，防城港市农业灌溉面积 153.00 万亩，分别比 2010 年约增加 45%，9%，44%和 9%。

6.2.2　不同行业用水定额分析

1. 人均生活用水量预测

　　以 2010 年和 2015 年各市人均生活用水量定额为基础，结合未来经济发展规划，预测 2020 年和 2030 年的人均生活用水量定额。其中，南宁市和防城港市的 2030 年城镇人均生活用水量高出《广西水资源综合规划》中预测的 2030 年全省平均水平［200L/（人·d）］23.5%和 74%，广西北部湾经济区各地市人均生活用水量定额见表 6-19。

表 6-19　广西北部湾经济区各地市人均生活用水量定额 单位：L/(人·d)

行政分区	城镇人均生活用水量				农村人均生活用水量			
	2010 年	2015 年	2020 年	2030 年	2010 年	2015 年	2020 年	2030 年
南宁市	249	247	247	247	236	230	217	203
北海市	190	203	209	209	138	145	150	150
钦州市	180	182	185	190	125	127	130	135
防城港市	342	347	347	348	139	140	140	140

2. 万元工业增加值用水量预测

　　以 2010 年和 2015 年各市工业增加值用水量定额为基础，综合考虑未来产业结构调整与优化升级，预测 2020 年和 2030 年的工业增加值用水量定额。其中，钦州市的 2030 年工业增加值用水量高出《广西水资源综合规划》中预测的 2030 年全省平均水平（60m³）10%，广西北部湾经济区各地市工业增加值用水量定额见表 6-20。

表 6-20 广西北部湾经济区各地市工业增加值用水量定额 单位：亿元

行政分区	2010 年	2015 年	2020 年	2030 年
南宁市	109	70	56	42
北海市	73	64	49	38
钦州市	160	121	94	66
防城港市	104	73	59	44

3. 农田灌溉亩均用水量

以 2010 年和 2015 年各市农田灌溉亩均用水量定额为基础，综合考虑未来节水器具的使用和种植技术的提高，预测 2020 年和 2030 年的农田灌溉亩均用水量定额。其中，南宁市、北海市、钦州市和防城港市分别高出《广西水资源综合规划》中预测的 2030 年全省平均水平（385m³）43.37%、71.17%、77.66%和 125.71%，广西北部湾经济区各地市农田灌溉亩均用水量定额见表 6-21。

表 6-21 广西北部湾经济区各地市农田灌溉亩均用水量定额 单位：万亩

行政分区	2010 年	2015 年	2020 年	2030 年
南宁市	793	741	609	552
北海市	969	819	756	659
钦州市	781	750	720	684
防城港市	1231	1120	945	869

4. 人均生态用水量

以 2010 年和 2015 年各市人均生态用水量定额为基础，综合考虑未来生态需求的提高和绿地面积的增加，预测 2020 年和 2030 年的人均生态用水量定额，广西北部湾经济区各地市人均生态用水量定额见表 6-22。

表 6-22　广西北部湾经济区各地市人均生态用水量定额　　单位：m³

行政分区	2010 年	2015 年	2020 年	2030 年
南宁市	17	19	19	19
北海市	15	18	18	18
钦州市	46	46	46	46
防城港市	19	21	21	21

6.2.3　区域用水需求分析

根据广西北部湾经济区的生态需求，结合区域主要行业及作物用水定额计算，得出各区域不同来水频率、不同水平年、不同行业的需水控制指标。多年平均条件下 2015 年、2020 年、2030 年全区总需水量控制分别为 81.38 亿 m³、84.92 亿 m³、98.07 亿 m³（表 6-23）。从整体比重来看，所占比重最大的为农业需水，分别占到 65%、59%、52%，其余两项生活需水与工业需水同期所占比重基本持平。从整体趋势上来看，农业需水所占比重连续下降，生活与工业需水所占比重持续上升。其中工业需水比重增长了约 87 个百分点。可以看出工业用水增加，农业用水通过定额管理和灌溉水利用系数提高得到有效控制，广西北部湾经济区四市各区县需水预测结果见表 6-24。

表 6-23　广西北部湾经济区各行业需水预测　　单位：亿 m³

项目		2010 年	2015 年	2020 年	2030 年
生活（建筑业、三产）	生活需水	9.36	11.82	13.70	16.63
工业生产	工业需水	9.73	16.12	20.41	28.92
农村生产	农业需水　$P = 50\%$	50.12	53.70	50.77	52.06
	农业需水　$P = 75\%$	54.64	58.54	55.35	56.75
	农业需水　$P = 95\%$	49.14	65.80	62.22	63.80
	农业需水　多年平均（1956～2000 年）	52.64	52.64	49.77	51.04
河道外生态需水		0.44	0.78	1.02	1.48
合计	$P = 50\%$	69.65	82.42	85.90	99.09
	$P = 75\%$	74.17	87.26	90.48	103.78
	$P = 95\%$	68.67	94.52	97.35	110.83
	多年平均（1956～2000 年）	68.67	81.38	84.92	98.07

表6-24 广西北部湾经济区不同频率下各区县需水预测

单位：万 m³

频率	地市	区县	生活			农业			工业			生态环境			需水总量		
			2015年	2020年	2030年	2015年	2020年	2030年	2015年	2020年	2030年	2015年	2020年	2030年	2015年	2020年	2030年
多年平均	南宁	武鸣县	3396	3563	3730	52202	48903.32	50472	7200	8500	10800	491	572	649	63289	61538.32	65651
		横县	5664	5764	6038	48102	45414.09	47153.5	4000	4700	5900	448	521	590	58214	56399.09	59681.5
		宾阳县	5119	5243	5443	49961	44226.6	45805.3	7500	8800	11200	642	746	845	63222	59015.6	63293.3
		上林县	2304	2304	2404	25450	23280.48	24101.25	900	1000	1300	163	189	214	28817	26773.48	28019.25
		马山县	2689	2789	2959	14468	14265.83	14016.95	1700	2000	2500	233	270	306	19090	19324.83	19781.95
		隆安县	2278	2378	2478	18458	20791.4	21655.37	1200	1400	1700	322	375	424	22258	24944.4	26257.37
		南宁市区	39917	41246	43024	82526	72158	85631.15	46200	54200	68700	488	567	642	169131	168171	197997.2
	北海	铁山港区	4913	8337	15259	5196	5531	5611	7637	9488	21726	300	555	1343	18045	23910	43939
		银海区	4070	5955	7431	4543	3950	2733	6326	6777	10580	248	396	654	15187	17078	21398
		海城区	4535	7401	11742	5062	4910	4318	7049	8423	16718	277	493	1034	16923	21226	33812
		合浦县	10506	14193	19671	56754	53118	46190	8468	14550	30396	568	897	1887	76296	82758	98144
	防城港	上思县	1810	2050	2420	16986.2	16770.6	18212.8	3380	4090	4910	80	110	130	22256	23021	25673
		防城区	3040	3420	4020	21312.25	21546.75	22414	3350	3700	3980	90	110	140	27792	28777	30554
		东兴市	2110	2620	3850	5508.5	5185.5	4424	2580	3270	4150	100	130	210	10299	11206	12634
		港口区	2330	2830	4090	3139.5	2038.5	1888	13760	17470	22150	128	160	240	19358	22499	28368
	钦州	钦州港区	1044	1969	2707	18	18	20	14256	25101	29672	219	412	591	15537	27500	32990
		钦南区	4961	5959	7038	25728	25515	25801	5793	8137	11856	1057	1334	1544	37538	40945	46239
		钦北区	4207	4564	5470	23494	23296	23081	5945	5813	7577	501	604	903	34146	34277	37031
		灵山县	8704	9333	10615	54025	53108	52300	9326	10230	13335	1060	1235	1575	73115	73906	77825
		浦北县	4796	5113	5974	13491	13722	14555	4587	6574	10082	458	536	831	23332	25945	31442

续表

频率	地市	区县	生活			农业			工业			生态环境			需水总量		
			2015 年	2020 年	2030 年	2015 年	2020 年	2030 年	2015 年	2020 年	2030 年	2015 年	2020 年	2030 年	2015 年	2020 年	2030 年
50%	南宁	武鸣县	3396	3563	3730	53246.04	49881.39	51481.44	7200	8500	10800	491	572	649	64333.04	62516.39	66660.44
		横县	5664	5764	6038	49064.04	46322.37	48096.57	4000	4700	5900	448	521	590	59176.04	57307.37	60624.57
		宾阳县	5119	5243	5443	50960.22	45111.13	46721.41	7500	8800	11200	642	746	845	64221.22	59900.13	64209.41
		上林县	2304	2304	2404	25959	23746.09	24583.28	900	1000	1300	163	189	214	29326	27239.09	28501.28
		马山县	2689	2789	2959	14757.36	14551.15	14297.29	1700	2000	2500	233	270	306	19379.36	19610.15	20062.29
		隆安县	2278	2378	2478	18827.16	21207.23	22088.48	1200	1400	1700	322	375	424	22627.16	25360.23	26690.48
		南宁市区	39917	41246	43024	84176.52	73601.16	87343.77	46200	54200	68700	488	567	642	170781.52	169614.2	199709.8
	北海	铁山港区	4913	8337	15259	5300	5641	5724	7637	9488	21726	300	555	1343	18149	24020	44052
		银海区	4070	5955	7431	4634	4029	2787	6326	6777	10580	248	396	654	15278	17157	21453
		海城区	4535	7401	11742	5164	5008	4404	7049	8423	16718	277	493	1034	17024	21324	33898
		合浦县	10506	14193	19671	57889	54180	47114	8468	14550	30396	568	897	1887	77431	83820	99067
	防城港	上思县	1810	2050	2420	17325.924	17106.01	18577.06	3380	4090	4910	80	110	130	22596	23356	26037
		防城区	3040	3420	4020	21738.495	21977.69	22862.28	3350	3700	3980	90	110	140	28218	29208	31002
		东兴市	2110	2620	3850	5618.67	5289.21	4512.48	2580	3270	4150	100	130	210	10409	11309	12722
		港口区	2330	2830	4090	3202.29	2079.27	1925.76	13760	17470	22150	128	160	240	19420	22539	28406
	钦州	钦州港区	1044	1969	2707	18	19	20	14256	25101	29672	219	412	591	15537	27500	32990
		钦南区	4961	5959	7038	26242	26025	26317	5793	8137	11856	1057	1334	1544	38052	41455	46755
		钦北区	4207	4564	5470	23964	23762	23543	5945	5813	7577	501	604	903	34616	34743	37493
		灵山县	8704	9333	10615	55105	54170	53346	9326	10230	13335	1060	1235	1575	74195	74968	78871
		浦北县	4796	5113	5974	13761	13997	14846	4587	6574	10082	458	536	831	23602	26220	31733

续表

频率	地市	区县	生活 2015年	生活 2020年	生活 2030年	农业 2015年	农业 2020年	农业 2030年	工业 2015年	工业 2020年	工业 2030年	生态环境 2015年	生态环境 2020年	生态环境 2030年	需水总量 2015年	需水总量 2020年	需水总量 2030年
75%	南宁	武鸣县	3396	3563	3730	58048.624	54380.49	56124.86	7200	8500	10800	491	572	649	69135.624	67015.49	71303.86
		横县	5664	5764	6038	53489.424	50500.47	52434.69	4000	4700	5900	448	521	590	63601.424	61485.47	64962.69
		宾阳县	5119	5243	5443	55556.632	49179.98	50935.49	7500	8800	11200	642	746	845	68817.632	63968.98	68423.49
		上林县	2304	2304	2404	28300.4	25887.89	26800.59	900	1000	1300	163	189	214	31667.4	29380.89	30718.59
		马山县	2689	2789	2959	16088.416	15863.6	15586.85	1700	2000	2500	233	270	306	20710.416	20922.6	21351.85
		隆安县	2278	2378	2478	20525.296	23120.04	24080.77	1200	1400	1700	322	375	424	24325.296	27273.04	28682.77
		南宁市区	39917	41246	43024	91768.912	80239.7	95221.84	46200	54200	68700	488	567	642	178373.912	176252.7	207587.8
	北海	铁山港区	4913	8337	15259	5778	6150	6240	7637	9488	21726	300	555	1343	18627	24529	44568
		银海区	4070	5955	7431	5052	4393	3039	6326	6777	10580	248	396	654	15696	17521	21704
		海城区	4535	7401	11742	5629	5460	4802	7049	8423	16718	277	493	1034	17490	21776	34296
		合浦县	10506	14193	19671	63110	59067	51363	8468	14550	30396	568	897	1887	82652	88707	103317
	防城港	上思县	1810	2050	2420	18888.6544	18648.91	20252.63	3380	4090	4910	80	110	130	24159	24899	27713
		防城区	3040	3420	4020	23699.222	23959.99	24924.37	3350	3700	3980	90	110	140	30179	31190	33064
		东兴市	2110	2620	3850	6125.452	5766.276	4919.488	2580	3270	4150	100	130	210	10915	11786	13129
		港口区	2330	2830	4090	3491.124	2266.812	2099.456	13760	17470	22150	128	160	240	19709	22727	28579
	钦州	钦州港区	1044	1969	2707	20	20	22	14256	25101	29672	219	412	591	15539	27502	32992
		钦南区	4961	5959	7038	28609	28373	28691	5793	8137	11856	1057	1334	1544	40419	43803	49129
		钦北区	4207	4564	5470	26125	25905	25666	5945	5813	7577	501	604	903	36778	36886	39616
		灵山县	8704	9333	10615	60075	59056	58158	9326	10230	13335	1060	1235	1575	79166	79854	83683
		浦北县	4796	5113	5974	15002	15259	16185	4587	6574	10082	458	536	831	24843	27482	33072

续表

频率	地市	区县	生活			农业			工业			生态环境			需水总量		
			2015年	2020年	2030年	2015年	2020年	2030年	2015年	2020年	2030年	2015年	2020年	2030年	2015年	2020年	2030年
95%	南宁	武鸣县	3396	3563	3730	65252.5	61129.15	63090	7200	8500	10800	491	572	649	76339.5	73764.15	78269
		横县	5664	5764	6038	60127.5	56767.61	58941.88	4000	4700	5900	448	521	590	70239.5	67752.61	71469.88
		宾阳县	5119	5243	5443	62451.25	55283.25	57256.63	7500	8800	11200	642	746	845	75712.25	70072.25	74744.63
		上林县	2304	2304	2404	31812.5	29100.6	30126.56	900	1000	1300	163	189	214	35179.5	32593.6	34044.56
		马山县	2689	2789	2959	18085	17832.29	17521.19	1700	2000	2500	233	270	306	22707	22891.29	23286.19
		隆安县	2278	2378	2478	23072.5	25989.25	27069.21	1200	1400	1700	322	375	424	26872.5	30142.25	31671.21
		南宁市区	39917	41246	43024	103157.5	90197.5	107038.9	46200	54200	68700	488	567	642	189762.5	186210.5	219404.9
	北海	铁山港区	4913	8337	15259	6495	6913	7014	7637	9488	21726	300	555	1343	19344	25292	45342
		银海区	4070	5955	7431	5679	4938	3416	6326	6777	10580	248	396	654	16323	18066	22081
		海城区	4535	7401	11742	6328	6137	5398	7049	8423	16718	277	493	1034	18189	22453	34892
		合浦县	10506	14193	19671	70943	66398	57738	8468	14550	30396	568	897	1887	90485	96038	109691
	防城港	上思县	1810	2050	2420	21232.75	20963.25	22766	3380	4090	4910	80	110	130	26503	27213	30226
		防城区	3040	3420	4020	26640.3125	26933.44	28017.5	3350	3700	3980	90	110	140	33120	34163	36158
		东兴市	2110	2620	3850	6885.625	6481.875	5530	2580	3270	4150	100	130	210	11676	12502	13740
		港口区	2330	2830	4090	3924.375	2548.125	2360	13760	17470	22150	128	160	240	20142	23008	28840
	钦州	钦州港区	1044	1969	2707	22	23	25	14256	25101	29672	219	412	591	15541	27505	32995
		钦南区	4961	5959	7038	32160	31894	32251	5793	8137	11856	1057	1334	1544	43970	47324	52689
		钦北区	4207	4564	5470	29367	29120	28851	5945	5813	7577	501	604	903	40020	40101	42801
		灵山县	8704	9333	10615	67531	66385	65375	9326	10230	13335	1060	1235	1575	86621	87183	90900
		浦北县	4796	5113	5974	16864	17153	18194	4587	6574	10082	458	536	831	26705	29376	35081

6.3　区域水资源耗水指标分配

6.3.1　地市各行业耗水指标分配

根据广西北部湾五大河流主要控制断面流量及生态需求，结合区域主要行业及作物耗用水规律分析，提出各区域不同水平年、不同行业的耗水控制指标。2015 年、2020 年、2030 年全区总耗水量控制分别为 30.20 亿 m³、29.88 亿 m³、28.61 亿 m³（表 6-25）。从整体比重来看，所占比重最大的为农业耗水，分别约占到 70%、64%、52%，其余三项中生活耗水与工业耗水同期所占比重基本持平（图 6-7 和图 6-8）。从整体趋势上来看，农业耗水所占比重连续下降，生活与工业耗水所占比重持续上升。其中工业耗水比重增长了约 12 个百分点。可以看出高效耗水增加，农业耗水通过定额管理和灌溉水利用系数提高得到有效控制。

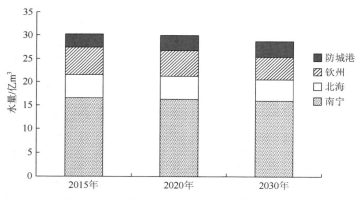

图 6-7　广西北部湾各地区耗水控制指标总量

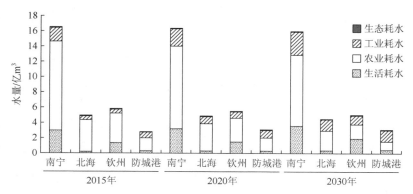

图 6-8　广西北部湾各地区不同行业耗水控制指标

表 6-25　广西北部湾各地区不同行业耗水控制指标

单位：亿 m³

频率	行政分区	生活			农业			工业			生态环境			耗水总量		
		2015年	2020年	2030年	2015年	2020年	2030年	2015年	2020年	2030年	2015年	2020年	2030年	2015年	2020年	2030年
50%	南宁市	3.04	3.22	3.60	11.81	11.04	9.46	1.82	2.23	3.01	0.06	0.07	0.07	16.73	16.56	16.14
	北海市	0.30	0.33	0.38	4.10	3.66	2.72	0.62	0.92	1.37	0.03	0.04	0.05	5.05	4.94	4.52
	钦州市	1.37	1.56	1.94	3.93	3.18	1.95	0.58	0.79	1.06	0.06	0.08	0.08	5.94	5.60	5.04
	防城港市	0.31	0.36	0.47	1.77	1.69	1.18	0.73	1.02	1.46	0.09	0.10	0.11	2.90	3.17	3.21
	合计	5.02	5.47	6.39	21.61	19.56	15.32	3.74	4.95	6.90	0.24	0.28	0.31	30.62	30.26	28.92
75%	南宁市	3.04	3.22	3.60	12.88	12.03	10.32	1.82	2.23	3.01	0.06	0.07	0.07	17.79	17.55	17.00
	北海市	0.30	0.33	0.38	4.47	3.99	2.97	0.62	0.92	1.37	0.03	0.04	0.05	5.42	5.27	4.76
	钦州市	1.37	1.56	1.94	4.28	3.46	2.13	0.58	0.79	1.06	0.06	0.08	0.08	6.29	5.88	5.22
	防城港市	0.31	0.36	0.47	1.93	1.85	1.28	0.73	1.02	1.46	0.09	0.10	0.11	3.06	3.32	3.32
	合计	5.02	5.47	6.39	23.56	21.33	16.70	3.74	4.95	6.90	0.24	0.28	0.31	32.57	32.03	30.30
95%	南宁市	3.04	3.22	3.60	10.53	9.76	8.20	1.82	2.23	3.01	0.06	0.07	0.07	15.44	15.28	14.88
	北海市	0.30	0.33	0.38	3.69	3.25	2.33	0.62	0.92	1.37	0.03	0.04	0.05	4.65	4.53	4.12
	钦州市	1.37	1.56	1.94	3.48	2.75	1.54	0.56	0.77	1.04	0.06	0.08	0.08	5.47	5.15	4.61
	防城港市	0.31	0.36	0.47	1.57	1.49	0.97	0.70	0.98	1.41	0.09	0.10	0.11	2.67	2.92	2.95
	合计	5.02	5.47	6.39	19.27	17.25	13.04	3.69	4.89	6.83	0.24	0.28	0.31	28.23	27.89	26.57
多年平均	南宁市	3.04	3.22	3.60	11.58	10.82	9.28	1.82	2.23	3.01	0.06	0.07	0.07	16.50	16.34	15.96
	北海市	0.30	0.33	0.38	4.02	3.59	2.67	0.62	0.92	1.37	0.03	0.04	0.05	4.97	4.87	4.46
	钦州市	1.37	1.56	1.94	3.85	3.11	1.92	0.58	0.79	1.06	0.06	0.08	0.08	5.86	5.53	5.00
	防城港市	0.31	0.36	0.47	1.74	1.66	1.15	0.73	1.02	1.46	0.09	0.10	0.11	2.87	3.14	3.19
	合计	5.02	5.47	6.39	21.19	19.18	15.02	3.74	4.95	6.90	0.24	0.28	0.31	30.20	29.88	28.61

6.3.2 各区县各行业耗水指标分配

1. 南宁市各区县不同行业耗水指标分配

在耗水的水资源配置模型以及总量闭合分布式水文模型校验的基础上，得到广西北部湾地区三级区套县的地表水取水总量控制指标。

从表6-26可以看出在2015年、2020年及2030年三个水平年中，全市总耗水量控制分别为164957万 m³、163386万 m³、159575万 m³。从整体比重来看，所占比重最大的为农业耗水，分别约占到 70%、66%、58%，其余三项中生活耗水所占比重分别约高于工业耗水同期所占比重约7个百分点、6个百分点、4个百分点。从整体趋势上来看，农业耗水所占比重连续下降，生活耗水与工业耗水所占比重持续上升。其中工业耗水比重增长了约8个百分点（图6-9和图6-10）。

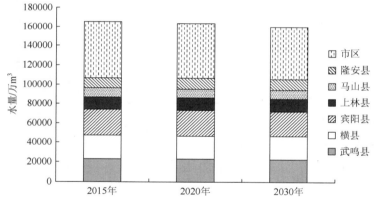

图 6-9 南宁市各区县耗水控制指标总量

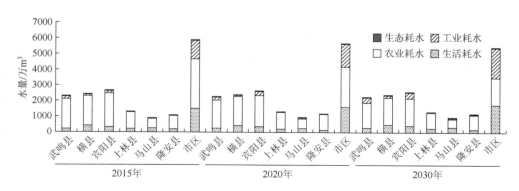

图 6-10 南宁市各区县行业耗水控制指标

表 6-26　南宁市各区县行业耗水控制指标

单位：万 m³

频率	县级行政区	水资源三级区	生活			农业			工业			生态环境			耗水总量		
			2015 年	2020 年	2030 年	2015 年	2020 年	2030 年	2015 年	2020 年	2030 年	2015 年	2020 年	2030 年	2015 年	2020 年	2030 年
多年平均	武鸣县	右江	2272	2495	2698	18705	17675	15879	1922	2412	3473	101	115	126	23000	22697	22177
	横县	左江及郁江干流	3949	4041	4690	19071	18494	17247	1041	1316	1884	90	103	114	24151	23954	23935
	宾阳县	红水河	3277	3489	3943	21257	19916	17714	1931	2529	3631	127	151	166	26592	26085	25454
	上林县	红水河	2052	2172	2500	10615	10411	9980	294	372	552	41	50	55	13002	13004	13087
	马山县	红水河	2341	2430	2961	6101	6106	5279	522	656	964	55	63	71	9020	9255	9275
	隆安县	右江	1647	1585	1819	8691	9696	9207	329	377	525	68	71	79	10735	11729	11630
	市区	左江及郁江干流	14859	16003	17404	31388	25913	17459	12111	14638	19046	98	108	108	58457	56662	54017
	全市		30397	32214	36014	115830	108212	92766	18150	22300	30075	580	660	720	164957	163386	159575
50%	武鸣县	右江	2272	2495	2698	19079	18029	16197	1922	2412	3473	101	115	126	23375	23051	22495
	横县	左江及郁江干流	3949	4041	4690	19453	18864	17592	1041	1316	1884	90	103	114	24532	24324	24280
	宾阳县	红水河	3277	3489	3943	21682	20315	18069	1931	2529	3631	127	151	166	27017	26484	25808
	上林县	红水河	2052	2172	2500	10828	10620	10180	294	372	552	41	50	55	13215	13212	13287
	马山县	红水河	2341	2430	2961	6223	6228	5385	522	656	964	55	63	71	9142	9377	9381
	隆安县	右江	1647	1585	1819	8865	9890	9391	329	377	525	68	71	79	10909	11923	11814
	市区	左江及郁江干流	14859	16003	17404	32016	26432	17808	12111	14638	19046	98	108	108	59084	57180	54366
	全市		30397	32214	36014	118146	110376	94622	18150	22300	30075	580	660	720	167273	165550	161430

续表

频率	县级行政区	水资源三级区	生活 2015年	生活 2020年	生活 2030年	农业 2015年	农业 2020年	农业 2030年	工业 2015年	工业 2020年	工业 2030年	生态环境 2015年	生态环境 2020年	生态环境 2030年	耗水总量 2015年	耗水总量 2020年	耗水总量 2030年
75%	武鸣县	右江	2272	2495	2698	20800	19655	17658	1922	2412	3473	101	115	126	25095	24677	23955
	横县	左江及郁江干流	3949	4041	4690	21207	20565	19179	1041	1316	1884	90	103	114	26287	26025	25867
	宾阳县	红水河	3277	3489	3943	23638	22147	19698	1931	2529	3631	127	151	166	28973	28316	27438
	上林县	红水河	2052	2172	2500	11804	11577	11098	294	372	552	41	50	55	14191	14170	14205
	马山县	红水河	2341	2430	2961	6785	6790	5871	522	656	964	55	63	71	9703	9939	9866
	隆安县	右江	1647	1585	1819	9665	10782	10238	329	377	525	68	71	79	11708	12815	12661
	市区	左江及郁江干流	14859	16003	17404	34904	28816	19415	12111	14638	19046	98	108	108	61972	59564	55972
	全市		30397	32214	36014	128803	120332	103156	18150	22300	30075	580	660	720	177930	175506	169965
95%	武鸣县	右江	2272	2495	2698	17488	16481	14685	1922	2412	3473	101	115	126	21783	21503	20983
	横县	左江及郁江干流	3949	4041	4690	17630	17061	15804	1041	1316	1884	90	103	114	22710	22521	22492
	宾阳县	红水河	3277	3489	3943	19675	18349	16139	1931	2529	3631	127	151	166	25010	24518	23878
	上林县	红水河	2052	2172	2500	9863	9667	9234	294	372	552	41	50	55	12250	12260	12340
	马山县	红水河	2341	2430	2961	5576	5565	4736	522	656	964	55	63	71	8495	8714	8731
	隆安县	右江	1647	1585	1819	8125	9072	8585	329	377	525	68	71	79	10168	11105	11009
	市区	左江及郁江干流	14859	16003	17404	26912	21416	12852	12111	14638	19046	98	108	108	53980	52165	49409
	全市		30397	32214	36014	105268	97612	82034	18150	22300	30075	580	660	720	154395	152786	148842

注：表中因小数变整数涉及四舍五入的问题，有相差±1的情况。

2. 北海市各区县不同行业耗水指标分配

从表 6-27 中可以看出在 2015 年、2020 年及 2030 年三个水平年中，全市总耗水量控制分别为 49744 万 m^3、48673 万 m^3、44646 万 m^3。从整体比重来看，所占比重最大的为农业耗水，分别约占到 81%、74%、60%，其余两项中工业耗水所占比重分别高于生活耗水同期所占比重约 6 个百分点、12 个百分点、22 个百分点。从整体趋势上来看，农业耗水比重持续下降，生活耗水与工业耗水所占比重持续上升，生态环境耗水比重保持不变。其中工业耗水所占比重增长了约 19 个百分点（图 6-11 和图 6-12）。

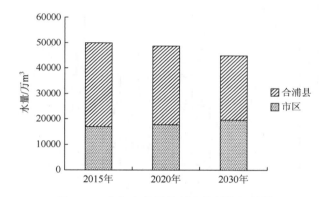

图 6-11　北海市各区县耗水控制指标总量

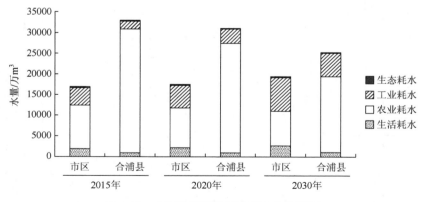

图 6-12　北海市各区县行业耗水控制指标

3. 钦州市各区县不同行业耗水指标分配

从表 6-28 中可以看出在 2015 年、2020 年及 2030 年三个水平年中，全区总耗水量控制分别为 58614 万 m^3、55346 万 m^3、50022 万 m^3。从整体比重来看，所占

表 6-27 北海市各区县行业耗水控制指标

单位：万 m³

频率	县级行政区	水资源三级区	生活 2015年	生活 2020年	生活 2030年	农业 2015年	农业 2020年	农业 2030年	工业 2015年	工业 2020年	工业 2030年	生态环境 2015年	生态环境 2020年	生态环境 2030年	耗水总量 2015年	耗水总量 2020年	耗水总量 2030年
多年平均	铁山港区	桂南诸河	725	863	1200	3755	3660	3664	1572	2135	3585	78	102	136	6130	6759	8585
多年平均	银海区	桂南诸河	601	616	584	3111	2614	1784	1302	1525	1746	65	73	66	5078	4828	4181
多年平均	海城区	桂南诸河	669	766	923	3467	3249	2820	1451	1895	2759	72	90	104	5658	6000	6606
多年平均	市区小计	桂南诸河	1995	2245	2707	10333	9523	8268	4325	5555	8090	215	265	306	16866	17587	19372
多年平均	合浦县	桂南诸河	1041	1020	1094	29870	26336	18412	1851	3595	5610	117	134	159	32878	31086	25274
多年平均	全市	桂南诸河	3036	3265	3801	40203	35859	26680	6176	9150	13700	332	399	465	49744	48673	44646
50%	铁山港区	桂南诸河	725	863	1200	3831	3733	3738	1572	2135	3585	78	102	136	6205	6832	8658
50%	银海区	桂南诸河	601	616	584	3173	2666	1820	1302	1525	1746	65	73	66	5140	4880	4217
50%	海城区	桂南诸河	669	766	923	3536	3314	2876	1451	1895	2759	72	90	104	5728	6065	6663
50%	市区小计	桂南诸河	1995	2245	2708	10540	9713	8434	4324	5555	8090	214	265	306	17073	17777	19538
50%	合浦县	桂南诸河	1041	1020	1094	30467	26863	18780	1851	3595	5610	117	134	159	33476	31613	25642
50%	全市	桂南诸河	3036	3265	3801	41007	36576	27214	6175	9150	13700	331	399	465	50549	49390	45180
75%	铁山港区	桂南诸河	725	863	1200	4176	4069	4075	1572	2135	3585	78	102	136	6551	7169	8996
75%	银海区	桂南诸河	601	616	584	3459	2907	1984	1302	1525	1746	65	73	66	5426	5121	4381
75%	海城区	桂南诸河	669	766	923	3855	3613	3136	1451	1895	2759	72	90	104	6047	6364	6922
75%	市区小计	桂南诸河	1995	2245	2708	11490	10589	9195	4324	5555	8090	214	265	306	18024	18654	20299
75%	合浦县	桂南诸河	1041	1020	1094	33215	29286	20474	1851	3595	5610	117	134	159	36224	34035	27336
75%	全市	桂南诸河	3036	3265	3801	44705	39875	29668	6175	9150	13700	331	399	465	54247	52689	47635
95%	铁山港区	桂南诸河	725	863	1200	3302	3156	2937	1572	2135	3585	78	102	136	5677	6255	7858
95%	银海区	桂南诸河	601	616	584	2784	2299	1489	1302	1525	1746	65	73	66	4751	4513	3885
95%	海城区	桂南诸河	669	766	923	3123	2849	2313	1451	1895	2759	72	90	104	5315	5601	6100
95%	市区小计	桂南诸河	1995	2245	2708	9209	8304	6739	4324	5555	8090	214	265	306	15743	16369	17843
95%	合浦县	桂南诸河	1041	1020	1094	27711	24208	16515	1851	3595	5610	117	134	159	30719	28958	23377
95%	全市	桂南诸河	3036	3265	3801	36920	32512	23254	6175	9150	13700	331	399	465	46462	45327	41220

表6-28 钦州市各区县行业耗水控制指标

单位：万m³

频率	县级行政区	水资源三级区	生活 2015年	生活 2020年	生活 2030年	农业 2015年	农业 2020年	农业 2030年	工业 2015年	工业 2020年	工业 2030年	生态环境 2015年	生态环境 2020年	生态环境 2030年	耗水总量 2015年	耗水总量 2020年	耗水总量 2030年
多年平均	钦州港区	桂南沿海	246	349	377	11	7	4	2416	2948	2979	38	55	58	2711	3358	3418
	钦南区	桂南沿海	3459	4097	5107	9003	6942	4230	997	1494	2315	207	259	243	13666	12792	11895
	钦北区	桂南沿海	2240	2603	3435	7128	5972	3679	756	994	1529	82	107	134	10206	9675	8776
	灵山县	桂南沿海	3646	4159	5393	14282	11757	7356	793	1209	1983	138	172	187	18860	17298	14921
		左郁江	1206	1376	1758	3326	2767	1727	225	311	473	46	57	63	4803	4511	4020
		小计	4852	5535	7151	17609	14524	9084	1018	1520	2456	184	230	250	23663	21809	18941
	浦北县	桂南沿海	2189	2257	2514	3806	2952	1731	468	723	1103	66	75	86	6529	6007	5434
		左郁江	736	759	843	951	739	434	130	184	253	22	25	29	1839	1706	1558
		小计	2925	3016	3358	4757	3691	2164	598	907	1356	88	100	115	8368	7713	6993
	全市		13722	15598	19427	38507	31135	19161	5785	7862	10634	600	750	800	58614	55346	50022
50%	钦州港区	桂南沿海	246	349	377	11	7	4	2416	2948	2979	38	55	58	2711	3358	3418
	钦南区	桂南沿海	3459	4097	5107	9183	7081	4314	997	1494	2315	207	259	243	13846	12930	11979
	钦北区	桂南沿海	2240	2603	3435	7270	6091	3752	756	994	1529	82	107	134	10348	9795	8849
	灵山县	桂南沿海	3646	4159	5393	14568	11993	7504	793	1209	1983	138	172	187	19145	17533	15068
		左郁江	1206	1376	1758	3393	2822	1762	225	311	473	46	57	63	4870	4566	4055
		小计	4852	5534	7151	17961	14815	9265	1018	1520	2456	184	230	250	24015	22099	19122
	浦北县	桂南沿海	2189	2257	2514	3882	3011	1766	468	723	1103	66	75	86	6605	6066	5469
		左郁江	736	759	843	970	753	442	130	184	253	22	25	29	1858	1720	1567
		小计	2925	3016	3358	4852	3764	2208	598	907	1356	88	100	115	8463	7786	7036
	全市		13722	15598	19427	39277	31758	19544	5785	7862	10634	600	750	800	59384	55968	50405

续表

频率	县级行政区	水资源三级区	生活			农业			工业			生态环境			耗水总量		
			2015年	2020年	2030年	2015年	2020年	2030年	2015年	2020年	2030年	2015年	2020年	2030年	2015年	2020年	2030年
75%	钦州港区	桂南沿海	246	349	377	12	7	4	2416	2948	2979	38	55	58	2712	3358	3418
	钦南区	桂南沿海	3459	4097	5107	10011	7720	4703	997	1494	2315	207	259	243	14674	13569	12368
	钦北区	桂南沿海	2240	2603	3435	7926	6640	4091	756	994	1529	82	107	134	11004	10344	9188
	灵山县	桂南沿海	3646	4159	5393	15882	13074	8180	793	1209	1983	138	172	187	20459	18614	15745
		左郁江	1206	1376	1758	3699	3077	1921	225	311	473	46	57	63	5176	4821	4214
		小计	4852	5534	7151	19581	16151	10101	1018	1520	2456	184	230	250	25635	23435	19958
	浦北县	桂南沿海	2189	2257	2514	4232	3282	1925	468	723	1103	66	75	86	6955	6338	5628
		左郁江	736	759	843	1058	821	482	130	184	253	22	25	29	1946	1788	1607
		小计	2925	3016	3358	5290	4104	2407	598	907	1356	88	100	115	8901	8126	7235
	全市		13722	15598	19427	42820	34622	21307	5785	7862	10634	600	750	800	62926	58833	52168
95%	钦州港区	桂南沿海	246	349	377	11	7	4	2250	2743	2771	38	55	58	2545	3153	3210
	钦南区	桂南沿海	3459	4097	5107	8111	6066	3319	997	1494	2315	207	259	243	12774	11915	10984
	钦北区	桂南沿海	2240	2603	3435	6445	5307	2996	756	994	1529	82	107	134	9523	9010	8093
	灵山县	桂南沿海	3646	4159	5393	13012	10517	6087	793	1209	1983	138	172	187	17590	16057	13652
		左郁江	1206	1376	1758	2998	2447	1403	225	311	473	46	57	63	4475	4191	3696
		小计	4852	5535	7151	16010	12964	7490	1018	1520	2456	184	229	250	22065	20248	17348
	浦北县	桂南沿海	2189	2257	2514	3385	2538	1305	468	723	1103	66	75	86	6108	5593	5008
		左郁江	736	759	843	837	629	324	130	184	253	22	25	29	1725	1596	1449
		小计	2925	3016	3357	4222	3167	1629	598	907	1356	88	100	115	7833	7189	6457
	全市		13722	15599	19428	34799	27511	15439	5619	7658	10427	599	751	800	54740	51516	46092

注：表中因小数变整数涉及四舍五入的问题，有相差±1的情况。

比重最大的为农业耗水，分别占到 66%、56%、38%，其余两项中生活耗水所占比重分别高于工业耗水同期所占比重约 13 个百分点、14 个百分点、18 个百分点。从整体趋势上来看，农业耗水比重持续下降，生活耗水与工业耗水所占比重持续上升，生态环境耗水比重略有增长。其中生活耗水所占比重增长了约 16 个百分点，为各行业最高（图 6-13 和图 6-14）。

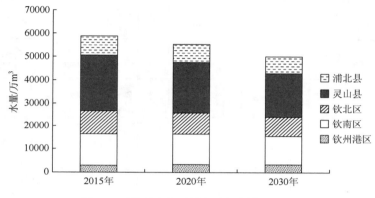

图 6-13　钦州市各区县耗水控制指标总量

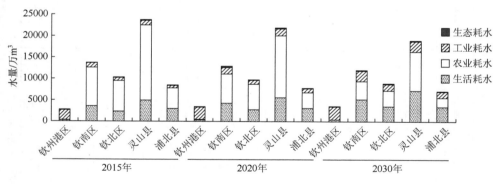

图 6-14　钦州市各区县行业耗水控制指标

4. 防城港市各区县不同行业耗水指标分配

从表 6-29 中可以看出在 2015 年、2020 年及 2030 年三个水平年中，全区总耗水量控制分别为 28675 万 m³、31372 万 m³、31905 万 m³。在 2015 年、2020 年中农业耗水所占比重最高，分别占到 61%、53%，其余两项中工业耗水所占比重分别约高于生活耗水同期所占比重 14 个百分点、21 个百分点。在 2030 年中，工业耗水所占比重达到了 46%，超过农业成了主要耗水行业。从整体趋势上来看，农业耗水比重持续下降，生活与工业耗水所占比重持续上升，生态环境耗水比重保

表6-29 防城港市各区县行业耗水控制指标

单位：万 m³

频率	县级行政区	水资源三级区	生活			农业			工业			生态环境			耗水总量		
			2015年	2020年	2030年	2015年	2020年	2030年	2015年	2020年	2030年	2015年	2020年	2030年	2015年	2020年	2030年
多年平均	上思县	左江及郁江干流	714	765	917	5956	5786	4325	1246	1569	2823	182	201	184	8098	8321	8251
	防城区	桂南诸河	1051	1125	1345	8029	8084	5737	1371	1686	3056	209	207	204	10660	11103	10343
	东兴市	桂南诸河	577	708	1052	2273	2186	1208	1035	1477	2080	237	260	324	4123	4631	4664
	港口区	桂南诸河	747	975	1373	1097	537	273	3643	5454	6609	307	352	392	5794	7317	8648
	全市		3090	3573	4688	17354	16593	11544	7296	10186	14569	935	1020	1105	28675	31372	31905
50%	上思县	左江及郁江干流	714	765	917	6075	5901	4412	1246	1569	2823	182	201	184	8217	8437	8337
	防城区	桂南诸河	1051	1125	1345	8190	8245	5852	1371	1686	3056	209	207	204	10821	11264	10457
	东兴市	桂南诸河	577	708	1052	2318	2230	1232	1035	1477	2080	237	260	324	4168	4675	4688
	港口区	桂南诸河	747	975	1373	1119	548	279	3643	5454	6609	307	352	392	5816	7328	8654
	全市		3090	3573	4688	17702	16925	11775	7296	10186	14569	935	1020	1105	29022	31704	32136
75%	上思县	左江及郁江干流	714	765	917	6623	6434	4810	1246	1569	2823	182	201	184	8765	8969	8735
	防城区	桂南诸河	1051	1125	1345	8928	8989	6380	1371	1686	3056	209	207	204	11560	12008	10985
	东兴市	桂南诸河	577	708	1052	2528	2431	1343	1035	1477	2080	237	260	324	4377	4876	4799
	港口区	桂南诸河	747	975	1373	1219	597	304	3643	5454	6609	307	352	392	5917	7377	8679
	全市		3090	3573	4688	19298	18451	12837	7296	10186	14569	935	1020	1105	30618	33230	33198
95%	上思县	左江及郁江干流	714	765	917	5387	5209	3679	1246	1569	2823	182	201	184	7529	7744	7604
	防城区	桂南诸河	1051	1125	1345	7263	7297	4906	1371	1686	3056	209	207	204	9895	10316	9511
	东兴市	桂南诸河	577	708	1052	1953	1823	800	1035	1477	2080	237	260	324	3802	4268	4256
	港口区	桂南诸河	747	975	1373	1097	537	273	3343	5049	6119	307	352	392	5494	6913	8158
	全市		3090	3573	4688	15700	14866	9658	6996	9782	14078	935	1020	1105	26720	29241	29529

注：表中因小数变整数涉及四舍五入的问题，有相差±1的情况。

持不变。其中工业耗水所占比重增长了约 21 个百分点。这与防城港市不断加快产业结构优化调整，提高第二产业所占 GDP 比重有关。2011 年防城港市第二产业所占 GDP 比重已超过 50%（图 6-15 和图 6-16）。

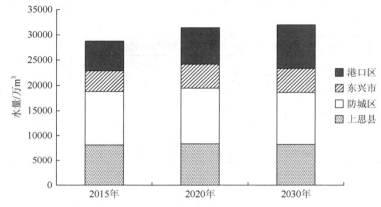

图 6-15　防城港市各区县耗水控制指标总量

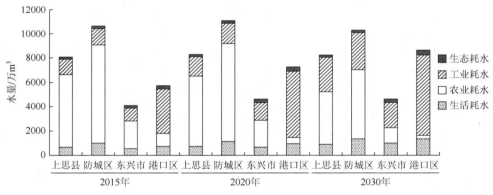

图 6-16　防城港市各区县耗水控制指标

6.4　基于耗水的区域不同行业用水红线控制指标

6.4.1　地市不同行业用水红线控制指标

根据广西北部湾六大河流主要控制断面流量及生态需求，结合区域主要行业及作物耗用水规律分析，提出各区域不同水平年不同行业的用水红线控制指标。从表 6-30 中可以看出在 2015 年、2020 年及 2030 年三个水平年中，全区用水总量控制指标分别为 74.41 亿 m³、76.76 亿 m³、79.07 亿 m³。从整体比重来看，所占比重最大的为农业用水，分别占到 61%、54%、41%，其余两项中工业用水所占比重分别高于生活用水同期所占比重 7 个百分点、13 个百分点、21 个百分点。从整体趋势上来看，农业用水比重持续下降，生活用水与工业用水所占比重持续上升，生态环境用水比重保持不变。其中工业用水所占比重增长了约 18 个百分点（图 6-17 和图 6-18）。

表 6-30　广西北部湾经济区各地市行业用水红线控制指标　单位：亿 m³

地级行政区	生活			农业			工业			生态环境			用水总量		
	2015 年	2020 年	2030 年	2015 年	2020 年	2030 年	2015 年	2020 年	2030 年	2015 年	2020 年	2030 年	2015 年	2020 年	2030 年
南宁市	6.11	6.51	7.21	25.03	23.38	20.10	7.26	8.92	12.03	0.29	0.33	0.36	38.69	39.14	39.70
北海市	1.51	1.60	1.84	8.04	7.17	5.33	2.47	3.66	5.48	0.10	0.12	0.14	12.12	12.55	12.79
钦州市	2.88	3.29	4.08	9.07	7.33	4.51	4.14	5.76	8.20	0.12	0.15	0.16	16.21	16.53	16.95
防城港市	1.02	1.19	1.58	3.45	3.31	2.31	2.81	3.92	5.61	0.11	0.12	0.13	7.39	8.54	9.63
合计	11.52	12.59	14.71	45.59	41.19	32.25	16.68	22.26	31.32	0.62	0.72	0.79	74.41	76.76	79.07

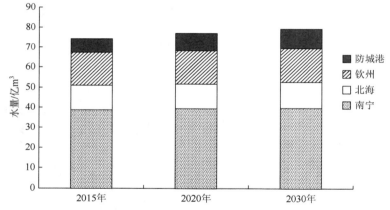

图 6-17　广西北部湾经济区各地市用水红线控制指标总量

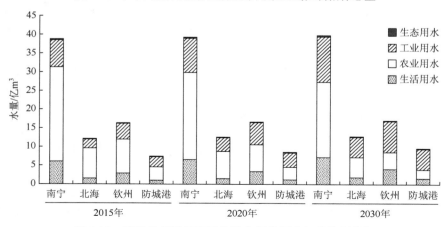

图 6-18　广西北部湾经济区各地市行业用水红线控制指标

6.4.2　区县不同行业用水红线控制指标

1. 南宁市

从表 6-31 中可以看出在 2015 年、2020 年及 2030 年三个水平年中，全区用水总量控制指标分别为 386900 万 m^3、391400 万 m^3、397000 万 m^3。从整体比重来看，所占比重最大的为农业用水，分别占到 65%、60%、51%，其余两项中工业用水所占比重分别高于生活用水同期所占比重 3 个百分点、6 个百分点、12 个百分点。从整体趋势上来看，农业用水比重持续下降，生活用水与工业用水所占比重持续上升，生态环境用水比重保持不变。其中工业用水所占比重增长了约 11%（图 6-19 和图 6-20）。

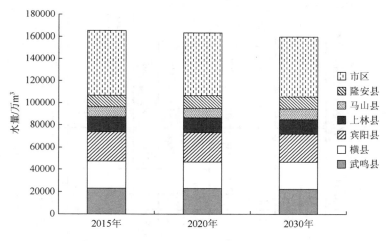

图 6-19　南宁市各区县用水红线控制指标

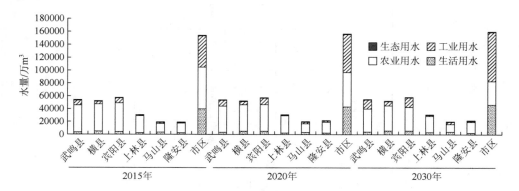

图 6-20　南宁市各区县行业用水红线控制指标

表 6-31　南宁市各区县行业用水红线控制指标

单位：万 m³

区县	水资源三级区	生活			农业			工业			生态环境			用水总量		
		2015 年	2020 年	2030 年	2015 年	2020 年	2030 年	2015 年	2020 年	2030 年	2015 年	2020 年	2030 年	2015 年	2020 年	2030 年
武鸣县	右江	3259	3579	3870	42648	40300	36205	7689	9649	13894	504	573	632	54100	54100	54600
横县	左江及郁江干流	5177	5297	6148	42510	41224	38444	4164	5265	7537	448	515	571	52299	52300	52700
宾阳县	红水河	4539	4832	5461	44503	41697	37087	7722	10115	14523	636	756	830	57400	57400	57900
上林县	红水河	2657	2812	3237	26462	25954	24879	1176	1486	2209	205	248	275	30500	30500	30600
马山县	红水河	3056	3173	3865	13779	13790	11923	2089	2625	3855	275	313	357	19200	19900	20000
隆安县	右江	2353	2265	2600	15392	17171	16305	1315	1508	2099	339	356	396	19400	21300	21400
市区	左江及郁江干流	40059	43142	46920	65004	53666	36157	48445	58552	76183	492	540	539	154000	155900	159800
全市		61100	65100	72101	250298	233802	201000	72600	89200	120300	2899	3301	3600	386900	391400	397000

2. 北海市

从表 6-32 中可以看出在 2015 年、2020 年及 2030 年三个水平年中，全区用水总量控制指标分别为 121200 万 m³、125500 万 m³、127900 万 m³。从整体比重来看，所占比重最大的为农业用水，分别占到约 66%、57%、42%，其余两项中工业用水所占比重分别约高于生活用水同期所占比重 8 个百分点、16 个百分点、28 个百分点。从整体趋势上来看，农业用水比重持续下降，生活用水与工业用水所占比重持续上升，生态环境用水比重基本保持不变。其中工业用水所占比重增长了约 23 个百分点（图 6-21 和图 6-22）。

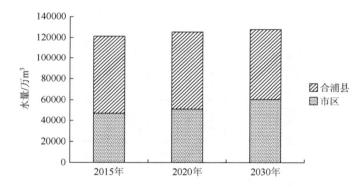

图 6-21　北海市各区县用水红线控制指标总量

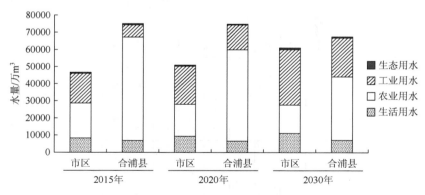

图 6-22　北海市各区县行业用水红线控制指标

3. 钦州市

从表 6-33 中可以看出在 2015 年、2020 年及 2030 年三个水平年中，全区用水总量控制指标分别为 162100 万 m³、165300 万 m³、169500 万 m³。从整体比重来看，所占比重最大的为农业用水，约分别占到 56%、44%、27%，其余几项中

表 6-32　北海市各区县行业用水红线控制指标

单位：万 m^3

区县	水资源三级区	生活			农业			工业			生态环境			用水总量		
		2015 年	2020 年	2030 年	2015 年	2020 年	2030 年	2015 年	2020 年	2030 年	2015 年	2020 年	2030 年	2015 年	2020 年	2030 年
铁山港区	桂南诸河	3006	3578	4975	7398	7209	7218	6286	8539	14341	210	274	366	16900	19600	26900
银海区	桂南诸河	2490	2556	2423	6128	5149	3515	5208	6099	6984	174	196	178	14000	14000	13100
海城区	桂南诸河	2775	3176	3829	6829	6400	5555	5803	7581	11036	194	243	281	15600	17400	20700
市区小计	桂南诸河	8272	9310	11227	20354	18757	16288	17296	22219	32360	578	713	825	46500	51000	60700
合浦县	桂南诸河	6828	6690	7173	60046	52943	37012	7404	14381	22440	422	487	575	74700	74500	67200
全市		15099	16000	18401	80401	71701	53300	24701	36600	54801	1000	1200	1400	121200	125500	127900

表 6-33　钦州市各区县行业用水红线控制指标

单位：万 m³

县级行政区	水资源三级区	生活			农业			工业			生态环境			用水总量		
		2015 年	2020 年	2030 年	2015 年	2020 年	2030 年	2015 年	2020 年	2030 年	2015 年	2020 年	2030 年	2015 年	2020 年	2030 年
钦州港区	桂南沿海	1230	1744	1884	13	8	5	12081	14738	14894	76	109	117	13400	16600	16900
钦南区	桂南沿海	6549	7755	9668	21908	16894	10293	7429	11133	17253	415	518	486	36300	36300	37700
钦北区	桂南沿海	4659	5414	7144	16782	14060	8661	6094	8012	12328	165	214	267	27700	27700	28400
灵山县	桂南沿海	7643	8717	11306	33248	27370	17125	8993	13711	22485	276	344	375	50160	50143	51291
	左郁江	2547	2905	3712	7547	6278	3919	2353	3258	4952	92	115	125	12540	12557	12709
	小计	10190	11623	15018	40795	33649	21044	11346	16969	27437	369	459	500	62700	62700	64000
浦北县	桂南沿海	4630	4773	5318	9036	7008	4110	3491	5394	8224	132	149	172	17289	17325	17823
	左郁江	1543	1591	1769	2165	1682	987	959	1353	1864	44	50	57	4711	4675	4677
	小计	6173	6364	7086	11202	8690	5096	4450	6747	10088	175	199	230	22000	22000	22500
全市		28801	32899	40801	90699	73300	45100	41400	57599	82000	1200	1499	1599	162100	165300	169500

工业用水所占比重分别高于生活用水同期所占比重约 8%、15%、24%。从整体趋势上来看，农业用水比重持续下降，生活用水与工业用水所占比重持续上升，生态环境用水比重保持不变。其中工业用水所占比重约增长了 22 个百分点，为各行业最高（图 6-23 和图 6-24）。

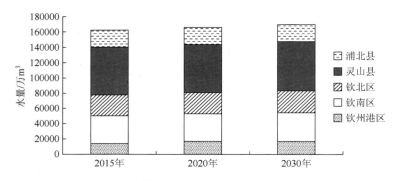

图 6-23　钦州市各区县用水红线控制指标总量

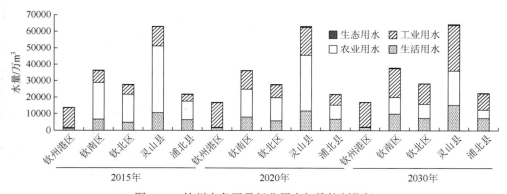

图 6-24　钦州市各区县行业用水红线控制指标

4. 防城港市

从表 6-34 和图 6-25 中可以看出在 2015 年、2020 年及 2030 年三个水平年中，全区用水总量控制指标分别为 73900 万 m³、85400 万 m³、96300 万 m³。在 2015 年中农业用水所占的用水比重最大，为 47%，其余几项中工业用水所占比重高于生活用水同期所占比重 24 个百分点。在 2020 年及 2030 年中农业用水比重持续下降，工业用水比重持续上升达到了 46% 与 58%，取代农业成了最大的用水行业（图 6-26）。生活用水所占比重也略有上升，生态环境用水比重保持不变。这与防城港市不断加快产业结构优化调整、提高第二产业所占 GDP 比重有关。2030 年防城港市第二产业所占 GDP 比重已超过 50%。

表 6-34　防城港市各区县行业取用水红线控制指标

单位：万 m³

县级行政区	水资源三级区	生活			农业			工业			生态环境			用水总量		
		2015 年	2020 年	2030 年	2015 年	2020 年	2030 年	2015 年	2020 年	2030 年	2015 年	2020 年	2030 年	2015 年	2020 年	2030 年
上思县	左江及郁江干流	1925	2063	2474	12276	11925	8915	4986	6274	11294	214	237	217	19400	20500	22900
防城区	桂南诸河	3306	3539	4230	15963	16072	11407	5485	6746	12223	246	244	241	25000	26600	28100
东兴市	桂南诸河	2349	2880	4280	4314	4149	2293	3058	4365	6146	279	306	381	10000	11700	13100
港口区	桂南诸河	2620	3418	4815	1947	954	486	14572	21815	26438	361	414	461	19500	26600	32200
全市		10200	11900	15799	34500	33100	23101	28101	39200	56101	1100	1201	1300	73900	85400	96300

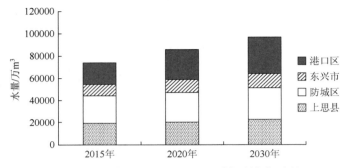

图 6-25　防城港市各区县用水红线控制指标总量

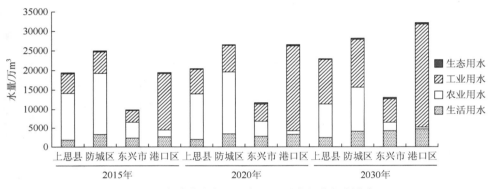

图 6-26　防城港市各区县行业取用水红线控制指标

6.5　基于耗水的区域不同水源取水红线控制指标

6.5.1　地市不同水源取水红线控制指标

根据广西北部湾五大河流主要控制断面流量及生态需求，提出各区域不同水平年不同水源取水指标分配。从表 6-35 中可以看出在 2015 年、2020 年及 2030 年三个水平年中，全区取水总量控制指标分别为 74.41 亿 m³、76.76 亿 m³、79.07 亿 m³。

表 6-35　广西北部湾经济区不同水源取水指标分配　　单位：亿 m³

| 地级行政区 | 水源取水总量控制指标 | | | | | | | | | | | |
| | 地表水 | | | 地下水 | | | 其他水 | | | 总计 | | |
	2015 年	2020 年	2030 年	2015 年	2020 年	2030 年	2015 年	2020 年	2030 年	2015 年	2020 年	2030 年
南宁市	36.51	36.60	37.05	1.99	2.07	2.18	0.19	0.47	0.47	38.69	39.14	39.70
北海市	10.57	10.77	11.01	1.42	1.39	1.35	0.13	0.39	0.43	12.12	12.55	12.79
钦州市	15.43	15.43	15.83	0.64	0.66	0.67	0.14	0.44	0.45	16.21	16.53	16.95
防城港市	7.26	8.16	9.23	0.01	0.01	0.01	0.12	0.37	0.39	7.39	8.54	9.63
合计	69.77	70.96	73.12	4.06	4.13	4.21	0.58	1.67	1.74	74.41	76.76	79.07

从水源分类来看，所占比重最大的为地表水，约占 93%，其余水源中地下水取水量所占比重高于其他水源。从区域层面来看，南宁取水总量所占比重最大，约占取水总量的 50%（图 6-27 和图 6-28）。

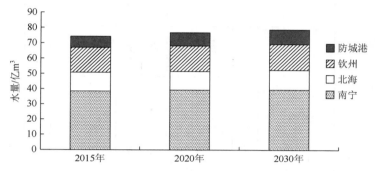

图 6-27　广西北部湾经济区不同水源取水指标分配

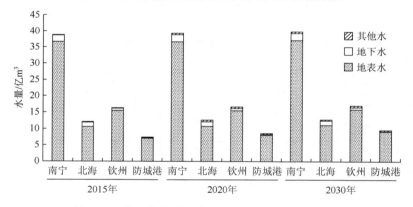

图 6-28　广西北部湾经济区不同水源取水指标分配

6.5.2　区县不同水源取水红线控制指标

1. 南宁市

在耗水的水资源配置模型以及总量闭合分布式水文模型校验的基础上，得到广西北部湾地区三级区套县的地表水取水总量控制指标。

从表 6-36 中可以看出在 2015 年、2020 年及 2030 年三个水平年中，全区取水总量控制指标分别为 386900 万 m³、391400 万 m³、397000 万 m³。从水源分类来看，所占比重最大的为地表水，约占 94%，其余水源中地下水取水量所占比重高于其他水源。从区域层面来看，市区取水总量所占比重最大，约占取水总量的 40%。左江及郁江干流为主要取水区域，取水量比重约占取水总量的 55%（图 6-29 和图 6-30）。

表 6-36 南宁市不同水源取水指标分配

单位：万 m³

县级行政区	水资源三级区	水源取水总量控制指标											
		地表水			地下水			其他水			总计		
		2015 年	2020 年	2030 年	2015 年	2020 年	2030 年	2015 年	2020 年	2030 年	2015 年	2020 年	2030 年
武鸣县	右江	44776	43914	43918	8985	9346	9843	339	839	839	54100	54100	54600
横县	左江及郁江干流	51823	51507	51892	270	280	295	207	513	513	52300	52300	52700
宾阳县	红水河	53423	52914	53207	3734	3884	4090	244	602	602	57400	57400	57900
上林县	红水河	30239	29927	30025	50	52	55	210	521	521	30500	30500	30600
马山县	红水河	19120	19709	19809	6	6	6	75	185	185	19200	19900	20000
隆安县	右江	16191	17824	17752	3114	3239	3411	96	237	237	19400	21300	21400
市区	左江及郁江干流	149529	150205	153898	3742	3893	4100	729	1803	1803	154000	155900	159800
全市		365101	366000	370501	19901	20700	21800	1900	4700	4700	386900	391400	397000

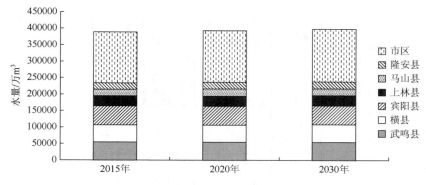

图 6-29　南宁市不同水源取水指标分配

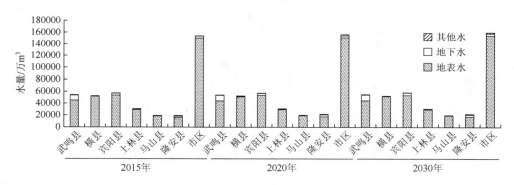

图 6-30　南宁市不同水源取水指标分配

2. 北海市

从表 6-37 中可以看出在 2015 年、2020 年及 2030 年三个水平年中，全区取水总量控制指标分别为 121200 万 m³、125500 万 m³、127900 万 m³。从水源分类来看，所占比重最大的为地表水，约占 87%，其余水源中地下水取水量所占比重高于其他水源。从区域层面来看，合浦县取水总量所占比重最大，分别约为 62%、59%、53%。从发展趋势上来看，合浦县的取水指标逐年下降而市区的取水指标持续上升，约增长了 9 个百分点（图 6-31 和图 6-32）。

3. 钦州市

从表 6-38 中可以看出在 2015 年、2020 年及 2030 年三个水平年中，全区取水总量控制指标分别为 162100 万 m³、165300 万 m³、169500 万 m³。从水源分类来看，所占比重最大的为地表水，约占 94%，其余水源中地下水取水量所占比重高于其他水源。从区域层面来看，灵山县取水总量所占比重最大，取水量之和约占取水总量的 39%。桂南沿海为主要取水水系，取水量约占取水总量的 90%（图 6-33 和图 6-34）。

表 6-37 北海市不同水源取水指标分配

单位：万 m³

县级行政区	水资源三级区	水源取水总量控制指标														
		地表水			地下水			其他水			总计		
		2015年	2020年	2030年	2015年	2020年	2030年	2015年	2020年	2030年	2015年	2020年	2030年
铁山港区	桂南诸河	14400	16000	23100	1700	1700	1700	800	1900	2100	16900	19600	26900
银海区	桂南诸河	10400	10000	9400	3400	3400	3200	200	600	500	14000	14000	13100
海城区	桂南诸河	10900	12700	16100	4400	4100	3900	300	600	700	15600	17400	20700
市区小计	桂南诸河	35700	38700	48600	9500	9200	8800	1300	3100	3300	46500	51000	60700
合浦县	桂南诸河	70000	69000	61500	4700	4700	4700	0	800	1000	74700	74500	67200
全市		105700	107700	110100	14200	13900	13500	1300	3900	4300	121200	125500	127900

表 6-38　钦州市不同水源取水指标分配

单位：万 m³

县级行政区	水资源三级区	水源取水总量控制指标											
		地表水			地下水			其他水			总计		
		2015 年	2020 年	2030 年	2015 年	2020 年	2030 年	2015 年	2020 年	2030 年	2015 年	2020 年	2030 年
钦州港区	桂南沿海	13369	16503	16800	0	0	0	31	97	100	13400	16600	16900
钦南区	桂南沿海	34986	34391	35756	1052	1085	1102	262	824	842	36300	36300	37700
钦北区	桂南沿海	25922	25259	25915	1490	1537	1560	288	904	925	27700	27700	28400
灵山县	桂南沿海	47690	46564	47647	1981	2043	2074	489	1536	1571	50160	50143	51291
	左郁江	12007	11713	11849	395	407	413	139	436	446	12540	12557	12709
	小计	59697	58278	59496	2376	2450	2487	627	1972	2017	62700	62700	64000
浦北县	桂南沿海	16134	15841	16314	1016	1048	1064	139	436	446	17289	17325	17823
	左郁江	4193	4028	4019	466	480	488	53	167	170	4711	4675	4677
	小计	20327	19870	20333	1482	1528	1551	192	603	616	22000	22000	22500
全市		154301	154299	158300	6400	6600	6701	1401	4400	4500	162100	165300	169500

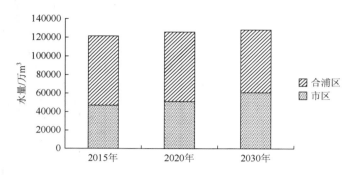

图 6-31　北海市不同水源取水指标分配

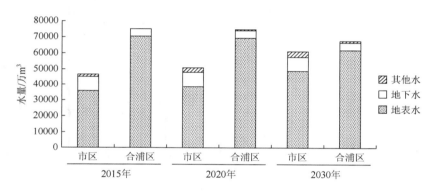

图 6-32　北海市不同水源取水指标分配

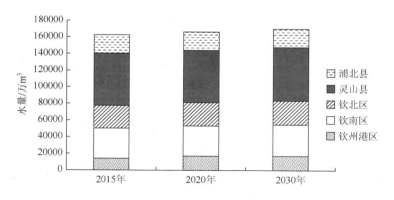

图 6-33　钦州市不同水源取水指标分配

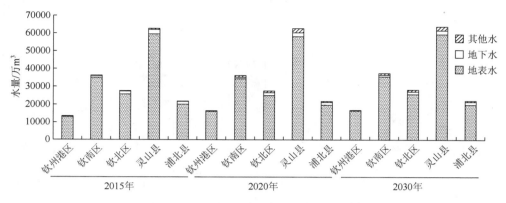

图 6-34 钦州市不同水源取水指标分配

4. 防城港市

从表 6-39 中可以看出在 2015 年、2020 年及 2030 年三个水平年中，全区取水总量控制指标分别为 73900 万 m^3、85400 万 m^3、96300 万 m^3。从水源分类来看，所占比重最大的为地表水，约占 97%，其余水源中地下水取水量所占比重低于其他水源。从区域层面来看，港口区和防城区取水总量所占比重最大，这两个地区的取水量之和约占取水总量的 60%，其中防城区所占比重略有下降，而港口区则上升了约 7 个百分点。桂南诸河为主要取水水系，取水量约占取水总量的 75%（图 6-35 和图 6-36）。

表 6-39 防城港市不同水源取水指标分配 单位：万 m^3

县级行政区	水资源三级区	水源取水总量控制指标											
		地表水			地下水			其他水			总计		
		2015 年	2020 年	2030 年	2015 年	2020 年	2030 年	2015 年	2020 年	2030 年	2015 年	2020 年	2030 年
上思县	左江及郁江干流	18915	19166	21498	78	78	78	407	1256	1324	19400	20500	22900
防城区	桂南诸河	24547	25233	26660	15	15	15	438	1352	1425	25000	26600	28100
东兴市	桂南诸河	9804	11112	12480	7	7	7	188	581	612	10000	11700	13100
港口区	桂南诸河	19334	26088	31661	0	0	0	166	512	539	19500	26600	32200
全市		72600	81600	92300	100	100	100	1200	3700	3900	73900	85400	96300

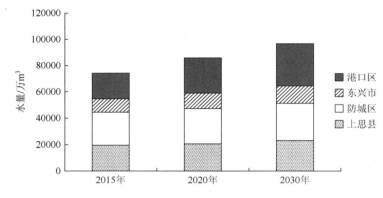

图 6-35 防城港市不同水源取水指标分配

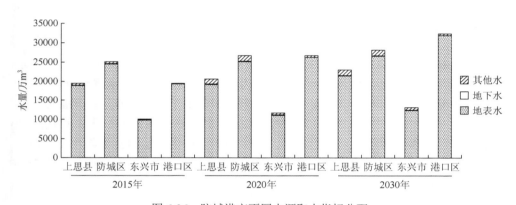

图 6-36 防城港市不同水源取水指标分配

6.6 本 章 小 结

（1）根据广西北部湾经济区六大主要河流断面的水文、盐度、入海口等生态需水目标计算结果，并结合不同频率下历史的入境及河川径流等数据，求得南宁、北海、钦州和防城港四个地市的水资源目标可耗水量。广西北部湾经济区多年平均目标可耗水量为 39.79 亿 m^3，其中南宁为 19.55 亿 m^3，占总量的 49%，北海为 7.04 亿 m^3，占总量的 18%，钦州为 7.47 亿 m^3，占总量的 19%，防城港为 5.73 亿 m^3，占总量的 14%。另外，不同频率下区域的耗水总量控制阈值详见 6.1 节。

（2）根据广西北部湾各区域水资源目标可耗水量，结合区域主要行业及作物耗用水规律分析，通过基于 ET 的水资源合理配置，确定各区域不同水平年、不同行业的耗水控制指标和取用水红线控制指标。2015 年、2020 年、2030 年全区总耗水量控制分别为 30.20 亿 m^3、29.84 亿 m^3、28.65 亿 m^3，其中南宁市分别为 16.5 亿 m³、16.3 亿 m³、16.0 亿 m³，北海市分别为 4.97 亿 m³、4.87 亿 m³、4.46 亿 m³，钦州市分别为 5.86 亿 m³、5.53 亿 m³、5.00 亿 m³，防城港市分别为 2.87 亿 m³、3.14 亿 m³、3.19 亿 m³。另外，确定了不同频率下各单元的耗水总量控制阈值，详见 6.2 节。

第7章　广西北部湾经济区取用水总量动态控制方案

考虑区域取用水总量受来水频率影响，区域水资源开发利用控制红线为多年平均值，本次研究细化制定不同频率下的区域取用总量控制阈值，为区域水资源开发利用管理实践提供支撑。

7.1　不同来水频率条件下区域用水总量控制方案

7.1.1　地市不同行业用水总量控制方案

从表 7-1 中可以看出广西北部湾经济区在 2015 年、2020 年及 2030 年三个水平年中，在 75% 的来水频率下用水总量最高，全区用水指标分别为 79.52 亿 m³、81.37 亿 m³、82.68 亿 m³。其中农业用水量所占比重最高，分别为 64%、56%、43%，其余三项中工业用水所占比重比生活用水高出约 6 个百分点、12 个百分点、20 个百分点。在 95% 的来水频率下农业仍然是主要用水行业，但其用水量所占的比重略低于其余两个来水频率下的情况，而工业和生活用水量所占的比重略高于其余两个来水频率下的情况。从整体趋势上来看，农业用水所占比重不断降低，而工业用水与生活用水均在持续升高,其中工业用水增长了约 18 个百分点(图 7-1～图 7-4)。

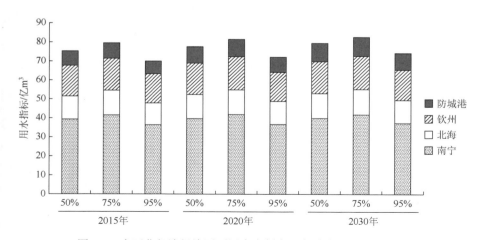

图 7-1　广西北部湾经济区不同来水频率下各地市用水指标分配

表 7-1 广西北部湾经济区不同来水频率下各行业用水指标分配

单位：亿 m³

频率	地级行政区	生活			农业			工业			生态环境			用水总量		
		2015年	2020年	2030年	2015年	2020年	2030年	2015年	2020年	2030年	2015年	2020年	2030年	2015年	2020年	2030年
50%	南宁市	6.11	6.51	7.21	25.53	23.85	20.50	7.26	8.92	12.03	0.29	0.33	0.36	39.19	39.61	40.10
	北海市	1.51	1.60	1.84	8.20	7.31	5.44	2.47	3.66	5.48	0.10	0.12	0.14	12.28	12.69	12.90
	钦州市	2.88	3.29	4.08	9.25	7.48	4.60	4.14	5.76	8.20	0.12	0.15	0.16	16.39	16.68	17.04
	防城港市	1.02	1.19	1.58	3.52	3.38	2.36	2.81	3.92	5.61	0.11	0.12	0.13	7.46	8.61	9.68
	合计	11.52	12.59	14.71	46.50	42.02	32.90	16.68	22.26	31.32	0.62	0.72	0.79	75.32	77.59	79.72
75%	南宁市	6.11	6.51	7.21	27.83	26.00	22.35	7.26	8.92	12.03	0.29	0.33	0.36	41.49	41.76	41.95
	北海市	1.51	1.60	1.84	8.94	7.97	5.93	2.47	3.66	5.48	0.10	0.12	0.14	13.02	13.35	13.39
	钦州市	2.88	3.29	4.08	10.09	8.15	5.02	4.14	5.76	8.20	0.12	0.15	0.16	17.23	17.35	17.46
	防城港市	1.02	1.19	1.58	3.84	3.68	2.57	2.81	3.92	5.61	0.11	0.12	0.13	7.78	8.91	9.89
	合计	11.52	12.59	14.71	50.70	45.80	35.87	16.68	22.26	31.32	0.62	0.72	0.79	79.52	81.37	82.69
95%	南宁市	6.11	6.51	7.21	22.77	21.11	17.80	7.26	8.92	12.03	0.29	0.33	0.36	36.43	36.87	37.40
	北海市	1.51	1.60	1.84	7.38	6.50	4.65	2.47	3.66	5.48	0.10	0.12	0.14	11.46	11.88	12.11
	钦州市	2.88	3.29	4.08	8.20	6.48	3.63	4.06	5.66	8.10	0.12	0.15	0.16	15.25	15.57	15.97
	防城港市	1.02	1.19	1.58	3.12	2.97	1.93	2.69	3.76	5.41	0.11	0.12	0.13	6.94	8.03	9.06
	合计	11.52	12.59	14.71	41.47	37.06	28.01	16.48	22.00	31.02	0.62	0.72	0.79	70.08	72.35	74.54

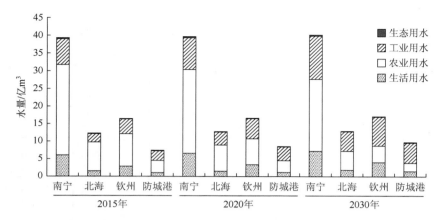

图 7-2   广西北部湾经济区 50%来水频率下各行业用水指标分配

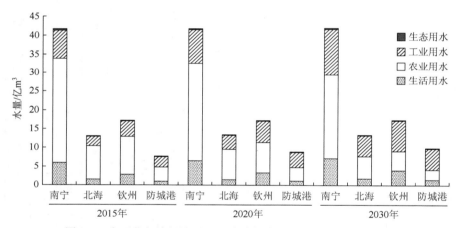

图 7-3   广西北部湾经济区 75%来水频率下各行业用水指标分配

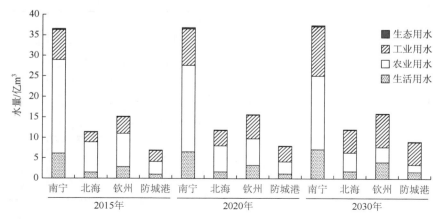

图 7-4   广西北部湾经济区 95%来水频率下各行业用水指标分配

7.1.2　区县不同行业用水总量控制方案

1. 南宁市

从表 7-2 中可以看出南宁市在 2015 年、2020 年及 2030 年三个水平年中，在 75%的来水频率下用水总量最高，分别为 414934 万 m^3、417586 万 m^3、419512 万 m^3。其中农业用水量所占比重最高，分别约为 67%、62%、53%，其余三项中工业用水所占比重比生活用水高出约 3%、6%、11%。在 95%的来水频率下农业仍然是主要用水行业，但其用水量所占的比重略低于其余两个来水频率下的情况，而工业用水量和生活用水量所占的比重略高于其余两个来水频率下的情况。从整体趋势上来看，农业用水所占比重不断降低，而工业用水与生活用水均在持续升高，其中工业用水增长了约 12 个百分点（图 7-5～图 7-8）。

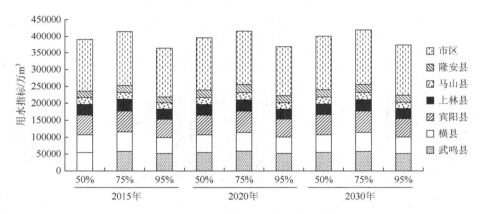

图 7-5　南宁市不同频率下各区县用水指标分配

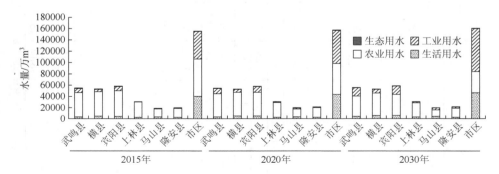

图 7-6　南宁市 50%频率下各行业用水指标分配

表 7-2　南宁市不同来水频率下各行业用水指标分配

单位：万 m³

频率	县级行政区	水资源三级区	生活 2015年	生活 2020年	生活 2030年	农业 2015年	农业 2020年	农业 2030年	工业 2015年	工业 2020年	工业 2030年	生态环境 2015年	生态环境 2020年	生态环境 2030年	用水总量 2015年	用水总量 2020年	用水总量 2030年
50%	武鸣县	右江	3259	3579	3870	43501	41106	36929	7689	9649	13894	504	573	632	54953	54906	55324
	横县	左江及郁江干流	5177	5297	6148	43361	42048	39213	4164	5265	7537	448	515	571	53150	53124	53469
	宾阳县	红水河	4539	4832	5461	45393	42530	37828	7722	10115	14523	636	756	830	58290	58234	58642
	上林县	红水河	2657	2812	3237	26992	26473	25377	1176	1486	2209	205	248	275	31029	31019	31098
	马山县	红水河	3056	3173	3865	14055	14066	12161	2089	2625	3855	275	313	357	19476	20176	20238
	隆安县	右江	2353	2265	2600	15700	17514	16631	1315	1508	2099	339	356	396	19708	21643	21726
	市区	左江及郁江干流	40059	43142	46920	66304	54739	36881	48445	58552	76183	492	540	539	155300	156973	160523
	全市		61100	65100	72100	255306	238476	205020	72600	89200	120300	2900	3300	3600	391906	396076	401020
75%	武鸣县	右江	3259	3579	3870	47425	44813	40260	7689	9649	13894	504	573	632	58877	58614	58655
	横县	左江及郁江干流	5177	5297	6148	47272	45841	42750	4164	5265	7537	448	515	571	57061	56917	57006
	宾阳县	红水河	4539	4832	5461	49488	46367	41240	7722	10115	14523	636	756	830	62384	62070	62054
	上林县	红水河	2657	2812	3237	29426	28861	27666	1176	1486	2209	205	248	275	33464	33407	33386
	马山县	红水河	3056	3173	3865	15322	15334	13258	2089	2625	3855	275	313	357	20743	21444	21335
	隆安县	右江	2353	2265	2600	17116	19094	18131	1315	1508	2099	339	356	396	21124	23223	23226
	市区	左江及郁江干流	40059	43142	46920	72285	59676	40207	48445	58552	76183	492	540	539	161280	161911	163850
	全市		61100	65100	72100	278334	259986	223512	72600	89200	120300	2900	3300	3600	414934	417586	419512
95%	武鸣县	右江	3259	3579	3870	39872	37577	33482	7689	9649	13894	504	573	632	51324	51377	51877
	横县	左江及郁江干流	5177	5297	6148	39297	38030	35227	4164	5265	7537	448	515	571	49087	49107	49483
	宾阳县	红水河	4539	4832	5461	41191	38416	33788	7722	10115	14523	636	756	830	54088	54119	54601
	上林县	红水河	2657	2812	3237	24588	24098	23018	1176	1486	2209	205	248	275	28625	28645	28738
	马山县	红水河	3056	3173	3865	12594	12568	10695	2089	2625	3855	275	313	357	18015	18678	18772
	隆安县	右江	2353	2265	2600	14388	16066	15204	1315	1508	2099	339	356	396	18396	20195	20299
	市区	左江及郁江干流	40059	43142	46920	55733	44353	26616	48445	58552	76183	492	540	539	144729	146587	150258
	全市		61100	65100	72100	227664	211108	178029	72600	89200	120300	2900	3300	3600	364264	368708	374029

注：表中数据因小数变整数涉及四舍五入的问题，有相差±1的情况。

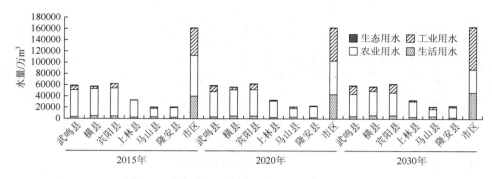

图 7-7　南宁市 75%频率下各行业用水指标分配

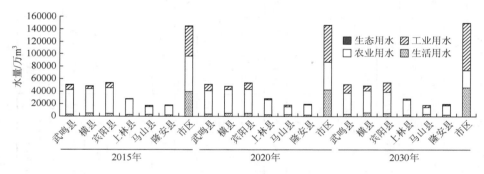

图 7-8　南宁市 95%频率下各行业用水指标分配

2. 北海市

从表 7-3 中可以看出北海市在 2015 年、2020 年及 2030 年三个水平年中,在 75%的来水频率下用水总量最高,分别为 130205 万 m^3、133530 万 m^3、133870 万 m^3。其中农业用水量所占比重最高,分别为 69%、60%、44%,其余三项中工业用水所占比重比生活用水约高出 7 个百分点、15 个百分点、27 个百分点。在 95%的来水频率下农业仍然是主要用水行业,但其用水量所占的比重略低于其余两个来水频率下的情况,而工业用水量和生活用水量所占的比重略高于其余两个来水频率下的情况。从整体趋势上来看,农业用水所占比重不断降低,而工业用水与生活用水均在持续升高,其中工业用水增长了约 22 个百分点(图 7-9~图 7-12)。

3. 钦州市

从不同年份上分析,钦州市在 2015 年及 2020 年 50%频率情况下农业用水量所占比重最高,分别约占 57%和 45%(表 7-4)。其余三项中工业用水所占比重比生活用水高出约 8%和 15%。但是在 2030 年这个水平年中,工业用水量所占比重继续上升,超过 48%,超过农业成为主要用水行业。从不同来水条件上分析,在 75%的来

表7-3 北海市不同来水频率下各行业用水指标分配

单位：万 m³

频率	县级行政区	水资源三级区	生活			农业			工业			生态环境			用水总量		
			2015年	2020年	2030年	2015年	2020年	2030年	2015年	2020年	2030年	2015年	2020年	2030年	2015年	2020年	2030年
50%	铁山港区	桂南诸河	3006	3578	4975	7546	7353	7363	6286	8539	14341	210	274	366	17048	19744	27044
	银海区	桂南诸河	2490	2556	2423	6251	5252	3585	5208	6099	6984	174	196	178	14123	14103	13170
	海城区	桂南诸河	2775	3176	3829	6965	6527	5666	5803	7581	11036	194	243	281	15737	17528	20811
	市区小计	桂南诸河	8272	9310	11227	20762	19132	16614	17296	22219	32360	578	713	825	46907	51375	61026
	合浦县	桂南诸河	6828	6690	7173	61246	54002	37752	7404	14381	22440	422	487	575	75901	75559	67940
	全市	桂南诸河	15100	16000	18400	82008	73134	54366	24700	36600	54800	1000	1200	1400	122808	126934	128966
75%	铁山港区	桂南诸河	3006	3578	4975	8226	8016	8027	6286	8539	14341	210	274	366	17729	20407	27708
	银海区	桂南诸河	2490	2556	2423	6815	5726	3909	5208	6099	6984	174	196	178	14686	14577	13494
	海城区	桂南诸河	2775	3176	3829	7593	7116	6177	5803	7581	11036	194	243	281	16365	18117	21322
	市区小计	桂南诸河	8272	9310	11227	22634	20858	18112	17296	22219	32360	578	713	825	48780	53101	62524
	合浦县	桂南诸河	6828	6690	7173	66771	58872	41158	7404	14381	22440	422	487	575	81425	80430	71345
	全市	桂南诸河	15100	16000	18400	89405	79730	59270	24700	36600	54800	1000	1200	1400	130205	133530	133870
95%	铁山港区	桂南诸河	3006	3578	4975	6505	6217	5786	6286	8539	14341	210	274	366	16007	18608	25468
	银海区	桂南诸河	2490	2556	2423	5483	4529	2932	5208	6099	6984	174	196	178	13355	13380	12517
	海城区	桂南诸河	2775	3176	3829	6153	5612	4556	5803	7581	11036	194	243	281	14924	16613	19702
	市区小计	桂南诸河	8272	9310	11227	18141	16358	13275	17296	22219	32360	578	713	825	44287	48601	57687
	合浦县	桂南诸河	6828	6690	7173	55706	48665	33199	7404	14381	22440	422	487	575	70360	70222	63387
	全市	桂南诸河	15100	16000	18400	73847	65023	46474	24700	36600	54800	1000	1200	1400	114647	118823	121074

注：表中数据因小数变整数涉及四舍五入的问题，有相差±1的情况。

表 7-4　钦州市不同来水频率下各行业用水指标分配

单位：万 m³

频率	县级行政区	水资源三级区	生活			农业			工业			生态环境			用水总量		
			2015年	2020年	2030年	2015年	2020年	2030年	2015年	2020年	2030年	2015年	2020年	2030年	2015年	2020年	2030年
50%	钦州港区	桂南沿海	1230	1744	1884	14	8	5	12081	14738	14894	76	109	117	13400	16600	16900
	钦南区	桂南沿海	6549	7755	9668	22346	17231	10499	7429	11133	17253	415	518	486	36738	36638	37906
	钦北区	桂南沿海	4659	5414	7144	17118	14341	8834	6094	8012	12328	165	214	267	28036	27981	28573
	灵山县	桂南沿海	7643	8717	11306	33913	27918	17468	8993	13711	22485	276	344	375	50825	50691	51634
		左郁江	2547	2905	3712	7698	6404	3998	2353	3258	4952	92	115	125	12691	12682	12787
		小计	10190	11623	15018	41611	34322	21465	11346	16969	27437	369	459	500	63516	63373	64421
	浦北县	桂南沿海	4630	4773	5318	9217	7148	4192	3491	5394	8224	132	149	172	17469	17465	17906
		左郁江	1543	1591	1769	2209	1715	1007	959	1353	1864	44	50	57	4755	4709	4696
		小计	6173	6364	7086	11426	8864	5198	4450	6747	10088	175	199	230	22224	22174	22602
	全市		28800	32900	40800	92514	74766	46002	41400	57600	82000	1200	1500	1600	163914	166766	170402
75%	钦州港区	桂南沿海	1230	1744	1884	15	9	5	12081	14738	14894	76	109	117	13402	16601	16901
	钦南区	桂南沿海	6549	7755	9668	24361	18786	11446	7429	11133	17253	415	518	486	38754	38192	38853
	钦北区	桂南沿海	4659	5414	7144	18662	15634	9631	6094	8012	12328	165	214	267	29580	29275	29370
	灵山县	桂南沿海	7643	8717	11306	36972	30436	19043	8993	13711	22485	276	344	375	53884	53209	53209
		左郁江	2547	2905	3712	8392	6981	4358	2353	3258	4952	92	115	125	13385	13260	13148
		小计	10190	11623	15018	45364	37417	23401	11346	16969	27437	369	459	500	67269	66469	66357

续表

频率	县级行政区	水资源三级区	生活			农业			工业			生态环境			用水总量		
			2015年	2020年	2030年	2015年	2020年	2030年	2015年	2020年	2030年	2015年	2020年	2030年	2015年	2020年	2030年
75%	浦北县	桂南沿海	4630	4773	5318	10048	7793	4570	3491	5394	8224	132	149	172	18301	18110	18284
		左郁江	1543	1591	1769	2408	1870	1097	959	1353	1864	44	50	57	4954	4863	4787
		小计	6173	6364	7086	12456	9663	5667	4450	6747	10088	175	199	230	23255	22973	23071
	全市		28800	32900	40800	100858	81510	50151	41400	57600	82000	1200	1500	1600	172258	173510	174551
95%	钦州港区	桂南沿海	1230	1744	1884	13	8	5	11252	13715	13853	76	109	117	12571	15577	15858
	钦南区	桂南沿海	6549	7755	9668	19739	14761	8076	7429	11133	17253	415	518	486	34131	34168	35483
	钦北区	桂南沿海	4659	5414	7144	15175	12494	7055	6094	8012	12328	165	214	267	26093	26134	26793
	灵山县	桂南沿海	7643	8717	11306	30291	24483	14171	8993	13711	22485	276	344	375	47203	47256	48337
		左郁江	2547	2905	3712	6803	5552	3185	2353	3258	4952	92	115	125	11796	11831	11974
		小计	10190	11623	15018	37094	30035	17356	11346	16969	27437	369	459	500	58999	59087	60311
	浦北县	桂南沿海	4630	4773	5318	8036	6026	3098	3491	5394	8224	132	149	172	16288	16343	16812
		左郁江	1543	1591	1769	1905	1432	738	959	1353	1864	44	50	57	4451	4425	4427
		小计	6173	6364	7086	9941	7458	3836	4450	6747	10088	175	199	230	20740	20768	21239
	全市		28800	32900	40800	81962	64757	36327	40571	56577	80958	1200	1500	1600	152533	155733	159685

注：表中数据因小数变整数涉及四舍五入的问题，有相差±1 的情况。

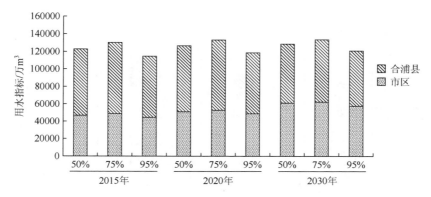

图 7-9 北海市不同来水频率下各区县用水指标分配

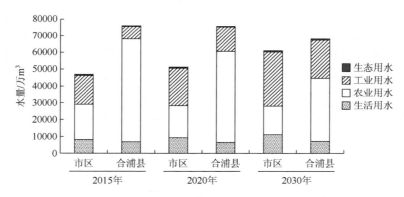

图 7-10 北海市 50%来水频率下各行业用水指标分配

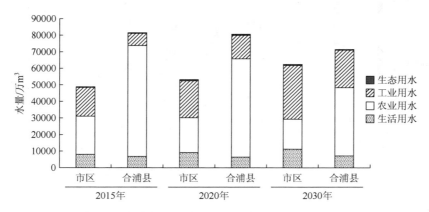

图 7-11 北海市 75%来水频率下各行业用水指标分配

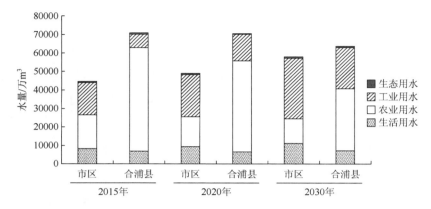

图 7-12　北海市 95%来水频率下各行业用水指标分配

水频率下用水总量最高，分别为 172258 万 m³、173510 万 m³、174551 万 m³，其中农业用水所占比例大于另外两个来水频率下的情况。在 95%的来水频率下，农业用水有所下降，而生活用水量与工业用水量所占的比重均大于另外两个来水频率下的情况。从整体趋势上看，农业用水所占比重不断降低，而工业用水与生活用水均在持续升高，其中工业用水最高约增长了 24 个百分点，见图 7-13～图 7-16。

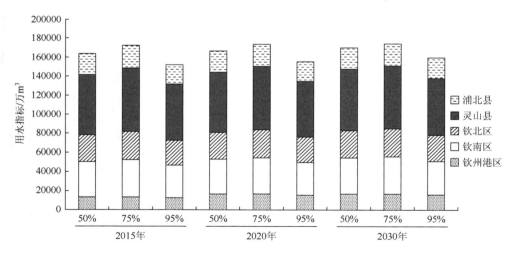

图 7-13　钦州市不同来水频率下各区县用水指标分配

4. 防城港市

从不同年份上分析，防城港市在 2015 年、2020 年及 2030 年三个水平年中，在 75%来水频率下，2015 年农业用水量所占比重最高，约占 48%（表 7-5）。其余三项中工业用水所占比重比生活用水高出约 23%。但是在 2020 年、2030 年这两个水平

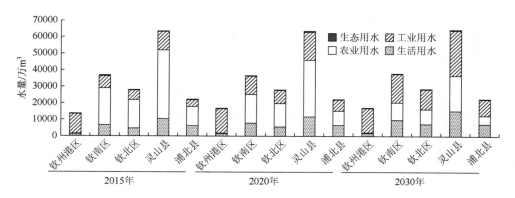

图 7-14　钦州市 50%来水频率下各行业用水指标分配

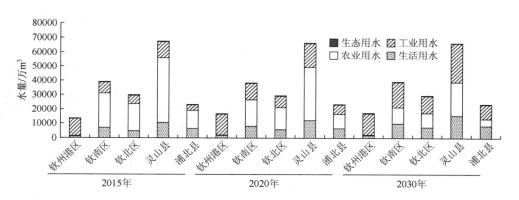

图 7-15　钦州市 75%来水频率下各行业用水指标分配

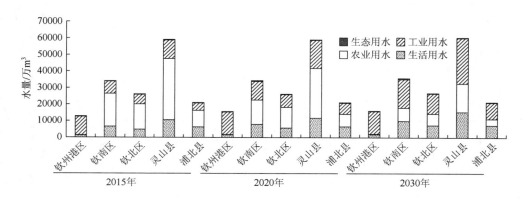

图 7-16　钦州市 95%来水频率下各行业用水指标分配

表 7-5 防城港市不同来水频率下各行业用水指标分配

单位：万 m³

频率	县级行政区	水资源三级区	生活 2015年	生活 2020年	生活 2030年	农业 2015年	农业 2020年	农业 2030年	工业 2015年	工业 2020年	工业 2030年	生态环境 2015年	生态环境 2020年	生态环境 2030年	用水总量 2015年	用水总量 2020年	用水总量 2030年
50%	上思县	左江及郁江干流	1925	2063	2474	12522	12164	9093	4986	6274	11294	214	237	217	19646	20739	23078
	防城区	桂南诸河	3306	3539	4230	16283	16394	11635	5485	6746	12223	246	244	241	25319	26921	28328
	东兴市	桂南诸河	2349	2880	4280	4400	4232	2338	3058	4365	6146	279	306	381	10086	11783	13146
	港口区	桂南诸河	2620	3418	4815	1986	973	495	14572	21815	26438	361	414	461	19539	26619	32210
	全市		10200	11900	15800	35190	33762	23562	28100	39200	56100	1100	1200	1300	74590	86062	96762
75%	上思县	左江及郁江干流	1925	2063	2474	13651	13261	9913	4986	6274	11294	214	237	217	20775	21836	23898
	防城区	桂南诸河	3306	3539	4230	17751	17872	12684	5485	6746	12223	246	244	241	26788	28400	29378
	东兴市	桂南诸河	2349	2880	4280	4797	4613	2549	3058	4365	6146	279	306	381	10483	12165	13357
	港口区	桂南诸河	2620	3418	4815	2165	1061	540	14572	21815	26438	361	414	461	19718	26707	32254
	全市		10200	11900	15800	38364	36807	25687	28100	39200	56100	1100	1200	1300	77764	89107	98887
95%	上思县	左江及郁江干流	1925	2063	2474	11103	10737	7582	4986	6274	11294	214	237	217	18227	19312	21567
	防城区	桂南诸河	3306	3539	4230	14441	14508	9754	5485	6746	12223	246	244	241	23478	25036	26447
	东兴市	桂南诸河	2349	2880	4280	3706	3460	1519	3058	4365	6146	279	306	381	9392	11011	12326
	港口区	桂南诸河	2620	3418	4815	1947	954	486	13373	20198	24475	361	414	461	18301	24983	30237
	全市		10200	11900	15800	31198	29658	19340	26901	37583	54137	1100	1200	1300	69399	80341	90577

注：表中数据因小数变整数涉及四舍五入的问题，有相差±1的情况。

年中，工业用水量所占比重持续上升，分别达到约 45% 与 59%，超过农业成为主
要用水行业。从不同来水条件上分析，在 75% 的来水频率下用水总量最高，分别
为 77764 万 m^3、89107 万 m^3、98887 万 m^3，其中农业用水所占比例大于另外两个
来水频率下的情况。在 95% 的来水频率下，农业用水有所下降而生活用水量与工
业用水量所占的比重均大于另外两个来水频率下的情况。从整体趋势上看，农业
用水所占比重不断降低，而工业用水与生活用水均在持续升高，其中工业用水
最高约增长了 21 个百分点。这与防城港市不断加快产业结构优化调整、提高第
二产业所占 GDP 比重有关。2011 年防城港市第二产业所占 GDP 比重已超过 50%
（图 7-17～图 7-20）。

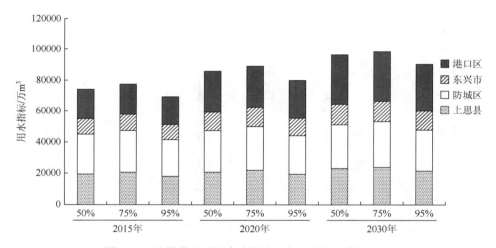

图 7-17　防城港市不同来水频率下各区县用水指标分配

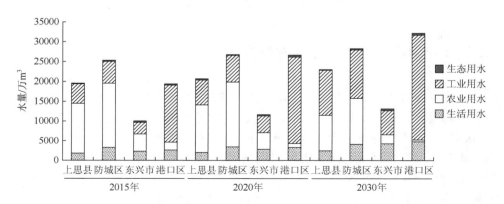

图 7-18　防城港市 50% 来水频率下各行业用水指标分配

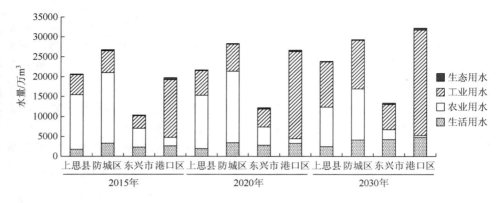

图 7-19　防城港市 75% 来水频率下各行业用水指标分配

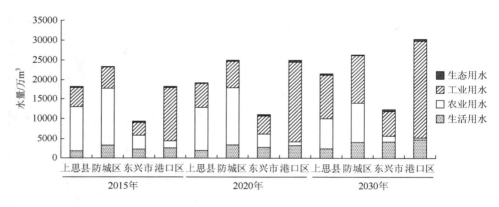

图 7-20　防城港市 95% 来水频率下各行业用水指标分配

7.2　不同来水频率条件下区域取水总量控制方案

7.2.1　地市不同水源取水总量控制方案

从表 7-6 可以看出，广西北部湾经济区在 75% 来水频率条件下的取水总量控制指标最高，2015 年、2020 年、2030 年分别为 79.52 亿 m³、81.37 亿 m³、82.68 亿 m³。其中地表水为主要取水水源，三年分别为 94.2%、92.9%、92.8%。南宁市为主要取水区域，南宁市取水量三年分别占取水总量的 52.2%、51.3%、50.7%。在 95% 来水频率下地表水取水量所占的比重略有下降，地下水取水量没有发生变化，但所占比略有上升（图 7-21～图 7-23）。

表7-6　广西北部湾经济区不同来水频率下不同水源取水指标分配　单位：亿 m³

频率	地级行政区	水源取水总量控制指标										
		地表水			地下水			其他水			总计		
		2015 年	2020 年	2030 年	2015 年	2020 年	2030 年	2015 年	2020 年	2030 年	2015 年	2020 年	2030 年
50%	南宁市	37.01	37.07	37.45	1.99	2.07	2.18	0.19	0.47	0.47	39.19	39.61	40.1
	北海市	10.73	10.91	11.12	1.42	1.39	1.35	0.13	0.39	0.43	12.28	12.69	12.9
	钦州市	15.61	15.58	15.92	0.64	0.66	0.67	0.14	0.44	0.45	16.39	16.68	17.04
	防城港市	7.33	8.23	9.28	0.01	0.01	0.01	0.12	0.37	0.39	7.46	8.61	9.68
	合计	70.68	71.78	73.77	4.06	4.13	4.21	0.58	1.67	1.74	75.32	77.58	79.72
75%	南宁市	39.31	39.22	39.3	1.99	2.07	2.18	0.19	0.47	0.47	41.49	41.76	41.95
	北海市	11.47	11.57	11.61	1.42	1.39	1.35	0.13	0.39	0.43	13.02	13.35	13.39
	钦州市	16.45	16.25	16.34	0.64	0.66	0.67	0.14	0.44	0.45	17.23	17.35	17.46
	防城港市	7.65	8.53	9.49	0.01	0.01	0.01	0.12	0.37	0.39	7.78	8.91	9.89
	合计	74.88	75.57	76.73	4.06	4.13	4.21	0.58	1.67	1.74	79.52	81.37	82.68
95%	南宁市	34.25	34.33	34.75	1.99	2.07	2.18	0.19	0.47	0.47	36.43	36.87	37.4
	北海市	9.91	10.1	10.33	1.42	1.39	1.35	0.13	0.39	0.43	11.46	11.88	12.11
	钦州市	14.47	14.47	14.85	0.64	0.66	0.67	0.14	0.44	0.45	15.25	15.57	15.97
	防城港市	6.81	7.65	8.66	0.01	0.01	0.01	0.12	0.37	0.39	6.94	8.03	9.06
	合计	65.44	66.56	68.59	4.06	4.13	4.21	0.58	1.67	1.74	70.08	72.36	74.54

注：表中数据因小数变整数涉及四舍五入的问题，有相差±1 的情况。

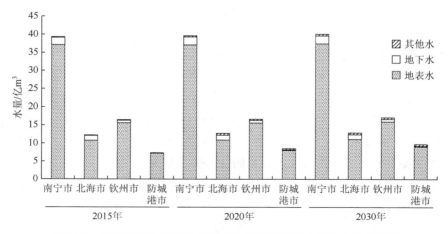

图 7-21　广西北部湾经济区 50%来水频率下不同水源取水指标分配

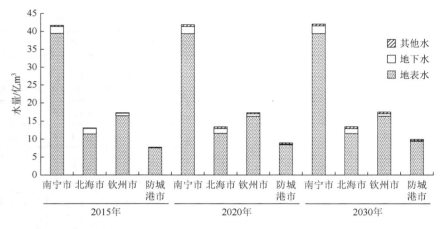

图 7-22　广西北部湾经济区 75%来水频率下不同水源取水指标分配

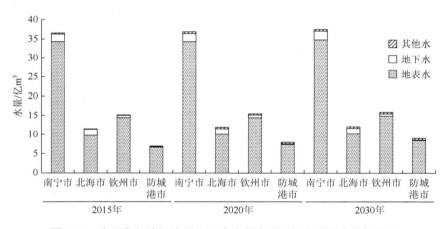

图 7-23　广西北部湾经济区 95%来水频率下不同水源取水指标分配

7.2.2　区县不同水源取水总量控制方案

1. 南宁市

从表 7-7 可以看出南宁市在 2015 年、2020 年、2030 年三个水平年中，在 50%来水频率下，地表水为主要取水水源，三个水平年分别约为 94.4%、93.6%、93.4%。市区为主要取水区域，约占取水总量的 39.6%、39.6%、40.0%。主要取水水系为左江及郁江干流，取水量所占比重约达到 53%。在 75%来水频率条件下的取水总量控制指标最高，分别为 414934 万 m³、417586 万 m³、419512 万 m³。在 95%来水频率下地表水取水量所占的比重略有下降，地下水取水量没有发生变化，但所占比重略有上升（图 7-24～图 7-26）。

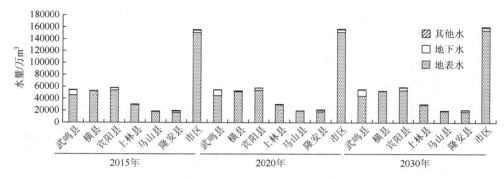

图 7-24　南宁市 50%来水频率下不同水源取水指标分配

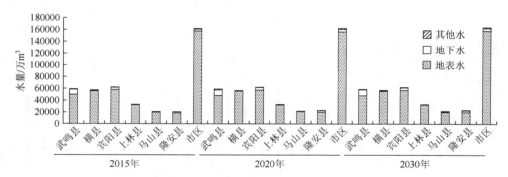

图 7-25　南宁市 75%来水频率下不同水源取水指标分配

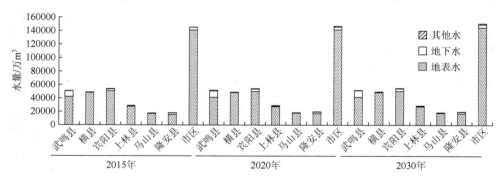

图 7-26　南宁市 95%来水频率下不同水源取水指标分配

2. 北海市

从表 7-8 可以看出北海市在 2015 年、2020 年、2030 年三个水平年中，在 50%来水频率下，地表水为主要取水水源，三个水平年分别约为 87.4%、86.0%、86.2%。合浦县为主要取水区域，分别约占取水总量的 61.8%、59.5%、52.7%。主要取水水系为左江及郁江干流，取水量所占比重约达到 53%。在 75%来水频率条件下的取水总量控制指标最高，分别为 130205 万 m^3、133530 万 m^3、133870 万 m^3。

表 7-7　南宁市不同来水频率下不同水源取水指标分配

单位：万 m³

频率	县级行政区	水资源三级区	水源取水总量控制指标											
			地表水			地下水			其他水			总计		
			2015年	2020年	2030年	2015年	2020年	2030年	2015年	2020年	2030年	2015年	2020年	2030年
50%	武鸣县	右江	45629	44720	44642	8985	9346	9843	339	839	839	54953	54906	55324
	横县	左江及郁江干流	52673	52331	52661	270	280	295	207	513	513	53150	53124	53469
	宾阳县	红水河	54313	53748	53949	3734	3884	4090	244	602	602	58290	58234	58642
	上林县	红水河	30769	30446	30522	50	52	55	210	521	521	31029	31019	31098
	马山县	红水河	19395	19985	20047	6	6	6	75	185	185	19476	20176	20238
	隆安县	右江	16498	18168	18078	3114	3239	3411	96	237	237	19708	21643	21726
	市区	左江及郁江干流	150829	151278	154621	3742	3893	4100	729	1803	1803	155300	156973	160523
	全市		370106	370676	374520	19900	20700	21800	1900	4700	4700	391906	396076	401020
75%	武鸣县	右江	49552	48428	47973	8985	9346	9843	339	839	839	58877	58614	58655
	横县	左江及郁江干流	56584	56124	56198	270	280	295	207	513	513	57061	56917	57006
	宾阳县	红水河	58407	57584	57361	3734	3884	4090	244	602	602	62384	62070	62054
	上林县	红水河	33203	32834	32811	50	52	55	210	521	521	33464	33407	33386
	马山县	红水河	20663	21253	21144	6	6	6	75	185	185	20743	21444	21335
	隆安县	右江	17914	19748	19578	3114	3239	3411	96	237	237	21124	23223	23226
	市区	左江及郁江干流	156809	156215	157947	3742	3893	4100	729	1803	1803	161280	161911	163850
	全市		393134	392186	393012	19900	20700	21800	1900	4700	4700	414934	417586	419512
95%	武鸣县	右江	41999	41192	41195	8985	9346	9843	339	839	839	51324	51377	51877
	横县	左江及郁江干流	48610	48313	48675	270	280	295	207	513	513	49087	49107	49483
	宾阳县	红水河	50111	49633	49909	3734	3884	4090	244	602	602	54088	54119	54601
	上林县	红水河	28365	28072	28163	50	52	55	210	521	521	28625	28645	28738
	马山县	红水河	17934	18487	18580	6	6	6	75	185	185	18015	18678	18772
	隆安县	右江	15187	16719	16652	3114	3239	3411	96	237	237	18396	20195	20299
	市区	左江及郁江干流	140258	140892	144356	3742	3893	4100	729	1803	1803	144729	146587	150258
	全市		342464	343308	347529	19900	20700	21800	1900	4700	4700	364264	368708	374029

注：表中数据因小数变整数涉及四舍五入的问题，有相差±1 的情况。

表 7-8　北海市不同来水频率下不同水源取水指标分配

单位：万 m³

频率	县级行政区	水资源三级区	水源取水总量控制指标											
			地表水			地下水			其他水			总计		
			2015 年	2020 年	2030 年	2015 年	2020 年	2030 年	2015 年	2020 年	2030 年	2015 年	2020 年	2030 年
50%	铁山港区	桂南诸河	14548	16144	23244	1700	1700	1700	800	1900	2100	17048	19744	27044
	银海区	桂南诸河	10523	10103	9470	3400	3400	3200	200	600	500	14123	14103	13170
	海城区	桂南诸河	11037	12828	16211	4400	4100	3900	300	600	700	15737	17528	20811
	市区小计	桂南诸河	36107	39075	48926	9500	9200	8800	1300	3100	3300	46907	51375	61026
	合浦县	桂南诸河	71201	70059	62240	4700	4700	4700	0	800	1000	75901	75559	67940
	全市		107308	109134	111166	14200	13900	13500	1300	3900	4300	122808	126934	128966
75%	铁山港区	桂南诸河	15229	16807	23908	1700	1700	1700	800	1900	2100	17729	20407	27708
	银海区	桂南诸河	11086	10577	9794	3400	3400	3200	200	600	500	14686	14577	13494
	海城区	桂南诸河	11665	13417	16722	4400	4100	3900	300	600	700	16365	18117	21322
	市区小计	桂南诸河	37980	40801	50424	9500	9200	8800	1300	3100	3300	48780	53101	62524
	合浦县	桂南诸河	76725	74930	65645	4700	4700	4700	0	800	1000	81425	80430	71345
	全市		114705	115730	116070	14200	13900	13500	1300	3900	4300	130205	133530	133870
95%	铁山港区	桂南诸河	13507	15008	21668	1700	1700	1700	800	1900	2100	16007	18608	25468
	银海区	桂南诸河	9755	9380	8817	3400	3400	3200	200	600	500	13355	13380	12517
	海城区	桂南诸河	10224	11913	15102	4400	4100	3900	300	600	700	14924	16613	19702
	市区小计	桂南诸河	33487	36301	45587	9500	9200	8800	1300	3100	3300	44287	48601	57687
	合浦县	桂南诸河	65660	64722	57687	4700	4700	4700	0	800	1000	70360	70222	63387
	全市		99147	101023	103274	14200	13900	13500	1300	3900	4300	114647	118823	121074

注：表中数据因小数变整数涉及四舍五入的问题，有相差±1 的情况。

在 95%来水频率下地表水取水量所占的比重略有下降，地下水取水量没有发生变化，但所占比重略有上升（图 7-27～图 7-29）。

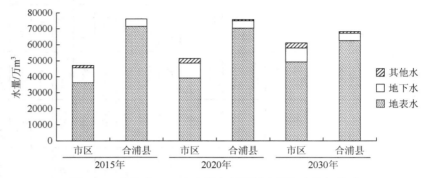

图 7-27 北海市 50%来水频率下不同水源取水指标分配

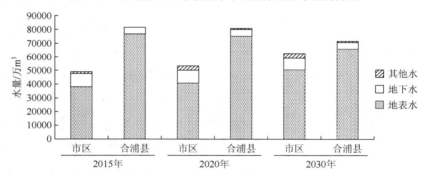

图 7-28 北海市 75%来水频率下不同水源取水指标分配

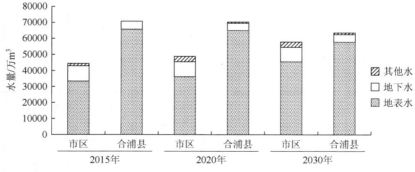

图 7-29 北海市 95%来水频率下不同水源取水指标分配

3. 钦州市

从表 7-9 可以看出钦州市在 2015 年、2020 年、2030 年三个水平年中，在 50%来水频率下，地表水为主要取水水源，约占 94%。灵山县为主要取水区域，约占取水总量的 39%。主要取水水系为桂南沿海河流，取水量所占比重约达到 90%。在

表 7-9 钦州市不同来水频率下不同水源取水指标分配

单位：万 m³

频率	县级行政区	水资源三级区	地表水			地下水			其他水			总计		
			2015年	2020年	2030年	2015年	2020年	2030年	2015年	2020年	2030年	2015年	2020年	2030年
50%	钦州港区	桂南沿海	13369	16503	16801	0	0	0	31	97	100	13400	16600	16900
	钦南区	桂南沿海	35424	34729	35962	1052	1085	1102	262	824	842	36738	36638	37906
	钦北区	桂南沿海	26258	25540	26088	1490	1537	1560	288	904	925	28036	27981	28573
	灵山县	桂南沿海	48355	47112	47989	1981	2043	2074	489	1536	1571	50825	50691	51634
		左郁江	12157	11839	11928	395	407	413	139	436	446	12691	12682	12787
		小计	60513	58951	59917	2376	2450	2487	627	1972	2017	63516	63373	64421
	浦北县	桂南沿海	16315	15982	16396	1016	1048	1064	139	436	446	17469	17465	17906
		左郁江	4236	4062	4038	466	480	488	53	167	170	4755	4709	4696
		小计	20551	20043	20435	1482	1528	1551	192	603	616	22224	22174	22602
	全市		156114	155766	159202	6400	6600	6700	1400	4400	4500	163914	166766	170402
75%	钦州港区	桂南沿海	13371	16504	16801	0	0	0	31	97	100	13402	16601	16901
	钦南区	桂南沿海	37439	36283	36909	1052	1085	1102	262	824	842	38754	38192	38853
	钦北区	桂南沿海	27802	26833	26885	1490	1537	1560	288	904	925	29580	29275	29370
	灵山县	桂南沿海	51414	49630	49565	1981	2043	2074	489	1536	1571	53884	53209	53209
		左郁江	12852	12417	12288	395	407	413	139	436	446	13385	13260	13148
		小计	64266	62046	61853	2376	2450	2487	627	1972	2017	67269	66469	66357

续表

水源取水总量控制指标

频率	县级行政区	水资源三级区	地表水			地下水			其他水			总计		
			2015年	2020年	2030年	2015年	2020年	2030年	2015年	2020年	2030年	2015年	2020年	2030年
75%	浦北县	桂南沿海	17146	16626	16774	1016	1048	1064	139	436	446	18301	18110	18284
		左郁江	4435	4216	4129	466	480	488	53	167	170	4954	4863	4787
		小计	21581	20843	20903	1482	1528	1551	192	603	616	23255	22973	23071
	全市		164458	162510	163351	6400	6600	6700	1400	4400	4500	172258	173510	174551
95%	钦州港区	桂南沿海	12540	15480	15759	0	0	0	31	97	100	12571	15577	15858
	钦南区	桂南沿海	32816	32259	33539	1052	1085	1102	262	824	842	34131	34168	35483
	钦北区	桂南沿海	24315	23693	24308	1490	1537	1560	288	904	925	26093	26134	26793
	灵山县	桂南沿海	44733	43677	44693	1981	2043	2074	489	1536	1571	47203	47256	48337
		左郁江	11262	10987	11115	395	407	413	139	436	446	11796	11831	11974
		小计	55995	54665	55807	2376	2450	2487	627	1972	2017	58999	59087	60311
	浦北县	桂南沿海	15134	14859	15303	1016	1048	1064	139	436	446	16288	16343	16812
		左郁江	3933	3778	3770	466	480	488	53	167	170	4451	4425	4427
		小计	19066	18638	19072	1482	1528	1551	192	603	616	20740	20768	21239
	全市		144733	144733	148485	6400	6600	6700	1400	4400	4500	152533	155733	159685

注：表中数据因小数变整数涉及四舍五入的问题，有相差±1的情况。

75%来水频率条件下的取水总量控制指标最高，分别为 172258 万 m³、173510 万 m³、174551 万 m³（图 7-30～图 7-32）。

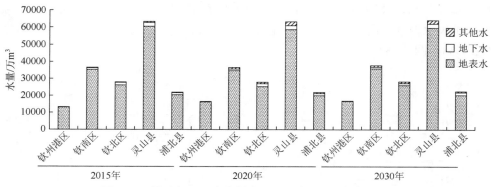

图 7-30　钦州市 50%来水频率下不同水源取水指标分配

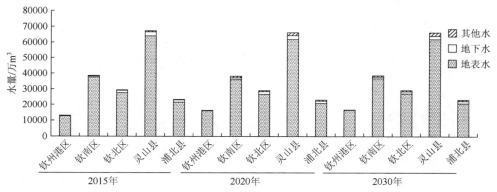

图 7-31　钦州市 75%来水频率下不同水源取水指标分配

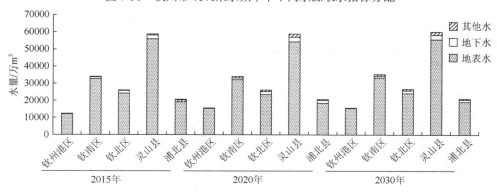

图 7-32　钦州市 95%来水频率下不同水源取水指标分配

4. 防城港市

从表 7-10 可以看出防城港市在 2015 年、2020 年、2030 年三个水平年中，在

50%来水频率下，地表水为主要取水水源，约占 96.5%。防城区和港口区为主要取水区域，约占取水总量的 62.2%、62.6%。在 75%来水频率条件下的取水总量控制指标最高，分别为 77764 万 m^3、89107 万 m^3、98887 万 m^3。在 95%来水频率下地表水取水量所占的比重略有下降，地下水和其他水源取水量所占比重极小（图 7-33～图 7-35）。

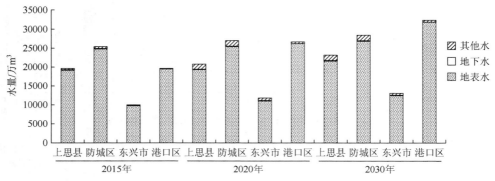

图 7-33　防城港市 50%来水频率下不同水源取水指标分配

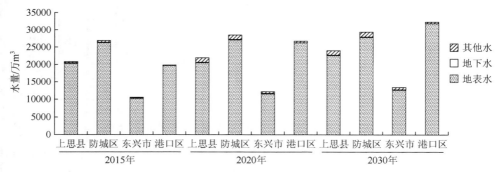

图 7-34　防城港市 75%来水频率下不同水源取水指标分配

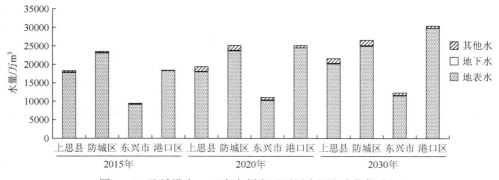

图 7-35　防城港市 95%来水频率下不同水源取水指标分配

第 7 章　广西北部湾经济区取用水总量动态控制方案　·163·

表 7-10　防城港市不同来水频率下不同水源取水指标分配

单位：万 m³

频率	县级行政区	水资源三级区	水源取水总量控制指标											
			地表水			地下水			其他水			总计		
			2015年	2020年	2030年	2015年	2020年	2030年	2015年	2020年	2030年	2015年	2020年	2030年
50%	上思县	左江及郁江干流	19161	19405	21677	78	78	78	407	1256	1324	19646	20739	23078
	防城区	桂南诸河	24866	25555	26889	15	15	15	438	1352	1425	25319	26921	28328
	东兴市	桂南诸河	9890	11195	12526	7	7	7	188	581	612	10086	11783	13146
	港口区	桂南诸河	19373	26108	31671	0	0	0	166	512	539	19539	26619	32210
	全市		73290	82262	92762	100	100	100	1200	3700	3900	74590	86062	96762
75%	上思县	左江及郁江干流	20290	20502	22497	78	78	78	407	1256	1324	20775	21836	23898
	防城区	桂南诸河	26335	27034	27938	15	15	15	438	1352	1425	26788	28400	29378
	东兴市	桂南诸河	10287	11576	12737	7	7	7	188	581	612	10483	12165	13357
	港口区	桂南诸河	19552	26195	31715	0	0	0	166	512	539	19718	26707	32254
	全市		76464	85307	94887	100	100	100	1200	3700	3900	77764	89107	98887
95%	上思县	左江及郁江干流	17742	17978	20165	78	78	78	407	1256	1324	18227	19312	21567
	防城区	桂南诸河	23025	23669	25007	15	15	15	438	1352	1425	23478	25036	26447
	东兴市	桂南诸河	9196	10423	11707	7	7	7	188	581	612	9392	11011	12326
	港口区	桂南诸河	18135	24471	29698	0	0	0	166	512	539	18301	24983	30237
	全市		68099	76541	86577	100	100	100	1200	3700	3900	69399	80341	90577

注：表中数据因小数变整数及四舍五入的问题，有相差±1 的情况。

7.3   各地市出境断面流量控制指标

根据广西北部湾经济区不同水平年南宁、北海、钦州、防城港四市基于耗水的水资源配置方案，开展供水方案下的区域水循环仿真模拟，检验水资源控制红线下的水资源配置方案的关键断面流量（南宁—南宁站、北海—常乐站、钦州—陆屋站、防城港—长岐站）是否满足河道生态流量要求，同时结合区域断面流量管理实际操作的角度，进而作为确定南宁、北海、钦州、防城港四市的出境断面控制流量阈值的依据，制定地市出境断面流量控制管理指标。

7.3.1   地市最低断面生态流量控制指标

最低河道生态流量阈值是确保河道生态健康的最低要求，根据区域河道生态需水计算分析，南宁、北海、钦州、防城港四市多年平均汛期最低断面生态流量指标控制分别为 $403.93\text{m}^3/\text{s}$、$48.27\text{m}^3/\text{s}$、$40.95\text{m}^3/\text{s}$、$18.02\text{m}^3/\text{s}$，非汛期分别为 $72.79\text{m}^3/\text{s}$、$6.78\text{m}^3/\text{s}$、$4.95\text{m}^3/\text{s}$、$2.53\text{m}^3/\text{s}$；各地市汛期、非汛期的出境断面流量控制见表 7-11。

表 7-11   北部湾经济区四市出境断面最低生态控制流量   单位：m^3/s

地市	频率	汛期	非汛期
南宁	多年平均（1956～2000 年）	403.93	72.79
	50%	402.53	72.54
	75%	340.09	49.03
	95%	284.27	27.32
北海	多年平均（1956～2000 年）	48.27	6.78
	50%	46.62	6.55
	75%	37.42	4.38
	95%	29.20	2.27
钦州	多年平均（1956～2000 年）	40.95	4.95
	50%	39.60	4.79
	75%	30.08	3.01
	95%	25.41	1.70
防城港	多年平均（1956～2000 年）	18.02	2.53
	50%	17.06	2.40
	75%	8.92	1.04
	95%	7.41	0.58

续表

地市	频率	汛期	非汛期
合计	多年平均（1956～2000 年）	511.17	87.06
	50%	505.80	86.27
	75%	416.50	57.46
	95%	346.28	31.86

7.3.2　区县交界断面流量控制管理指标

　　由于最低河道生态流量阈值是确保河道生态健康的最低要求，对于常态下的水资源开发利用管理的约束较弱，不能起到最严格水资源开发利用控制的作用，因此，根据南宁、北海、钦州、防城港四市各区县水资源开发利用控制红线下水资源细化配置方案的区域水循环仿真模拟和主要断面流量过程，确定未来不同水平年的水资源开发利用控制红线下的区县交界断面流量控制管理指标（表 7-12～表 7-15）。

表 7-12　南宁市各区县交界断面控制流量　　　　单位：m³/s

区县	交接断面	1 月	2 月	3 月	4 月	5 月	6 月	7 月	8 月	9 月	10 月	11 月	12 月
武鸣县	武鸣—隆安（武鸣河交界处）	15.2	14.0	14.7	20.8	39.2	84.3	121.8	128.1	98.1	48.7	31.1	18.6
隆安县	隆安—市区（右江交界处）	96.7	88.9	93.0	132.1	249.2	535.4	773.1	813.2	622.7	309.5	197.4	117.8
市区	市区—横县（邕江交界处）	302.7	278.1	291.2	413.4	779.8	1675.4	2419.6	2544.9	1948.6	968.6	617.8	368.7
横县	横县—贵港（邕江交界处）	349.1	320.8	335.8	476.9	899.4	1932.4	2790.7	2935.3	2247.5	1117.2	712.5	425.2
上林县	上林—宾阳（清水河交界处）	3.9	3.6	3.8	5.3	10.0	21.6	31.2	32.8	25.1	12.5	8.0	4.7
宾阳县	宾阳—来宾（清水河交界处）	14.8	13.6	14.2	20.2	38.2	82.0	118.4	124.5	95.3	47.4	30.2	18.0
马山县	马山流入洪水河	5.1	4.7	4.9	7.0	13.1	28.2	40.7	42.8	32.8	16.3	10.4	6.2

表 7-13　北海市各区县交界断面控制流量　　　　单位：m³/s

区县	交接断面	1 月	2 月	3 月	4 月	5 月	6 月	7 月	8 月	9 月	10 月	11 月	12 月
市区	市区—入海口	5.8	6.5	7.1	14.4	19.8	25.8	33.1	31.9	20.8	11.9	7.5	5.2
合浦县	南流江入海口	84.1	94.4	104.2	210.5	289.0	376.9	484.8	466.1	303.5	174.2	109.8	76.1

表 7-14　钦州市各区县交界断面控制流量　　　单位：m³/s

区县	交接断面	1月	2月	3月	4月	5月	6月	7月	8月	9月	10月	11月	12月
浦北县	浦北—北海（武利江交界处）	17.7	19.8	21.9	44.2	60.7	79.2	101.8	97.9	63.7	36.6	23.1	16.0
灵山县	灵山—市区（钦江+大风江交界处）	17.9	20.8	25.1	51.9	67.9	121.7	160.2	130.1	81.0	43.6	29.7	14.8
市区	市区—入海口	62.5	72.7	87.4	181.1	236.7	424.5	558.6	453.8	282.6	152.1	103.7	51.7

表 7-15　防城港市各区县交界断面控制流量　　　单位：m³/s

区县	交接断面	1月	2月	3月	4月	5月	6月	7月	8月	9月	10月	11月	12月
上思县	上思—崇左（明江交界处）	6.3	5.7	7.7	12.5	23.0	61.9	83.2	62.3	38.6	19.7	10.5	6.7
市区	市区入海口（防城河）	11.0	9.9	13.3	21.8	40.1	107.8	144.9	108.6	67.2	34.3	18.3	11.7
东兴市	东兴入海口（北仑河）	1.5	1.4	1.8	3.0	5.6	14.9	20.1	15.1	9.3	4.8	2.5	1.6

7.3.3　区域出境水量变化分析

在多年平均的来水条件下，广西北部湾经济区 2010 年、2015 年、2020 年、2030 年 4 个水平年总供水量分别为 68.67 亿 m³、74.41 亿 m³、76.76 亿 m³、79.07 亿 m³，总耗水量分别为 29.45 亿 m³、28.38 亿 m³、27.75 亿 m³、26.42 亿 m³，总出境水量分别为 293.13 亿 m³、294.20 亿 m³、294.83 亿 m³、296.16 亿 m³。南宁、北海、钦州、防城港四市各自出境水量详见表 7-16。

表 7-16　北部湾经济区四市多年平均出境水量变化　　　单位：亿 m³

行政分区	供水总量				耗水总量				出境水量			
	2010 年	2015 年	2020 年	2030 年	2010 年	2015 年	2020 年	2030 年	2010 年	2015 年	2020 年	2030 年
南宁市	36.94	38.69	39.14	39.7	16.31	15.50	15.23	14.80	109.32	110.14	110.40	110.84
北海市	10.92	12.12	12.55	12.79	4.86	4.56	4.40	3.99	22.61	22.91	23.07	23.47
钦州市	5.93	7.39	8.54	9.63	5.82	5.53	5.15	4.60	94.73	95.01	95.40	95.94
防城港市	14.88	16.21	16.53	16.95	2.46	2.79	2.98	3.02	66.48	66.15	65.96	65.91
总计	68.67	74.41	76.76	79.07	29.45	28.38	27.76	26.41	293.14	294.21	294.83	296.16

可以看出在 2015 年、2020 年、2030 年中广西各地市的出境水量基本保持稳定。虽然区域行业总用水量略有增加，但由于区域内部的用水结构发生了变化，南宁、北海、钦州、防城港四个城市已经进行了由传统农业化生产逐渐向现代工业化生产的产业转型，农业用水总量下降的幅度抵消了区域生活和工业的用水增加量，但生活和工业的耗水系数（0.3～0.4）远低于农业的耗水系数（0.7～0.8），也就是说同样的用水规模，生活、工业的退水量大于农业的退水量。全区总耗水系数 2010 年、2015 年、2020 年、2030 年分别为 43%、38%、36%、33%，耗水效率提高，使得出境水量保持在良好的控制水平。

与传统以需定供的水资源配置相比，基于耗水控制的区域取用水管 50%、75%、95%频率下四市总出境控制水量分别为 192 亿 m³、165 亿 m³、119 亿 m³，传统配置下的 50%、75%、95%频率下四市总出境水量分别为 192 亿 m³、172 亿 m³、125 亿 m³，可以看出对于偏枯年份，常规控制管理下区域河流生态用水将遭遇较大挤占。

7.4　基于序贯决策方法的水资源开发利用红线精细化动态管理模式

前面几节已经给出了不同来水频率下的分行业、分水源用水总量控制方案，但即使设定了不同来水频率下的总量控制指标，如果没有预报措施，只能在年底进行考核，这样未免有亡羊补牢的嫌疑，红线的约束性大打折扣。为了能够将红线在不同来水频率年份进行适应性调整，以及在年内进行总量控制约束，需要建立逐月来水预报模型，并辅以断面监控体系，核算各月实际发生取水量，如此进行双向约束，以实现红线在不同来水频率下的适应性管理。本项目以序贯决策方法为核心，基于径流剧烈预报以及耗水控制的水资源配置，提出基于径流模糊剧烈预报与用水盈余双控的时程滚动修正的序贯决策方法，来实现水资源开发利用红线精细化动态管理。

7.4.1　序贯决策管理模式

序贯决策（sequential decision）是用于随机性或不确定性动态系统最优化的决策方法。序贯决策的特点是：①所研究的系统是动态的，即系统所处的状态与时间有关，可周期（或连续）地对其进行观察；②决策是序贯地进行的，即每个时刻根据所观察到的状态和以前状态的记录，从一组可行方案中选用一个最优方案（即作最优决策），使取决于状态的某个目标函数取最优值（极大或极小值）；③系统下一步（或未来）可能出现的状态是随机的或不确定的。序贯决策的过程是：从初始状态开始，每个时刻做出最优决策后，接着观察下一步实际出现的状态，即收集新的信息，然后做出新的最优决策，反复进行直至最后。

对于逐月取水总量控制指标来说，每个月的指标是动态变化的，需要根据以前的状态（上一个月的用水情况）来判断，并从可能发生的不同频率指标库中优选出一个最优的决策（所确定的当月最终指标），系统下一步的状态也是不确定性的，因为还需要根据当月结束后的来水、用水实际监测数据来确定。逐月取用水指标的确定是一种需要即时收集信息、即时做出决策的反复滚动决策过程，可以看作是典型的序贯决策过程。

本研究针对取用水总量控制红线在不同来水频率年的适应性管理问题，在国外径流模糊聚类理论及水文集合预报的基础上，结合不确定性动态系统优化决策方法，提出基于径流聚类预报与断面复核双向约束的时程滚动修正的序贯决策方法。通过对历史来水序列进行"丰-平-枯"聚类划分，建立月时间尺度分频率段多元线性自回归模型，实现来水量逐月预报并确定初始用水指标，利用逐月实际用水量对逐月指标进行滚动修正，实现"预报-复核"双向约束下逐月用水总量控制指标的序贯决策。

在本研究中，针对区域与逐月取用水总量控制目标，结合径流聚类预报和水资源配置结果，建立水资源开发利用滚动修正的序贯决策方法，总体路线见图7-36。

其基本思路为：在此径流聚类预报和用水指标配置结果基础上，采用序贯决策的方式，按照计算流程图，确定预报年逐月用水指标。通过历史回归分析，以上一年度9月、10月、11月、12月径流资料为初始数据，预测当年1月径流，判断其与四个聚类的隶属度，之后根据所属聚类频率年份，选择初始数据库中相应水文年份下当月的用水指标，作为预报指标。在1月结束后，根据1月的实际来水情况，结合上一年度10月、11月、12月的实际来水情况，滚动预报2月来水，并确定2月预报指标，同时根据1月实际用水量与1月预报用水指标之间的差值，将盈余量顺延至2月，并与2月预报指标相加，形成2月的最终红线指标。之后依次类推，当每个月结束后，确定下一个月的红线指标。

流程图中对应的径流聚类预报、不同来水频率用水总量指标库及指标盈余分析具体方法如下。

1. 径流聚类预报

1）C 均值聚类算法

C 均值聚类算法的基础是误差平方和最小准则。设 $x=[x_1,x_2,\cdots,x_n]^T \in \boldsymbol{R}^{n\times16}$ 为 n 年的月评价流量样本集合，其中，$x_i \in \boldsymbol{R}_i^{16\times1}(i=1,2,\cdots,n)$ 为第 i 年的月评价流量

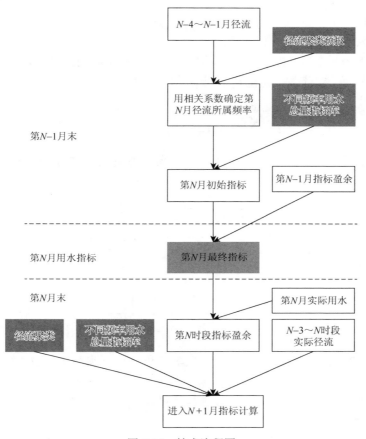

图 7-36　技术流程图

向量。设 N_i 是第 i 聚类 $\boldsymbol{\Gamma}_i$ 中的样本数目，x_i^j 是 $\boldsymbol{\Gamma}_i$ 中的样本，m_i 是 $\boldsymbol{\Gamma}_i$ 中样本的均值，即

$$m = \frac{1}{N}\sum_{j=1}^{N_i}x_i^j, \quad i=1,2,\cdots,c \tag{7-1}$$

式中，c 为聚类数。$\boldsymbol{\Gamma}_i$ 中各样本与均值 m_i 间的误差平方和对所有类相加后为

$$J_1 = \sum_{i=1}^{c}\sum_{j=1}^{N_i}\left\| x_i^j - m_i \right\|^2 \tag{7-2}$$

　　J_1 度量了用 c 个聚类中心代表从各样本子集所产生的总的误差平方。对于不同的聚类，J_1 会有所不同。C 均值聚类算法就是使 J_1 极小的聚类结果。

　　2）模糊 C 均值聚类算法

　　设第 j 个样本对于第 i 类的隶属度函数为 $\mu_i(x_j)$，用隶属度函数定义聚类误差函数。

$$J_2 = \sum_{i=1}^{c}\sum_{j=1}^{n}[\mu_i(x_j)]^b \left\| x_j - m_2 \right\|^2 \qquad (7\text{-}3)$$

式中，$b>1$ 为一个可控制聚类结果的模糊常数。在不同的隶属度定义方法下最小化式（7-3）的误差函数，就得到不同的模数聚类方法。模糊 C 均值聚类算法要求一个样本对于各个聚类的隶属度之和为 1，即

$$\sum_{i=1}^{c}\mu_i(x_j)=1, \quad j=1,2,\cdots,n \qquad (7\text{-}4)$$

在条件式（7-4）下求式（7-3）的极小值，另 J_2 对 m_i 和 $\mu_i(x_j)$ 的偏导数为 0，可得必要条件：

$$m_i = \frac{\sum_{j=1}^{n}\left[\mu_i(x_j)\right]^b x_j}{\sum_{j=1}^{n}\left[\mu_i(x_j)\right]^b}, \quad i=1,2,\cdots,c \qquad (7\text{-}5)$$

其中，

$$\mu_i(x_j)=\frac{\left(1/\left\|x_j-m_i\right\|^2\right)^{1/(b-1)}}{\sum_{k=1}^{c}\left(1/\left\|x_j-m_k\right\|^2\right)^{1/(b-1)}}$$

最终，对历史逐月径流过程进行聚类分析，将会得到如图 7-37 所示的径流聚类中心，作为判断未来月份径流所属的水文频率的依据。由于预报需要从上个年度的最后四个月开始，所以聚类后的过程线时间尺度是从上一年度的 9 月至当年的 12 月。

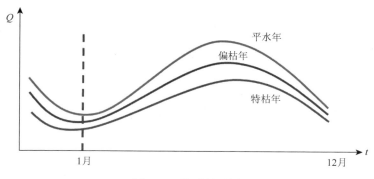

图 7-37　聚类效果图

3）实测数据与聚类曲线初始时段相关性分析预报月份径流频率

在径流聚类的基础上，采用逐月相关系数分析的方法，来确定所预报的月份的径流所属的水文频率。

$$r = \frac{\sum_{i=1}^{n}(X_i - \bar{X})(Y_i - \bar{Y})}{\sqrt{\sum_{i=1}^{n}(X_i - \bar{X})^2}\sqrt{\sum_{i=1}^{n}(Y_i - \bar{Y})^2}} \qquad (7\text{-}6)$$

式中，X 为实测历史径流过程；Y 为每一个聚类对月份的聚类中心径流过程。对于本研究，由于是采用历史上的前 4 个月对下一个月进行预报，所以式中的 $n = 4$。通过计算历史径流过程与三类聚类中心的相关系数，根据相关系数最大的聚类来确定预报月份所属的频率年。

2. 逐月初始指标库确定方法

根据第 5 章开发的区域取用水总量控制模型系统（ET_WAS）确定所预报年份在不同来水频率下取用水总量初始指标库，初始指标确定过程中，模型考虑了区域内水库的调蓄能力、需水水平，以及不同频率的来水。之后，根据当月来水所属的聚类频率，在典型来水频率年指标库中选取对应频率下该月份指标作为初始指标。

3. 取用水盈余量核算

在预报月份结束后，根据当月出入境断面实测流量，利用第 5 章中面向用水总量控制的水循环模拟技术（ET_WAS）复核逐月实际用水量，核算其与初始指标的盈余，顺延至下一个月，与下个月底初始指标相加得到下个月的最终指标。

下个月的初始指标同样是根据径流聚类预报结果，在水资源配置结果指标库中进行确定。

7.4.2　方法应用

本研究以南宁市 2010 年为例，采用序贯决策方法对当年逐月用水指标进行滚动确定，研究将本方法在广西北部湾经济区进行推广的情况。本研究选取南宁站为代表站进行径流聚类预报，选取 1956～2000 年资料，采用模糊 C 均值聚类算法进行径流聚类。将历史长系列逐月径流过程划分为 4 类，分别为丰水年、平水年、偏枯年及特枯年的径流过程。算法收敛后，得到如表 7-17 所示的 4 个聚类中心，径流聚类中心过程线如图 7-38 所示。

表 7-17　南宁站径流聚类中心

时间	丰水年	平水年	偏枯年	特枯年
上年 9 月	76.70	53.18	47.74	54.12
上年 10 月	34.19	29.87	19.66	28.46

续表

时间	丰水年	平水年	偏枯年	特枯年
上年 11 月	18.29	21.01	11.09	22.10
上年 12 月	11.89	13.18	8.26	11.96
1 月	8.56	10.03	7.44	8.33
2 月	7.44	7.39	6.10	6.91
3 月	9.96	8.55	5.80	7.72
4 月	16.24	11.52	6.55	7.98
5 月	34.76	23.05	16.89	13.09
6 月	66.29	54.78	46.23	28.73
7 月	92.53	63.18	57.00	44.77
8 月	109.27	83.54	66.00	55.40
9 月	80.73	52.98	50.00	36.04
10 月	39.61	28.30	22.18	20.00
11 月	20.23	19.84	12.71	16.68
12 月	12.7055	11.5472	9.3392	9.4760

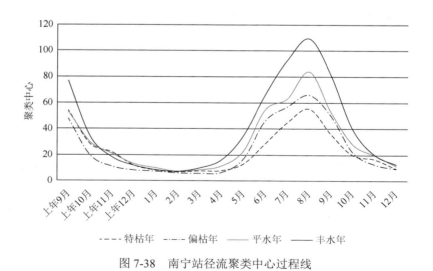

图 7-38 南宁站径流聚类中心过程线

依据丰、平、枯聚类中心和隶属函数，计算得到 4 个隶属矩阵 $\mu_1 \in R_1^{45 \times 12}$、$\mu_2 \in R_2^{45 \times 12}$、$\mu_3 \in R_3^{45 \times 12}$、$\mu_4 \in R_4^{45 \times 12}$。通过选取 4 个代表年 1970 年、1961 年、1972 年、1989 年进行检验分析，1970 年隶属于丰、平、枯水年的隶属度分别为 0.76、

0.15、0.05、0.04，由隶属度最大原则及隶属比例得出 1970 年属于丰水年份，如图 7-39（a）所示。同理，可得出 1961 年以 0.70 隶属于平水年，如图 7-39（b）所示，1972 年以 0.89 隶属于偏枯年，如图 7-39（c）所示，1989 年以 0.69 隶属于特枯年，如图 7-39（d）所示。分析结果与实际情况相符合，验证了利用聚类方法和模糊识别原理进行径流丰枯研究的有效性。

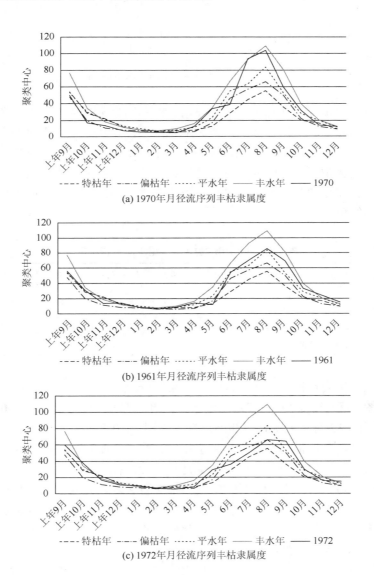

(a) 1970年月径流序列丰枯隶属度

(b) 1961年月径流序列丰枯隶属度

(c) 1972年月径流序列丰枯隶属度

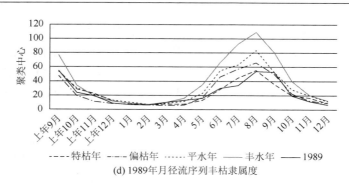

(d) 1989年月径流序列丰枯隶属度

图 7-39 典型年径流序列丰枯隶属关系

在径流来水预判的基础上，还需要结合对不同来水频率下的水资源配置结果进行指标的初始化，根据前面的水资源配置结果，现状年不同来水频率的逐月用水指标见表 7-18，该表作为红线指标库，用于确定现状用水条件下特定来水频率年份的逐月用水指标。考虑取水总量控制红线是一种约束性控制指标，所以在丰水年份水资源充足的情况下，不再单独设定丰水年的红线指标，而采用多年平均的红线作为约束。

表 7-18 南宁市 2010 年取用水总量指标库

来水频率	1 月	2 月	3 月	4 月	5 月	6 月	7 月	8 月	9 月	10 月	11 月	12 月
多年平均 （1956～2000 年）	2.20	2.20	2.64	3.08	3.52	3.96	3.96	3.96	3.52	3.08	2.64	2.20
75%	2.38	2.38	2.85	3.33	3.80	4.28	4.28	4.28	3.80	3.33	2.85	2.38
95%	2.07	2.07	2.48	2.90	3.31	3.72	3.72	3.72	3.31	2.90	2.48	2.07

在此径流聚类预报和用水指标配置结果基础上，采用序贯决策的方式，按照计算流程图，逐月确定 2010 年月用水指标。通过历史回归分析，以 2009 年 9 月、10 月、11 月、12 月径流资料为初始数据，预测 2010 年 1 月径流，判断其与四个聚类的隶属度，之后根据所属聚类频率年份，选择初始数据库中相应水文年份下当月的用水指标，作为预报指标。在 1 月结束后，根据 1 月的实际来水情况，结合上一年度 10 月、11 月、12 月，滚动预报 2 月来水，并确定 2 月预报指标，同时根据 1 月实际用水量与 1 月预报用水指标之间的差值，将盈余量顺延至 2 月，并与 2 月预报指标相加，形成 2 月的最终红线指标。之后依次类推，当每个月结束后，确定下一个月的红线指标。

本研究中，为了验证方法的可行性，以 ET_WAS 模型复核得到的南宁市 2010 年实际用水量进行指标双向控制的研究。

　　至 2010 年结束，随着 2010 年逐月实测径流过程的产生、逐月实际用水量的产生，采用序贯决策模式，在每个月末确定当前已发生逐月径流过程和取用水过程条件下，根据径流剧烈预报和水资源配置得到的用水指标库，确定下个月的月用水总量控制指标（图 7-40，图 7-41 和表 7-19）。

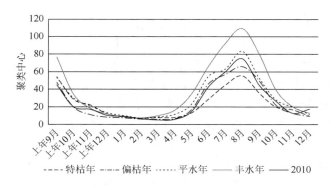

图 7-40　南宁市 2010 年实测径流过程与聚类中心

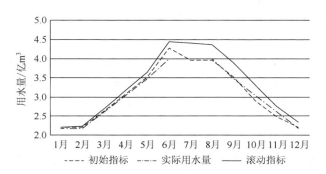

图 7-41　南宁市 2010 年逐月实际用水量、初始指标、滚动指标过程

表 7-19　南宁市 2010 年逐月频率预报、初始指标、滚动指标结果

序号	项目	1 月	2 月	3 月	4 月	5 月	6 月	7 月	8 月	9 月	10 月	11 月	12 月
1	频率预报	平水	平水	平水	平水	平水	偏枯	平水	平水	枯水	枯水	枯水	平水
2	初始指标	2.20	2.20	2.64	3.08	3.52	4.28	3.96	3.96	3.31	2.90	2.48	2.20
3	实际用水	2.17	2.17	2.61	3.04	3.48	4.00	4.00	4.00	3.48	3.04	2.61	2.17
4	滚动指标	2.2	2.23	2.70	3.17	3.65	4.45	4.41	4.37	3.76	3.18	2.62	2.21

　　从结果中可以看出，2010 年用水总量滚动指标随着根据来水预报确定的初始指标和实际用水量的逐月产生而发生变化，7 月之前实际用水量总体小于初始指标，所以最终的滚动指标不断与盈余量相加而增加，但在后期出现用水量较大并

超过初始指标的时段，由于有不断修正的滚动指标，也保障了当年用水量处于取水总量控制指标的范围内。

7.4.3　方法讨论

通过分析可以看出，利用基于径流聚类预报与断面复核双向约束的时程滚动修正的序贯决策方法，可以根据历史径流观测资料，以及实际用水量的监测数据，滚动确定年内逐月的取用水总量控制指标。径流聚类预报可以在一定可信度上对当月的来水频率做出预知，是实现不同来水频率下用水总量控制的基础，基于耗水控制的水资源配置技术则可以对典型频率年进行指标分解，形成不同来水频率下月指标的确定，将其与预报相结合，则提升了红线指标的适应性，使其不只局限于年末的指标考核，而是在每个月实时用水行为的约束中发挥作用。

年内逐月动态指标的滚动确定，一方面需要有历史径流资料作为基础，另一方面，当月实际用水量的测算也是关键，本研究中所采用的是统计得到的实际用水量，实际操作中，还需要完善用水监控体系，形成水资源开发利用全过程的监测系统，才能在每个月用水发生后，第一时间核算出实际用水量，进行逐月的用水考核，并进行下一个月的指标计算。

逐月用水过程的红线约束机制，一方面需要根据书中所说的指标确定方法，另一方面还需要将取水许可与计划用水管理制度结合起来，建立逐月考核的水管理机制。对于超计划用水的行为，一方面要通过指标计算压减其后续取水量，另一方面也要采用管理手段对其进行适当处罚，以对用水行为进行约束。

根据来水频率确定的用水指标，最终全年的用水总量控制指标不一定等于用水总量控制红线，而是根据来水频率对控制红线进行调整，该结果在实际应用中主要要满足年度计划用水的要求，即建立年度考核的机制，不同来水频率下计划用水指标作为考核上限，另外，也需要在区域层面建立多年复核的机制，即

$$\frac{\sum_{i=1}^{n} B_i}{n} = B_0$$

其中，B_0 为区域用水总量控制红线；B_i 为根据序贯决策滚动修正的方法，根据来水频率预报所确定的第 i 年用水总量控制初始指标，该公式用来保证长时间序列下，序贯决策得到的各年度指标的均值符合红线的要求。

7.5　本章小结

（1）考虑区域取用水总量受来水频率影响，区域水资源开发利用控制红线为

多年平均值，本次研究细化制定不同频率下的区域取用水总量控制阈值，为区域水资源管理实践提供支撑。具体如下：

50%频率下，2015 年全区总耗水量控制为 30.62 亿 m^3；取用水总量控制为 75.32 亿 m^3，其中生活为 11.52 亿 m^3、农业为 46.50 亿 m^3、工业为 16.68 亿 m^3、生态环境为 0.62 亿 m^3，地表水为 70.68 亿 m^3、地下水为 4.06 亿 m^3、其他水源为 0.58 亿 m^3。2020 年全区总耗水量控制为 30.26 亿 m^3；取用水总量控制为 77.58 亿 m^3，其中生活为 12.59 亿 m^3，农业为 42.01 亿 m^3、工业为 22.26 亿 m^3、生态环境为 0.72 亿 m^3，地表水为 71.78 亿 m^3、地下水为 4.13 亿 m^3、其他水源为 1.67 亿 m^3。2030 年全区总耗水量控制为 28.92 亿 m^3；取用水总量控制为 79.72 亿 m^3，其中生活为 14.71 亿 m^3，农业为 32.90 亿 m^3、工业为 31.32 亿 m^3、生态环境为 0.79 亿 m^3，地表水为 73.77 亿 m^3、地下水为 4.21 亿 m^3、其他水源为 1.74 亿 m^3。

75%频率下，2015 年全区总耗水量控制为 32.57 亿 m^3；取用水总量控制为 79.52 亿 m^3，其中生活为 11.52 亿 m^3、农业为 50.70 亿 m^3、工业为 16.68 亿 m^3、生态环境为 0.62 亿 m^3，地表水为 74.88 亿 m^3、地下水为 4.06 亿 m^3、其他水源为 0.58 亿 m^3。2020 年全区总耗水量控制为 32.03 亿 m^3；取用水总量控制为 81.37 亿 m^3，其中生活为 12.59 亿 m^3，农业为 45.80 亿 m^3、工业为 22.26 亿 m^3、生态环境为 0.72 亿 m^3，地表水为 75.57 亿 m^3、地下水为 4.13 亿 m^3、其他水源为 1.67 亿 m^3。2030 年全区总耗水量控制为 30.30 亿 m^3；取用水总量控制为 82.68 亿 m^3，其中生活为 14.71 亿 m^3，农业为 35.86 亿 m^3、工业为 31.32 亿 m^3、生态环境为 0.79 亿 m^3，地表水为 76.73 亿 m^3、地下水为 4.21 亿 m^3、其他水源为 1.74 亿 m^3。

95%频率下，2015 年全区总耗水量控制为 28.23 亿 m^3；取用水总量控制为 70.08 亿 m^3，其中生活为 11.52 亿 m^3、农业为 41.47 亿 m^3、工业为 16.47 亿 m^3、生态环境为 0.62 亿 m^3，地表水为 65.44 亿 m^3、地下水为 4.06 亿 m^3、其他水源为 0.58 亿 m^3。2020 年全区总耗水量控制为 27.89 亿 m^3；取用水总量控制为 72.36 亿 m^3，其中生活为 12.59 亿 m^3，农业为 37.05 亿 m^3、工业为 22.00 亿 m^3、生态环境为 0.72 亿 m^3，地表水为 66.56 亿 m^3、地下水为 4.13 亿 m^3、其他水源为 1.67 亿 m^3。2030 年全区总耗水量控制为 26.57 亿 m^3；取用水总量控制为 74.54 亿 m^3，其中生活为 14.71 亿 m^3，农业为 28.02 亿 m^3、工业为 31.02 亿 m^3、生态环境为 0.79 亿 m^3，地表水为 68.59 亿 m^3、地下水为 4.21 亿 m^3、其他水源为 1.74 亿 m^3。

（2）根据南宁、北海、钦州、防城港四市水资源开发利用控制红线下水资源细化配置方案的区域水循环仿真模拟和主要断面流量过程，确定未来不同水文频率下的区域关键断面流量控制管理指标。多年平均来水条件下南宁、北海、钦州、防城港四个城市汛期的出境断面最低生态流量分别为 403.93m^3/s、48.27m^3/s、40.95m^3/s、18.02m^3/s，非汛期分别为 72.79m^3/s、6.78m^3/s、4.95m^3/s、2.53m^3/s。由于最低河道生态流量阈值是确保河道生态健康的最低要求，对于常态下的水资源开发利用管理的约束较弱,本次研究确定北部湾经济区 15 个区县交界断面的控制流量管理指标。

（3）针对水资源开发利用控制红线在特定非多年平均来水频率年份应用的问题,为了进一步增强不同来水频率下用水总量控制方案的适应性,开发了基于序贯决策方法的水资源开发利用红线精细化管理模式,以序贯决策方法为核心,通过建立逐月来水预报模型,并辅以断面监控体系,核算各月实际发生取水量,如此进行双向约束,以实现红线在不同来水频率下的适应性管理。通过在南宁市的应用可以看出,利用基于径流聚类预报与断面复核双向约束的时程滚动修正的序贯决策方法,可以根据历史径流观测资料,以及实际用水量的监测数据,滚动确定年内逐月的取用水总量控制指标。其中,径流聚类预报可以在一定可信度上对当月的来水频率做出预判,是实现不同来水频率下用水总量控制的基础;基于耗水控制的水资源配置技术则可以对典型频率年进行指标分解形成红线指标库,将其与预报和用水实际监测结合,则提升了红线指标的适应性,使其不只局限于年末的指标考核,而是在每个月实时用水行为的约束中发挥作用。年内逐月动态指标的精细化滚动确定,一方面需要有历史径流资料作为基础,另一方面,当月实际用水量的测算也是关键,本研究中所采用的是统计得到的实际用水量,实际操作中,还需要完善用水监控体系,形成水资源开发利用全过程的监测系统,才能在每个月用水发生后,第一时间核算出实际用水量,进行逐月的用水考核,并进行下一个月的指标计算。逐月用水过程的红线约束机制,一方面需要根据书中所说的指标确定方法,另一方面还需要结合取水许可和计划用水管理制度,建立逐月考核的用水管理机制。对于超计划用水的行为,一方面要通过指标计算压减其后续取水量,另一方面也要采用管理手段对其进行适当处罚,以对用水行为进行约束。

第8章 取用水总量控制管理技术研发与应用

在取用水总量控制红线制定基础上，为强化水资源行政管理，落实区域的取用水总量控制目标，基于取水许可制度框架和计划用水管理内涵，开展取水许可总量、计划用水总量与全口径取用水控制红线的关系研究，梳理取水许可和计划用水中存在的问题，提出取水许可总量控制的核定技术及计划用水适应性动态管理模式。以广西北部湾经济区为例开展技术应用，提出广西北部湾经济区取水许可总量核算和计划用水动态管理方案。

8.1 总量控制与取水许可、计划用水关系解析

8.1.1 取水许可制度框架

国务院第 460 号令《取水许可和水资源费征收管理条例》规定：流域和区域总量控制指标是实施取水许可的依据，制定取水许可总量控制指标是实施取水许可审批、计划用水、节约用水及各项水资源管理工作的最重要的基础工作。编制总量控制指标，并依据总量控制指标对全区各级水行政主管部门实施的取水许可实施指导和监督，是国务院 460 号令赋予各省区法定的职责。

在此基础上，水利部出台的《取水许可管理办法》规定："流域内批准取水的总耗水量不得超过国家批准的本流域水资源可利用量。行政区域内批准取水的总水量，不得超过流域管理机构或者上一级水行政主管部门下达的可供本行政区域取用的水量。取水审批机关审批的取水总量，不得超过本流域或者本行政区域的取水许可总量控制指标。在审批的取水总量已经达到取水许可总量控制指标的流域和行政区域，不得再审批新增取水。取水审批机关应当根据本流域或者本行政区域的取水许可总量控制指标，按照统筹协调、综合平衡、留有余地的原则核定申请人的取水量。所核定的取水量不得超过按照行业用水定额核定的取水量。"

各个地市根据当地情况，分别制定了取水许可相关条例，如甘肃省规定，"省水行政主管部门或者所属流域管理机构应当根据水资源条件，依据水资源综合规划、流域规划和水中长期供求规划，确定市州取水许可总量控制指标；市州水行政主管部门应当依照省水行政主管部门或者流域管理机构确定的取

水许可总量控制指标，确定所辖县（市、区）的取水许可总量控制指标，并报省水行政主管部门和流域管理机构备案。各级水行政主管部门应当根据国家和本省行业用水定额核定取水单位许可水量。审批的取水量不得超过本行政区域的取水许可总量控制指标"。山东省出台办法，对"取用水量达到或者超过年度用水控制指标的，有管辖权的水行政主管部门应当对该区域内新建、改建、扩建建设项目取水许可暂停审批。取用水量达到规划期用水控制指标的，有管辖权的水行政主管部门应当对该区域内新建、改建、扩建建设项目取水许可停止审批"。

广西壮族自治区则在数量分配方案基础上，提出"建立覆盖流域和县级以上行政区域的取用水总量控制指标体系，实施取用水总量控制。经批准的设区的市、县（市、区）的水量分配方案是用水总量控制的依据。县级以上人民政府水行政主管部门许可的取水总量不得超过分配给本行政区域的用水总量；取水许可总量达到水量分配总量 90%的行政区域，限制审批建设项目新增取水；达到或超过水量分配总量的行政区域，暂停审批建设项目取水许可与总量控制"。

8.1.2　计划用水管理内涵

用水总量控制红线是审批取水许可、制定流域（行政区域）水中长期供求规划、编制水量分配方案和年度水量分配方案、下达年度用水计划的基本目标。计划用水管理，就是在用水总量控制下，依照行业定额、水平衡测试及节水潜力估算等综合结果，科学制订用水户的年用水计划，依照核定用水计划进行用水全过程管理，强调开发与保护并重，节约与治污并行，依照核定用水计划进行用水实时管理。实现了总量控制与定额管理的对接。计划用水是总量控制的重要手段，下达计划用水指标要以整个流域（行政区域）用水总量为边界条件。实施计划用水管理，尽可能地节约水资源，充分挖掘水资源的开发利用潜力，既满足国家和各个地区国民经济发展和人民生活的用水需求，又实现水资源的良性循环，从而保障水资源的永续利用。

根据水利部制定的《计划用水管理办法》，计划用水的管理范围和目标分别为对纳入取水许可管理的单位和其他用水大户实行计划用水管理。行政区域内用水单位的年度计划用水总量不得超过本区域的年度用水总量控制指标。

依据《中华人民共和国水法》，计划用水分为两个层次：一是区域层面的计划用水，地、市级以上人民政府发展计划主管部门会同同级水行政主管部门，根据用水定额、经济技术条件及水量分配方案确定可供本级行政区域使用的水量，向其所辖各行政区域下达年度用水计划指标；二是对用水户的计划用水，由水行政主管部门根据用水定额、经济技术条件、用水户的用水申请和历年用水情况以及上级行政区域下达的本级行政区域的年度计划用水指标，向纳入计划用水管理的用水单位下达计划用水指标。

针对不同级别的行政区域，年度用水计划的对象不同。①省、自治区、直辖市级年度用水计划的对象为所辖各地、市级行政区域，属于区域层面的计划用水。②地、市级年度用水计划对象包含两个层面：一是所辖各县（市、区）级行政区域，属于区域层面的计划用水；二是其直管县（市、区）级行政区域的计划用水户，属于用水户层面的计划用水。③县（市、区）级年度用水计划对象仅为计划用水户，属于用水户层面的计划用水。

广西北部湾经济区南宁市于 2015 年出台《南宁市城市供水节水条例》，在第二章指出，"市建设行政主管部门会同有关部门编制城市节约用水发展规划和年度计划，制定行业综合用水定额和单项用水定额，按照规定的程序报批后实施"。"市建设行政主管部门将月用水量在 1000m³ 以上的用水单位列为计划用水单位，建立用水档案，并根据城市节约用水年度计划及自治区行业用水定额，向计划用水单位下达用水计划，并按季度或年度进行考核"。"计划用水单位应当执行用水计划。超过用水计划的，应当缴纳超计划部分的加价水费。加价水费的幅度及其具体缴纳办法按自治区人民政府有关规定执行"。2013 年，南宁市出台了《计划用水单位申请增加计划用水量的同意审批操作规范》，进一步完善了计划用水管理制度。

8.1.3　计划用水、取水许可与总量控制关系

批准的水量分配方案或者签订的协议以及用水定额是确定流域与行政区域取水许可总量控制指标的依据。取水许可总量控制指标是下达计划用水的量化控制指标，下达给用水户的计划用水指标要小于取水许可审批指标。此外，用水效率指标中的用水定额是审批取水许可指标、下达计划用水指标以及实现总量控制目标的手段和制定总量控制指标的重要依据。

水资源可利用量、用水控制红线、取水许可总量、用水计划和实际用水量是层层递进的关系（图 8-1），其所涵盖的范围逐渐缩小。水资源可利用量指当地的水资源本底条件，范畴最广；用水控制红线指在经过水资源配置后形成的区域用水总量上限，该红线不能超过水资源可利用量；取水许可总量则特指用水控制红线中需要办理取水许可的部分水量；用水计划则是用水单元年度、月度计划用水指标，年度计划用水不能超过取水许可水量；实际用水量则是实际发生的用水量，原则上不能超过用水计划，且其时间尺度可以具体到日甚至实时用水量。计划用水、取水许可是实现总量控制的重要手段；实行计划用水和取水许可的根本目的就是要实现总量控制。

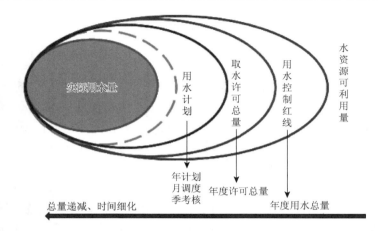

图 8-1 用水总量控制红线、计划用水、取水许可以及水资源可利用量的关系

8.1.4 取水许可管理的问题诊断

1. 取水许可总量核算理论有待改进

目前水资源管理控制多从在不突破许可取水量的限制的条件下，进行水资源的合理分配，缺乏对水资源可消耗总量的控制，不利于"真实节水"，没有达到资源性节水的要求。在该分配方案下进行取水许可总量的计算，容易导致许可水量的偏大，不利于实现最严格水资源管理的本意。迫切需要在新的基于耗水控制的水量分配方案下进行取水许可的重新核算，以达到"节水优先"的目的。另外，目前的取水许可管理多通过行政手段逐级上报汇总，缺乏总量核算工具，如何在现有水量分配方案下对实际取水量进行核算也是亟待解决的问题。

2. 取水许可审批管理信息化技术薄弱

（1）取水许可管理面对的是众多的取水用户，取水口分布范围广，监督管理工作量大。目前各级水资源管理机构较为健全，但取水管理多数依靠人工调查、记录和统计，技术和管理手段落后，信息反馈慢，工作周期长，难以适应现代水资源管理的需要，水行政主管部门不能准确掌握实时取水数据，取水信息采集的时效性和精确性差，迫切需要加强管理能力、提高管理水平。

（2）对取水设施的取用水过程情况掌握不够。由于取水许可管理信息化的薄弱，大部分取水口并未安装实时取水监控设备，对安装了计量设施的取水工程来说，往往只能掌握其取水总量，而不能掌握其取水过程量。取水许可台账和管理信息库建设仍处于探索阶段，部门信息共享不足。

（3）取水许可信息发布少。大多水行政主管部门尚未建立面向社会公众及取用水户、内容丰富完整、使用方便快捷的取水许可信息统一发布平台，使得公众及取用水户难以查找取水、用水等有关信息。

3. 取水许可审批管理内容有待改进

水资源论证是取水许可审批管理的重要环节，目前水资源论证报告书中普遍缺少针对建设项目实际特点进行的论证，且论证范围不合理，论证重点不突出。例如，自来水厂的厂用水量相对较少，其大部分用水量都是自来水厂二级用户的用水；在水电站的取水许可审批中，由于水电站自身基本不消耗水资源，应重点关注水电站对生态环境、第三方利益的影响及水电站生态流量的下泄问题；对其他重点工业取水户，由于行业生产工艺是影响取水量的决定环节，所以应重点了解其用水工艺情况。

（1）水资源利用效率尚未纳入取水许可管理当中。我国许多省份和地区水资源相对紧缺，而取水总量又较大，水资源的有效利用率低，节水潜力较大，如何通过取水许可管理提高水资源的有效利用率，是亟须解决的问题。

（2）农业用水量是一个地区总用水量的重要组成部分，而目前农业用水取水许可审批一直处于薄弱环节，农业用水效率还相对较低，尤其对于水资源紧缺地区，如何利用取水许可管理制度规范农业用水、提高农业用水效率值得研究。但目前大部分地区对农业用水未实行取水许可管理，随着社会主义新农村地区及农转非地区，农村生活由分散式少量取水发展为自来水系统，不进行控制会有很大影响。

（3）目前的取水许可管理模式不适应日益紧缺的水资源的管理需要，取水许可管理仅限于对取水许可证批准总量的控制，对取水时段取水量的细化不够，造成取水许可审批后的监控难以操作。

（4）取水许可审批的内容较为简单和粗糙，内容不够具体，许多本该约束取水户的附带条件未包含于审批内容中，导致后期对用户用水情况的监督管理较为困难。若能将不同行业的用水特点反映到审批内容中，审批后的监督与管理按照审批内容进行，则取水许可审批将大幅细化，这样只要企业满足审批中要求的生产工艺、节水工艺、下泄流量等，水行政主管部门便可基本控制取用水户的用水总量在适当的范围内。

4. 取水许可审批后的验收和管理工作不到位

目前，许多地方水资源保护和经济社会发展存在冲突，从而导致取水许可审批制度执行时存在管理不到位的现象。

（1）用水管理。取用水户的取水计量设施安装不完善，对取用水户的用水计划管理不严格，未很好地实现用水总量控制。水资源有偿使用制度落实仍不充分，缺乏对用水大户的有效监管，水资源费虚报、瞒报的现象时有发生，给取水许可审批后的管理和监督造成困难。

（2）对审批结论的监督检查不够。尤其是取水许可验收环节薄弱，取水许可管理还存在重论证、轻验收和重发证、轻管理的现象，无法保证取水户严格按照水资源论证报告要求与取水许可审批规定来落实相关工程与管理措施，同时也未指定相应的管理技术细则。

8.1.5　计划用水管理中存在的问题

1. 用水计划编制科学性有待进一步规范

科学编制用水计划是实现计划用水管理的基础环节，也是核心内容。实际上，计划用水管理其他各环节工作都是为了保证用水计划的有效落实，因此用水计划的科学编制对于实施计划用水管理、实现水资源综合统筹规划是至关重要的。

编制用水计划要考虑各用水户的实际生产需求、用水水平、节水潜力等综合因素。我国尚未出台统一的用水计划编制大纲或指导意见，一定程度上降低了用水计划编制的科学性。

目前用水计划编制中常用的三种方法，各有利弊：一是采用定额法制订用水计划指标。用水定额制订的科学性决定了用水计划的合理性。虽然定额法被广泛应用于水利供水工程的规划、设计和管理，但是，由于用水户类型、产品种类繁多，水资源条件、用水水平差距大，用水定额制订、核准及落实本身就是一项十分烦琐、争议颇大的工作。因此，依定额核算用水计划，应用困难。二是已实施计划用水管理的行政区，不少采用上年同期实际用水量为基数，考虑节水等综合因素，选取适宜的折减系数，核定和下达用水计划。这种方式可操作性强，但是不符合节约用水管理的根本意图，容易出现"鞭打快牛"现象，不利于调动用水户节约用水的积极性。三是通过水平衡测试，制订用水计划。水平衡测试结果是编制用水计划的科学依据，但是进行企业水量平衡测试人力物力投入多，并且，测试过程中所发现水资源无谓损失量，因用水户改进能力不同，不能完全在用水计划中扣除。

2. 月度计划用水分配缺乏弹性，动态管理机制不健全

目前计划用水管理中，对于城市非居民生活用水的逐月计划用水指标的确定多采用历史同期用水量，再赋以折减系数，或采用全年平均的做法，各个月份的计划用水分配系数一经确定，便成为年内计划用水考核的重要依据。而在实际生产工作中，每个月份的实际用水量往往带有随机性，并不一定能够完全

符合确定的系数，且有可能出现当月用水量超过或低于用水指标的情况，这样实际上会压缩或增加对于后续月份的总用水指标。为了能够充分发挥年计划用水指标的作用，保障每个月份都有尽可能多的用水计划，需要逐月进行计划用水的调整。而目前，还没有形成较为完善的机制来应对这一问题，本研究中将重点开展计划用水动态管理的研究，试图建立一套动态管理模式来实现年内计划用水指标的动态合理分配。

3. 计划用水覆盖的范围还不够

通过对区域计划用水管理实施调查发现，我国目前计划用水管理实施有三方面特点：一是城市计划用水管理优于农村计划用水管理；二是社会经济基础好的区域优于社会经济落后地区；三是水资源短缺地区优于水资源相对丰沛地区。

目前计划用水管理一般仅对城市用水户实施计划用水管理，并未涉及农村生活用水和农业用水等。甚至不少行政区直接标明为《城市计划用水管理办法》。目前广西壮族自治区的计划用水覆盖率（年度实际用水量中实行计划用水管理的水量比例）仍然偏低，仅有 50%左右，低于发达地区水平（70%~80%），有较大的提升空间。虽然社会经济结构调整导致用水结构逐渐优化，但就 2010 年来讲，广西农业用水仍占到经济社会总用水量的 58.3%，完全放弃这部分用水监管，难以实现真正意义上的严格水资源管理。此外，大部分行政区对城市自备水源缺乏管理，使计划用水管理内容存在较大缺口。

4. 过程监督和服务体系不健全

系统严密的制度设置是实施计划用水管理的行政要求，科学用水计划是计划用水管理的核心内容，而用水计量与监管是用水计划落实的根本保障。目前，我国用水过程监督和服务体系不健全，达不到实施计划用水管理要求。

从用水计量设施上讲，城市供水管网用水户的用水计量系统相对完善；对于城市自备水源、农村生活用水和农业用水，缺乏计量设施与手段。从过程监督上讲，由于自来水公司是城市供水管网计划内用水计量与收费的主体，其供水与管水行为是以营利为目的的，本质上区别于水行政主管部门的供水管理行为，导致水管理部门获取的用水计量数据的准确性与实效性难以保证。从计划用水服务体系上讲，特别是在广大农村，由于供水工程不足，供水水平普遍偏低，计划用水相关体系不健全，应急机制缺乏，致使计划内用水保证率低。

5. 超计划用水惩罚、节约用水奖励：行政执法难度较大

任何一项制度都需要相应的奖惩措施来保证其执行的力度。如果没有超计划

用水惩罚和节约用水奖励等严格的奖惩制度及其有效落实，则计划用水管理制度形同虚设，无法对用水户的取用排水行为真正形成有力约束。

超计划用水加价水费征收是被广泛接受和应用的促进计划用水管理有效实施的专项制度。但是因缺乏相关政策支持和实施征收办法，这项制度并未发挥其应有的作用。由于没有法规明确超计划加价水费的性质及支出用途，各区域就超计划用水水费征收与使用缺乏行政依据，实施困难。除此之外，如何执行超计划用水水费征收更是令相关管理者无所适从。委托自来水公司代收超计划用水加价水费虽然技术上可行，但是无行政依据，同时有损其实际利益而缺乏积极性，导致实施困难。

节约用水奖励是在计划用水管理工作中大力倡导但无实际落实的典型制度。用水户繁多、用水过程复杂、水资源管理相对宏观，导致节约用水缺乏判定依据与计量手段，即便判定用水户节水效果显著，也欠缺相关节水奖励办法及相应的监督管理机制。

8.2　用水总量红线控制下取水许可总量核算技术研发及应用

8.2.1　用水总量红线控制下取水许可总量核算技术

一方面，目前取水许可的总量控制主要是基于区域水量分配的结果，现状取水许可总量的计算多在不突破取用水红线限制的条件下，进行水资源的合理分配，其中缺乏对水资源可消耗总量的控制，不利于"真实节水"，没有达到资源性节水的要求。在目前分配方案下进行取水许可总量的计算，容易导致许可水量偏大，不利于实现最严格水资源管理的本意。另一方面，目前地方对于取水总量的管理主要基于水利统计年鉴等统计数据，其中的取水许可总量往往通过逐级上报汇总，缺乏核算机制。本研究在新的基于耗水控制的水量分配方案下进行取水许可的重新核算，根据前文基于耗水总量推算出的用水总量控制指标，开发了用水总量控制下取水许可总量核算技术［式（8-1）～式（8-3）］，一方面达到了通过耗水控制来约束取水许可总量的目的，另一方面为管理部门核算取水许可总量提供了技术支持。

$$A = \sum_{i=1}^{4} W_i - n \qquad (8\text{-}1)$$

$$n = N \times \frac{p}{P} \qquad (8\text{-}2)$$

$$N = N_1 + N_2 - c \qquad (8\text{-}3)$$

式中，A 为单元（区县）取水许可总量（水量）；W_i 为基于 ET 耗水控制的分行业用水量控制指标，包括生活、工业、农业、生态；n 为单元不需要办理取水许可的用水量；N 为全市不需要办理取水许可的水量；p 为单元农村人口数量；P 为全市农村人口数量；N_1 为塘坝总供水量；N_2 为农村生活用水及牲畜饮水中分散式供水量；c 为 N_1 和 N_2 重合部分的水量。

据《取水许可和水资源费征收管理条例》，不需要办理取水许可的包括：①农村集体经济组织及其成员使用本集体经济组织的水塘、水库中的水；②家庭生活和零星散养、圈养畜禽饮用等少量取水。本次在计算现状年及规划水平年 2015 年、2020 年、2030 年不需要办理取水许可证的水量时，以塘坝供水量和农村生活用水及牲畜饮水中分散式供水部分进行估算。

8.2.2　广西北部湾经济区取水许可总量核算分析

1. 取水许可指标计算

广西北部湾经济区四个地级市南宁、北海、钦州、防城港的分水源用水控制指标 u（万 m³）采用基于耗水控制的水资源配置结果中分水源的配置结果，水平年为 2010 年、2015 年、2020 年、2030 年，水源分为地表水、地下水、其他水源，如表 8-1 所示。

其中，2010 年基准年用水指标反映了 2010 年现状年用水水平和多年平均来水条件下的用水情况，各市的生活用水主要依据 2010 年广西水资源公报生活用水、建筑业和服务业行业用水成果；工业用水在 2010 年广西水资源公报成果基础上扣除直流火电冷却用水（即按耗水量计）；农业用水考虑近两年旱情造成供用水量偏小，采用水资源公报农田灌溉、林牧渔畜近三年平均值；各市的生态环境用水主要采用 2010 年水资源公报数据按照全国水资源综合规划及总量控制指标口径（只考虑公共绿地和市政环卫用水）推算出河道外生态环境用水。

根据《广西水资源综合规划》，2010 年、2015 年、2020 年、2030 年南宁市、北海市、防城港市、钦州市塘坝多年平均供水量 N_1（亿 m³）分别见表 8-2。

根据《广西农村饮水安全工程"十二五"规划》农村生活用水及牲畜饮水中分散式供水量的比例取分散式供水人口的比例，农村人畜用水中不需办理取水许可水量见表 8-3。

表8-1 基于耗水控制的用水总量控制指标

单位：万 m³

地级行政区	县级行政区	地表水				地下水				其他				合计			
		2010年	2015年	2020年	2030年	2010年	2015年	2020年	2030年	2010年	2015年	2020年	2030年	2010年	2015年	2020年	2030年
南宁市	武鸣县	47102	44776	43914	43918	6998	8985	9346	9843	0	339	839	839	54100	54100	54100	54600
	横县	48890	51823	51507	51892	210	270	280	295	0	207	513	513	49100	52300	52300	52700
	宾阳县	52392	53423	52914	53207	2908	3734	3884	4090	0	244	602	602	55300	57400	57400	57900
	上林县	30461	30239	29927	30025	39	50	52	55	0	210	521	521	30500	30500	30500	30600
	马山县	18796	19120	19709	19809	4	6	6	6	0	75	185	185	18800	19200	19900	20000
	隆安县	17375	16191	17824	17752	2425	3114	3239	3411	0	96	237	237	19800	19400	21300	21400
	市区	138885	149529	150205	153898	2915	3742	3893	4100	0	729	1803	1803	141800	154000	155900	159800
	全市	353900	365100	366000	370500	15500	19900	20700	21800	0	1900	4700	4700	369400	386600	391400	397000
北海市	铁山港区	11174	14400	16000	23100	1503	1700	1700	1700	0	800	1900	2100	12677	16900	19600	26900
	银海区	7495	10400	10000	9400	3007	3400	3400	3200	0	200	600	500	10502	14000	14000	13100
	海城区	7811	10900	12700	16100	3891	4400	4100	3900	0	300	600	700	11702	15600	17400	20700
	市区小计	26481	35700	38700	48600	8401	9500	9200	8800	0	1300	3100	3300	34882	46500	51000	60700
	合浦县	68019	70000	69000	61500	6299	4700	4700	4700	0	0	800	1000	74318	74700	74500	67200
	全市	94500	105700	107700	110100	14700	14200	13900	13500	0	1300	3900	4300	109200	121200	125500	127900
防城港市	上思县	16822	18915	19166	21498	78	78	78	78	0	407	1256	1324	16900	19400	20500	22900
	防城区	24185	24547	25233	26660	15	15	15	15	0	438	1352	1425	24200	25000	26600	28100
	东兴市	6893	9804	11112	12480	7	7	7	7	0	188	581	612	6900	10000	11700	13100
	港口区	11300	19334	26088	31661	0	0	100	100	0	166	512	539	11300	19500	26600	32200
	全市	59200	72600	81600	92300	100	100	100	100	0	1200	3700	3900	59300	73900	85400	96300
钦州市	钦州港区	7588	13369	16503	16800	0	0	0	0	0	31	97	100	7588	13400	16600	16900
	钦南区	29915	34986	34391	35756	756	1052	1085	1102	0	262	824	842	30671	36300	36300	37700
	钦北区	28365	25922	25259	25915	1071	1490	1537	1560	0	288	904	925	29436	27700	27700	28400
	灵山县	60946	59697	58278	59496	1708	2376	2450	2487	0	627	1972	2017	62654	62700	62700	64000
	浦北县	17386	20327	19870	20333	1065	1482	1528	1551	0	192	603	616	18451	22000	22000	22500
	全市	144200	154300	154300	158300	4600	6400	6600	6700	0	1400	4400	4500	148800	162100	165300	169500

注：表中数据因小数变整数涉及四舍五入的问题，有相差±1 的情况。

表 8-2　塘坝多年平均供水量 N_1　　　单位：亿 m^3

年份	南宁市	北海市	防城港市	钦州市
2010	1.8635	0.587	0.1943	0.722
2015	1.69	0.53	0.18	0.65
2020	1.72	0.54	0.18	0.67
2030	1.75	0.55	0.18	0.68

表 8-3　农村人畜用水中不需办理取水许可水量 N_2　　　单位：亿 m^3

年份	南宁市	北海市	防城港市	钦州市
2010	0.9943	0.4895	0.1553	0.8797
2015	0.90	0.44	0.14	0.80
2020	0.92	0.45	0.14	0.81
2030	0.93	0.46	0.15	0.83

塘坝供水量与农村生活用水及牲畜饮水中分散式供水量有部分重合，重合的具体水量难以精确确定，这里根据经验取重合的比例为塘坝供水总量（按现状供水能力计）的 30%。南宁、北海、防城港、钦州四市不需要办理取水许可的量见表 8-4。

表 8-4　南宁、北海、防城港、钦州不需办理取水许可水量 N　单位：亿 m^3

年份	南宁市	北海市	防城港市	钦州市
2010	2.2988	0.9004	0.2913	1.3851
2015	2.08	0.82	0.26	1.26
2020	2.12	0.83	0.27	1.28
2030	2.16	0.84	0.27	1.30

四市各区县农村人口 p（万人）数据采用《广西水资源综合规划》数据，水平年为 2010 年、2015 年、2020 年、2030 年（表 8-5）。

表 8-5　各区县农村人口 p　　　单位：万人

地级行政区	县级行政区	人口			
		2010 年	2015 年	2020 年	2030 年
南宁市	武鸣县	37	36	34	35
	横县	63	63	63	64
	宾阳县	52	49	48	48

续表

地级行政区	县级行政区	人口			
		2010 年	2015 年	2020 年	2030 年
南宁市	上林县	26	26	26	26
	马山县	31	31	31	32
	隆安县	23	23	23	23
	市区	84	65	34	9
	全市	316	293	259	237
北海市	铁山港区	2.85	1.84	1.76	1.12
	银海区	8.62	5.57	5.30	3.39
	海城区	8.03	5.19	4.94	3.16
	市区小计	19.50	12.60	12.00	7.67
	合浦县	47.79	61.40	60.00	44.03
	全市	67.29	74.00	72.00	51.70
防城港市	上思县	15.68	13.47	12.58	12.5
	防城区	19.95	20.13	17.55	16.16
	东兴市	5.24	5.81	4.99	4.42
	港口区	3.97	4.36	3.37	1.64
	全市	44.84	43.77	38.49	34.72
钦州市	钦州港区	0.7	0.4	0.2	0.3
	钦南区	23.6	8.8	3.3	3.8
	钦北区	49.3	46.3	43.5	33.5
	灵山县	98.8	93.8	89.0	80.3
	浦北县	64.5	62.7	61.0	49.9
	全市	236.9	212.0	197.0	167.8

根据式（8-2）计算得到南宁、北海、防城港和钦州四个地级市下各个区县的不需要办理地表取水许可的水量 n（万 m^3），水平年为 2010 年、2015 年、2020 年、2030 年（表 8-6）。

表 8-6　不需要办理地表取水许可的水量 n　　　单位：万 m^3

地级行政区	县级行政区	水量			
		2010 年	2015 年	2020 年	2030 年
南宁市	武鸣县	2692	2556	2783	3190
	横县	4583	4472	5157	5833
	宾阳县	3783	3478	3929	4375
	上林县	1891	1846	2128	2370

地级行政区	县级行政区	水量			
		2010 年	2015 年	2020 年	2030 年
南宁市	马山县	2255	2201	2537	2916
	隆安县	1673	1633	1883	2096
	市区	6111	4614	2783	820
	合计	22988	20800	21200	21600
北海市	铁山港区	382	204	202	182
	银海区	1153	617	611	551
	海城区	1074	575	570	514
	市区小计	2609	1396	1383	1247
	合浦县	6395	6804	6917	7152
	合计	9004	8200	8300	8399
防城港市	上思县	1019	800	882	972
	防城区	1296	1196	1231	1257
	东兴市	340	345	350	344
	港口区	258	259	236	128
	合计	2913	2600	2699	2701
钦州市	钦州港区	38	21	13	19
	钦南区	1378	525	215	292
	钦北区	2884	2753	2828	2596
	灵山县	5777	5572	5782	6224
	浦北县	3774	3728	3962	3868
	合计	13851	12599	12800	12999

根据式（8-1）计算得到南宁、北海、防城港、钦州各区县各水平年取水许可总量计算结果（表 8-7）。

表 8-7　广西北部湾经济区取水许可总量计算结果　　　　单位：万 m³

地级行政区	县级行政区	总量			
		2010 年	2015 年	2020 年	2030 年
南宁市	武鸣县	51408	51544	51317	51410
	横县	44517	47828	47143	46867
	宾阳县	51517	53922	53471	53525
	上林县	28609	28654	28372	28230
	马山县	16545	16999	17363	17084
	隆安县	18127	17767	19417	19304

续表

地级行政区	县级行政区	总量			
		2010 年	2015 年	2020 年	2030 年
南宁市	市区	135689	149386	153117	158980
	合计	346412	366100	370200	375400
北海市	铁山港区	12296	16696	19398	26718
	银海区	9349	13383	13389	12549
	海城区	10628	15025	16830	20186
	市区小计	32273	45104	49617	59453
	合浦县	67923	67896	67583	60048
	合计	100196	113000	117200	119501
防城港市	上思县	15881	18600	19618	21928
	防城区	22904	23804	25369	26843
	东兴市	6560	9655	11350	12756
	港口区	11042	19241	26364	32072
	合计	56387	71300	82701	93599
钦州市	钦州港区	7550	13379	16587	16881
	钦南区	29294	35775	36085	37408
	钦北区	26552	24947	24872	25804
	灵山县	56877	57128	56918	57776
	浦北县	14677	18272	18038	18632
	合计	134950	149501	152500	156501

其中，2010 年取水许可总量结果是对现状年情况下区域取水许可总量的核算，可理解为现状年情况下核算后的应纳入取水许可管理的水量。2015 年、2020 年、2030 年取水许可总量反映了未来水平年取水许可总量的控制指标。

2. 取水许可增量分析

通过对比各个水平年之间的取水许可总量指标，可以计算得到相邻水平年之间取水许可增量指标（表 8-8）。

表 8-8　广西北部湾经济区取水许可增量指标　　　　单位：万 m³

地市级行政区	2010～2015 年	2015～2020 年	2020～2030 年
南宁市	19688	4100	5200
北海市	12804	4200	2300
防城港市	14913	11400	10900
钦州市	14551	3000	4000

从表 8-8 中可以看出不同水平年间可增发的取水许可水量指标，以 2010～2015 年为例，以 2010 年取水许可核算结果作为基准，以 2015 年取水许可控制总量为指标，2010～2015 年，南宁市可以增加发放取水许可的水量指标为 19688 万 m^3，北海市 2010～2015 年可增发取水许可的水量指标为 12804 万 m^3，防城港市 2010～2015 年可增发取水许可的水量指标为 14913 万 m^3，钦州市 2010～2015 年可增发取水许可的水量指标为 14551 万 m^3。

3. 取水许可现状分析

利用表 8-7 的取水许可总量控制核算指标对广西北部湾经济区现状取水许可证发放情况进行评价。根据《2010 广西水利统计年鉴》，南宁市、北海市、钦州市、防城港市 2010 年取水许可证年终保有有效证数和许可水量见表 8-9，该结果作为目前管理水平下取水许可证发放统计结果。

表 8-9　典型城市取水许可证年终保有有效证数和许可水量

行政区	发放证数	水量/万 m^3
南宁市	936	195620
北海市	185	77696
钦州市	294	47852
防城港市	141	33619

根据表 8-7 中 2010 年取水许可总量核算结果，南宁市、北海市、钦州市、防城港市 2010 年的取水许可发证统计结果与取水许可核算结果对比如图 8-2 所示。

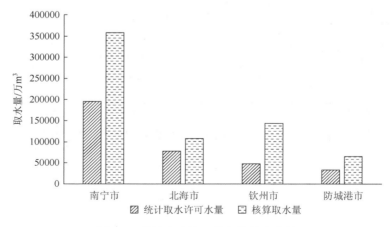

图 8-2　统计取水许可量与核算取水量

从图 8-2 中可以看出，2010 年基准条件下，根据水利统计年鉴得到各地市总共发放的取水许可水量与通过取水许可总量核算结果的对比关系，其中南宁市、北海市、钦州市、防城港市的统计取水许可量均不同程度小于核算后的实际应纳入取水许可管理的取水量。南宁市取水许可发放水量仅占核算取水量的 55%，北海市取水许可发放水量仅占核算取水量的 72%，钦州市取水许可发放水量占核算取水量的 33%，防城港市取水许可发放水量仅占核算取水量的 51%。

造成这一结果可能的原因主要有：取水许可统计范围不全面、取水许可管理范围不全；除去不需要发放取水许可的水量，存在实际发生的取水行为没能纳入取水许可管理的情况。反映了在目前管理水平下，水行政管理部门对取水许可的统计发放情况的统计核实工作仍存在较大提升空间。

4. 取水许可警戒线管理分析

在取水许可总量控制指标基础上，在先行先试地区建议采用取水许可控制警戒线管理，设定绿色、橙色和红色警戒线，以及当取水许可发放总量达到警戒线时相应的管理措施。其中，"绿线"为最轻警戒级别，"橙线"为较高警戒级别，"红线"为最高警戒级别。不同级别所对应的具体管理措施如表 8-10所示。

表 8-10   取水许可红橙绿管理措施

警戒线	计算方法	管理措施
绿色警戒线	红色警戒线×0.8	加强节水，限制取水，控制火电等高耗水行业发证数量，对已发放取水许可证进行核减，对过去三年取水超过计划用水的用水户重新开展水资源论证
橙色警戒线	红色警戒线×0.9	加强节水，全面开展各行业耗水测试，核减高耗水行业发证数量，暂停高耗水行业的取水许可发放
红色警戒线	取水许可控制指标（表 8-7）	加强节水，停止发放取水许可，核减已发取水许可，启动应急管理预案

南宁、北海、防城港、钦州取水许可控制警戒线计算结果如表 8-11 所示。

表 8-11　取水许可控制警戒线管理指标

单位：万 m³

地级行政区	县级行政区	2010年 黄线	2010年 橙线	2010年 红线	2015年 黄线	2015年 橙线	2015年 红线	2020年 黄线	2020年 橙线	2020年 红线	2030年 黄线	2030年 橙线	2030年 红线
南宁市	武鸣县	41127	46268	51408	41235	46390	51544	41054	46185	51317	41128	46269	51410
	横县	35614	40065	44517	38262	43045	47828	37715	42429	47143	37494	42180	46867
	宾阳县	41214	46365	51517	43137	48529	53922	42777	48124	53471	42820	48173	53525
	上林县	22887	25748	28609	22923	25789	28654	22697	25535	28372	22584	25407	28230
	马山县	13236	14890	16545	13599	15299	16999	13890	15626	17363	13667	15375	17084
	隆安县	14501	16314	18127	14214	15991	17767	15534	17476	19417	15443	17373	19304
	市区	108551	122121	135689	119509	134447	149386	122494	137805	153117	127184	143082	158980
	合计	277130	311771	346412	292879	329490	366100	296161	333180	370200	300320	337859	375400
北海市	铁山港区	9837	11066	12296	13357	15026	16696	15518	17458	19398	21374	24046	26718
	银海区	7479	8414	9349	10706	12045	13383	10711	12050	13389	10039	11294	12549
	海城区	8502	9565	10628	12020	13523	15025	13464	15147	16830	16149	18168	20186
	市区小计	25818	29045	32273	36083	40594	45104	39693	44655	49617	47562	53508	59453
	合浦县	54339	61131	67923	54317	61107	67896	54067	60825	67583	48038	54043	60048
	合计	80157	90176	100196	90400	101701	113000	93760	105480	117200	95600	107551	119501
防城港市	上思县	12705	14293	15881	14880	16740	18600	15694	17656	19618	17542	19735	21928
	防城区	18323	20614	22904	19043	21424	23804	20295	22832	25369	21475	24159	26843
	东兴市	5248	5904	6560	7724	8689	9655	9080	10215	11350	10205	11481	12756
	港口区	8834	9938	11042	15393	17317	19241	21091	23727	26364	25658	28865	32072
	合计	45110	50749	56387	57040	64170	71300	66160	74430	82700	74880	84240	93600
钦州市	钦州港区	6040	6795	7550	10703	12041	13379	13270	14928	16587	13504	15193	16881
	钦南区	23435	26364	29294	28620	32198	35775	28868	32476	36085	29926	33667	37408
	钦北区	21241	23897	26552	19957	22452	24947	19898	22385	24872	20643	23223	25804
	灵山县	45501	51189	56877	45702	51415	57128	45534	51226	56918	46221	51998	57776
	浦北县	11742	13210	14677	14617	16445	18272	14430	16234	18038	14906	16769	18632
	合计	107959	121455	134950	119599	134551	149501	122000	137249	152500	125200	140850	156501

8.3   计划用水动态管理模式及应用

为了在实际应用中落实取水许可控制指标,需要开展计划用水管理,将取水许可作为重要约束指标,对计划用水的年度和月度指标进行分解。在计划用水管理框架中,除设置相关管理机制及制度规范,其具体措施应包括用水计划编制、下达、实施、监督、考核、奖惩等多个环节。通过在取水许可框架下的用水计划编制、下达,确定各用水户年度用水总量和用水月过程;通过用水计划实施,实现计划用水指标控制;通过监督、考核、奖惩,保障用水计划实施。

目前各地已经陆续开展了计划用水编制工作,但是在实际管理实施环节中如何对计划用水进行弹性管理还需要研究,一方面在区域层面,还没有形成根据不同来水条件动态调整用水计划的制度,或是没有细化的不同频率年用水指标来作为制定年度计划用水的依据,如对于 2015 年、2020 年和 2030 年的总量控制红线,目前的指标是多年平均的计算结果,但对于 75%和 95%的枯水年份,同样需要一个可供参考的总量控制指标来约束当年的年度计划用水;另一方面在用户层面,逐月计划用水指标的确定多采用历史同期用水量,再赋以折减系数,或采用全年平均的做法,各个月份的计划用水分配系数一经确定,便成为年内计划用水考核的重要依据。而在实际生产工作中,每个月份的实际用水量往往具有随机性,有可能出现当月用水量超过或低于用水指标的情况,这样实际上会压缩或增加对于后续月份的总用水指标。为了能够充分发挥年计划用水指标的作用,保障每个月都有尽可能多的用水计划,需要逐月进行计划用水的动态调整。本研究将重点开展计划用水动态管理的研究,从年度计划用水方面,提出不同来水频率下的计划用水动态指标;在月计划用水方面,建立一套动态管理模式来实现年内计划用水指标的动态合理分配。

8.3.1   计划用水动态管理基本制度

对于用水户来说,为实现计划用水的动态管理,需要辅以相应的制度作为基础,如取水许可总量控制制度、计划用水逐级分解考核制度、阶梯水价制度及警戒线预案制度。

1. 取水许可总量控制制度

通过计划用水管理与取水许可管理的紧密结合,落实区域用水总量控制目标。一般情况下,用水计划必须在取水许可量范围内制订,即 $Q_{总} \leq A$。核定的用水计划值超出取水许可量时,以取水许可量作为计划,并同时移交水资源管理科,通知企业做取水许可量的变更。对于申请增加用水量的单位,要以水平衡测试为依据，在取水许可范围内的用水申请，根据申明事由现场考察核实，批准其增加用水量，超出取水许可范围的用水申请，必须进行水资源论证，经论证符合取水条件的，方能批准其增加用水。

2. 计划用水逐级分解考核制度

由市水行政主管部门，根据用水定额、经济技术条件及水量分配方案，制定全市年度用水计划，对全市年度用水实行总量控制；市水行政主管部门应当根据全市年度用水计划、用水定额和非生活用水户的用水需要，核定、下达其年度用水计划指标，并按季度考核。

公共供水企业应当按照水行政主管部门下达的用水计划指标供水，市、区县水行政主管部门按照职责分工对公共供水企业实行分级管理和考核。

3. 阶梯水价制度

非生活用水户用水量超过用水计划指标的，实行累进加价制度，按照下列标准缴纳超计划用水水费：超过用水计划指标 10%以下（含 10%）的部分，按照水资源费的二倍加收；超过用水计划指标 10%以上 30%以下（含 30%）的部分，按照水资源费的三倍加收；超过用水计划指标 30%以上的部分，按照水资源费的四倍加收。

任何单位和个人不得擅自减免超计划用水累进加价水资源费，确需减免的，应由非生活用水户向市及区县水资源管理机构提出书面申请，经审核后确定。

4. 超计划用水警示制度

用水单位月实际用水量超过月计划用水 10%的，管理机关应当给予警示。用水单位月实际用水量超过月计划用水量 50%以上，或年实际用水量超过年计划用水总量 30%以上的，管理机关应当督促指导其开展水平衡测试，查找超量原因，制定节约用水方案和措施。

5. 月内警戒线预案制度

为了进一步细化计划用水管理，对照各个月份计划用水指标，对每个月内用水过程采用控制警戒线管理，划定方法如表 8-12 所示。

表 8-12　计划用水动态管理模式

警戒线	条件	管理措施
绿线	$S_i = Q \times 0.8$	加强节水
橙线	$S_i = Q \times 0.9$	加强节水，全面开展耗水测试，调整下一个月计划用水指标

注：S_i 为截至第 i 天当月已用水量，Q 为该用水单元当月计划用水指标。

对于一年中有四个月用水达到橙线以上（或有三个月达到橙线以上，或有两个月达到红线）的用水单元，进行重点节水改造。

对于连续两年，每年有四个月用水达到橙线以上（或有三个月达到橙线以上，或有两个月达到红线）的用水单元，重新进行水资源论证。

对于年内用水规律发生变化的用水单元（即各月用水量有较大波动的用户），需根据实际用水规律各月权重重新划定各月用水分配系数 λ。

该警戒线制度实际上是一种针对逐日用水计划的控制制度，在目前的管理水平、计量普及率、信息化水平及实际操作性上都有一定的难度，但作为一种潜在的管理机制，可以在小尺度的试点内进行有益的尝试。

8.3.2　年计划用水动态指标确定方法

1. 区域层面

为了根据不同来水频率动态制定区域年度用水计划，采用 50%、75%、95% 来水频率作为年计划用水动态调整的三个情境。其中，通过基于 ET 耗水控制的水资源配置，对各个水平年不同来水频率下区域行业年度计划用水进行了核算，该结果可以作为年度计划用水理论的上限指标，作为指导区域根据当年来水频率制定年度计划用水的重要参考。

根据水利部《计划用水管理办法》，对纳入取水许可管理的单位和其他用水大户实行计划用水管理。因而本研究在多年平均条件下，区域年度计划用水量应接近该地区取水许可保有量（水量）。其他来水频率下，根据 50%，75%、95%来水频率下的区域用水总量控制指标（表 8-13）作为年度计划用水控制指标对不同水平年条件下年度计划用水管理的重要依据，此时的计划用水相当于取水许可总量指标根据来水频率的波动结果。

$$B_i^j = A^j \times \frac{W_i^j}{W_{\text{多年平均}}^j} \tag{8-4}$$

式中，B_i^j 为当来水频率为 i、水平年为 j 的情况下，区域的年计划用水指标；A^j 为水平年 j 的取水许可控制指标（表 8-7）；W_i^j 为当来水频率为 i、水平年为 j 的情况下区域的年度用水总量控制指标（表 8-13）。

表 8-13　不同来水频率下年度用水总量控制指标　　　单位：亿 m³

来水频率	行政区	年度用水指标			
		2010 年	2015 年	2020 年	2030 年
50%	南宁市	37.47	39.19	39.61	40.10
	北海市	11.09	12.28	12.69	12.90

续表

来水频率	行政区	年度用水指标			
		2010 年	2015 年	2020 年	2030 年
50%	防城港市	6.01	7.46	8.61	9.68
	钦州市	15.09	16.39	16.68	17.04
	合计	69.66	75.32	77.58	79.72
75%	南宁市	39.91	41.49	41.76	41.95
	北海市	11.85	13.02	13.35	13.39
	防城港市	6.35	7.78	8.91	9.89
	钦州市	16.06	17.23	17.35	17.46
	合计	74.17	79.52	81.37	82.68
95%	南宁市	34.75	36.43	36.87	37.40
	北海市	10.33	11.46	11.88	12.11
	防城港市	5.56	6.94	8.03	9.06
	钦州市	13.99	15.25	15.57	15.97
	合计	64.63	70.08	72.36	74.54

在表 8-14 基础上，划定出广西北部湾经济区四市不同来水频率下各水平年年度计划用水警戒线（图 8-3）。

表 8-14　不同来水频率下年计划用水核算指标　　单位：亿 m³

来水频率	行政区	年度计划用水指标			
		2010 年	2015 年	2020 年	2030 年
50%	南宁市	35.58	37.50	37.66	38.16
	北海市	10.55	11.77	11.97	12.13
	防城港市	5.71	7.15	8.08	9.13
	钦州市	13.75	15.17	15.21	15.56
	合计	65.59	71.59	72.92	74.98
75%	南宁市	37.90	39.71	39.71	39.92
	北海市	11.27	12.48	12.59	12.59
	防城港市	6.04	7.45	8.37	9.33
	钦州市	14.63	15.95	15.83	15.94
	合计	69.84	75.58	76.49	77.78
95%	南宁市	32.99	34.86	35.06	35.59
	北海市	9.83	10.98	11.20	11.39
	防城港市	5.29	6.65	7.54	8.55
	钦州市	12.75	14.12	14.21	14.58
	合计	60.86	66.62	68.01	70.11

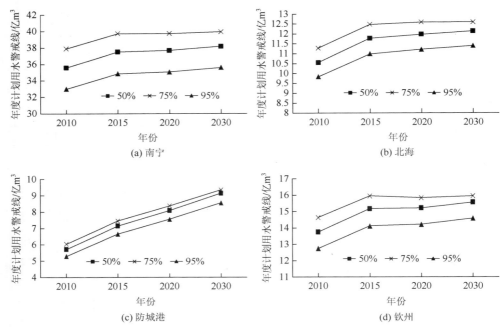

图 8-3　广西北部湾经济区不同来水频率下年度计划用水警戒线

对南宁市、北海市、防城港市、钦州市，2010 年、2015 年、2020 年、2030 年四个水平年，不同来水频率（50%、75%、95%）下的年度计划用水制定了警戒线，其含义为：对于纳入计划用水管理的水量，在对年度来水频率进行预测的基础上，若来水频率接近多年平均水平，则年度计划用水不能超过当年 50%频率计划用水警戒线对应水量指标；若来水频率接近 75%，则年度计划用水不能超过当年 75%频率计划用水警戒线对应水量指标；若来水频率接近特枯年水平（95%来水频率），则年度计划用水不能超过当年 95%频率计划用水警戒线对应水量指标。

另外，本节中的结果是根据用水总量控制指标和取水许可总量指标计算得来，现状年情境下，南宁市、北海市、防城港市和钦州市的实际年计划用水量远小于计算结果，但仍然接近当年的各市取水许可可保有量。一方面说明广西北部湾地区年计划用水量与取水许可量的关联关系，另一方面也反映出完善取水许可管理体系可以有效推进计划用水管理工作。

对于一个地区，在已有不同来水频率用水指标的基础上，还需要建立多年复核的机制，来对多年平均的取用水总量控制红线进行复核，在较长的时间尺度内验证当地用水情况与红线的满足关系。

2. 用户层面

用水户年度计划用水总量根据水量平衡测试确定的合理用水水平系数、用水平均增长率以及最近三年年度实际用水总量的平均值确定。具体计算方法为：①单位用户有三年以上用水数据的：单位用户年度计划用水总量＝合理用水水平系数×(1＋前三年用水平均增长率)×前三年实际用水总量的平均值。②单位用户有两年以上用水数据的：单位用户年度计划用水总量＝合理用水水平系数×(1＋前两年用水平均增长率)×前两年实际用水总量的平均值。③单位用户有一年以上用水数据的：单位用户年度计划用水总量＝合理用水水平系数×前一年实际用水总量。

　　其中，0＜合理用水水平系数≤1，水量平衡测试是确定单位用户用水计划、评估用户节水潜力等节水工作的科学依据。通过水平衡测试确定合理用水水平系数，合理用水程度越高，节水程度越高，合理用水水平系数越大。

8.3.3　月计划用水动态指标确定方法

　　在计划用水动态管理中，为了实现精细化管理，区域层面上需要根据 7.4 节提及的序贯决策管理模式来进行管理，对于取用水单元来说，仍可以以序贯决策思想为基础，可以尝试在全年取水总量指标的约束下，进一步针对各个月份的计划用水指标设定控制线并动态调整，以动态管理用水户的取水量。其目的是根据用户计划用水执行情况调整后期计划用水指标，通过弹性约束促进用户主动开展节水，具体如式（8-5）所示。

$$Q_i = \left(Q_{总} - \sum_{j=1}^{i-1} S_j \right) \times \frac{\lambda_i}{\sum_{j=i}^{12} \lambda_j} \quad i = 1, 2, \cdots, 12 \tag{8-5}$$

式中，Q_i 为该用水单元第 i 个月的计划用水指标；$Q_{总}$ 为该用水单元全年用水计划指标；S_j 为第 j 月实际用水量；λ_i 为年用水量第 i 月的分配系数，对于工业和生活两个行业来说，用水规律全年较为平均，$\lambda_i \approx 1/12$，对于农业用户需根据不同作物的生长规律确定，对于整个区域多为一个单元的情况，λ_i 需根据该地区各月的多年平均用水量确定。

　　在实际应用中，非生活用水户接到年度用水计划指标 20 日内，应当根据用水情况将年度用水计划指标分配到月。逾期不分配的，由水行政主管部门按其年度用水计划指标平均分配到月（$\lambda_i = 1/12$）进行季度考核。

8.4　案　例　分　析

　　南宁劲达兴纸浆有限公司（南宁劲达兴纸业有限公司）年产 9.8 万 t 桑枝浆、年产 20 万 t 高级文化纸项目取水许可水量为年取水量 1600 万 m³。

情景一：假设该企业 2010 年用水量 1200 万 m³，2011 年用水量 1300 万 m³，2012 年用水量 1400 万 m³，根据水量平衡测试确定的合理用水水平系数为 0.9，则根据年度用水计划计算方法，该企业 2013 年年度计划用水总量 $= 0.9 \times \left(1 + \dfrac{100/1200 + 100/1300}{2}\right) \times \dfrac{1200 + 1300 + 1400}{3} = 1264$ 万 m³。假设 2013 年实际用水量为 1420 万 m³，则 2014 年年度计划用水总量基于 2011 年、2012 年、2013 年用水量 $= 0.9 \times \left(1 + \dfrac{100/1300 + 20/1400}{2}\right) \times \dfrac{1300 + 1400 + 1420}{3} = 1243$ 万 m³。

情景二：假设该企业在 2010 年该项目报年度计划用水 1200 万 m³，在企业没有自行设定取水量月分配系数的情况下，该项目各月初始计划用水系数均为 $\lambda_i = 1/12$。随机生成 12 个月的实际用水量（表 8-15）。

表 8-15　用户实际用水量 S　　　单位：万 m³

月份	1	2	3	4	5	6	7	8	9	10	11	12
用水量	100	100	120	90	110	100	100	90	100	110	80	100

根据式（8-5），该企业当年各个月份的动态计划用水指标见表 8-16。

表 8-16　各月动态计划用水指标　　　单位：万 m³

月份（i）	实际用水量 S	累计用水量	初始指标	动态指标 A
1	100	100	100	100
2	100	200	100	100
3	120	320	100	100
4	90	410	100	97.78
5	110	520	100	98.75
6	100	620	100	97.14
7	100	720	100	96.67
8	90	810	100	96
9	100	910	100	97.5
10	110	1020	100	96.67
11	80	1100	100	90
12	100	1200	100	100

其中，初始指标就是对全年用水计划的均分，代表目前计划用水管理中月

计划用水指标，一经确定，不再更改。动态指标 A 则是根据式（8-5）计算得到。根据逐月实际用水量的产生计算得到后续月份的指标，当第 i 月实际用水量产生时，计算出后续月份的指标。特点是实时计算，动态调整。可以在考虑累计已用水量和全年计划用水指标的情况下，动态调整个月计划用水指标。当用户前期用水超过计划用水时，不但进行加价收取水费，同时压缩后期的月度用水指标。表 8-16 中的结果情景下，第 i 月的累计用水量与（$i+1$）至 12 月的月计划用水指标之和等于全年计划用水指标，如第 7 个月的累计用水量为 720 万 m^3，8～12 月的月计划用水指标为 480 万 m^3（或 8 月计划用水指标 96×5 个月 = 480 万 m^3），二者之和等于全年计划用水指标 1200 万 m^3，能够在制度上对用户的用水指标进行约束。而如果不采用动态计划用水指标，全年各个月的指标都定为 100 万 m^3，则在第 7 个月时的累计水量为 720 万 m^3，8～12 月的计划用水指标共计 500 万 m^3（100 万 m^3×5 个月 = 500 万 m^3），此时全年已用水量和剩余月份的计划用水指标之和为 1220 万 m^3，已经超过了全年的计划用水量，从制度约束上给了用户超计划用水的漏洞，不能达到利用计划用水限制取用水量的目的。

因此，实行动态计划用水指标的意义就在于能够在计算方法上保障年内阶段用水量、逐月计划用水和全年计划用水三者之间的无缝衔接，保证已用水量+剩余月份计划用水指标=全年计划用水，一方面从制度上提升了月度计划用水的适应性，另一方面鼓励用户开展节水，自主控制用水指标的盈余。

另外，在本案例中，由于 3 月、5 月、6 月、7 月、9 月、10 月 6 个月的实际用水量超过了当月计划用水指标，所以在该 6 个月需要实行阶梯水价，超过用水计划指标 10%以下（含 10%）的部分，按照水资源费的二倍加收；超过用水计划指标 10%以上 30%以下（含 30%）的部分，按照水资源费的三倍加收；超过用水计划指标 30%以上的部分，按照水资源费的四倍加收。

在该案例中，该企业年度用水计划总量没有超出指标，但出现较多个月不能满足指标，其主要原因是企业各月用水系数相等，没有根据实际情况进行设定。为此，假定理想情景，该企业以往年份各月实际用水分配系数较为固定，则以各月实际用水之间的比例作为各月用水分配系数 λ_i 进行调整（表 8-17）。

表 8-17　调整后各月用水分配系数 λ

月份	1	2	3	4	5	6	7	8	9	10	11	12
λ	0.08	0.08	0.10	0.08	0.09	0.08	0.08	0.08	0.08	0.09	0.07	0.08

根据调整后各月用水分配系数，月计划用水指标计算结果见表 8-18。

表 8-18　调整后各月计划用水指标　　　　　　　　　单位：万 m³

月份	实际用水量	累计用水量	调整前月计划用水指标	调整后月计划用水指标
1	100	100	100	100
2	100	200	100	100
3	120	320	100	120
4	90	410	97.78	90
5	110	520	98.75	110
6	100	620	97.14	100
7	100	720	96.67	100
8	90	810	96	90
9	100	910	97.5	100
10	110	1020	96.67	110
11	80	1100	90	80
12	100	1200	100	100

可以看出，经过调整该企业在满足全年用水计划的同时，各个月也没有超过计划用水指标的情况，说明企业合理确定各月计划用水指标分配系数对在最低成本下保障计划用水动态管理有重要作用。在实际应用中，不可能利用当年的实际用水量来确定各月用水系数，所以建议的做法是根据历史同期用水量的均值来确定当年各月的用水分配系数，以最大程度地保证分配系数接近实际用水情况。

8.5　本 章 小 结

（1）梳理了总量控制与取水许可、计划用水之间的关系，明确了计划用水、取水许可是实现总量控制的重要手段，实行计划用水和取水许可的根本目的就是要实现总量控制。阐明了水资源可利用量、用水控制红线、取水许可总量、用水计划和实际用水量是层层递进的关系，其所涵盖的范围逐渐缩小。水资源可利用量指当地的水资源本底条件，范畴最广；用水控制红线指在经过水资源配置后形成的区域用水总量上限，该红线不能超过水资源可利用量；取水许可总量则特指用水控制红线中需要办理取水许可的部分水量；计划用水则是用水单元年度、月度计划用水指标，年度计划用水不能超过取水许可水量；实际用水量则是实际发生的用水量，原则上不能超过用水计划，且其时间尺度可以具体到日甚至实时用水量。

（2）通过分析取水许可管理现状，识别取水许可管理中存在的若干问题：取水许可总量核算理论有待改进、取水许可审批管理信息化技术薄弱、取水许可审批管理内容有待改进、取水许可审批后的验收和管理工作不到位。重点分析了取水许可核算中存在的不足：目前水资源管理控制多在不突破许可取水量的限制的条件下，进行水资源的合理分配，缺乏对水资源可消耗总量的控制，不利于"真实节水"，没有达到资源性节水的要求，在该分配方案下进行取水许可总量的计算，容易导致许可水量偏大，不利于实现最严格水资源管理的目的。针对这一问题，本研究在新的基于耗水控制的水量分配方案下进行取水许可的重新核算，根据用水总量控制指标，开发了用水总量控制下取水许可总量核算技术式（8-1），一方面实现了通过耗水控制来约束取水许可总量的目的，另一方面为管理部门核算取水许可总量提供了技术支持。

（3）利用取水许可核算技术，对未来水平年取水许可指标进行分析，确定了各水平年取水许可增量指标；通过对比取水许可核算结果与目前统计取水许可量之间的差异，验证了目前取水许可统计中存在的覆盖范围不全等问题；在取水许可总量控制指标基础上，提出采用取水许可控制警戒线管理的建议，设定黄色、橙色和红色警戒线，以及当取水许可发放总量达到警戒线时相应的管理措施作为取水许可精细化管理的参考。

（4）梳理了目前计划用水管理中存在的若干问题：计划用水专项管理制度不健全、用水计划编制科学性有待进一步规范；月度计划用水分配缺乏弹性，动态管理机制不健全；计划用水覆盖的范围还不够，过程监督和服务体系不健全；超计划用水惩罚、节约用水奖励的行政执法难度较大。并重点分析了计划用水确定方法中的问题：一方面在区域层面，还没有形成根据不同来水条件动态调整用水计划的制度，或是没有细化的不同频率年用水指标来作为制定年度计划用水的依据，如对于 2015 年、2020 年和 2030 年的总量控制红线，目前的指标是多年平均的计算结果，但对于 75%和 95%的枯水年份，同样需要一个可供参考的总量控制指标来约束当年的年度计划用水；另一方面在用户层面，缺乏对月计划用水的弹性管理机制。针对这两个方面，本研究在年度计划用水方面，提出不同来水频率下的计划用水动态指标；在月计划用水方面，建立一套动态管理模式来实现年内计划用水指标的动态合理分配。

（5）年度计划用水方面，为了根据不同来水频率动态制定区域年度用水计划，采用 50%、75%、95%来水频率下的区域用水总量控制指标作为年度计划用水控制指标对不同水平年下年度计划用水进行管理。其中，通过水资源配置，对各个水平年、不同来水频率下区域行业年度计划用水进行了核算，该结果可以作为年度计划用水理论的上限指标，作为指导区域根据当年来水频率制定年度计划用水的重要参考，实际应用中还需要结合历史实际用水量、取水许可证发放情况进行调整。用水户年度计划用水总量根据水量平衡测试确定的合理用水水平系数、用水平均增长率及最近三年年度实际用水总量的平均值确定。

（6）月计划用水方面，在计划用水动态管理中，为了进一步实现精细化管理，将序贯决策思想应用于取用水单元的计划用水制定，研究提出利用式（8-1）～式（8-3），在全年取水总量指标的约束下，进一步针对各个月的计划用水指标设定控制线并动态调整，以动态管理用水户的取水量，实现了对月计划用水的弹性管理，促进用户的主动节水。

第9章 广西北部湾经济区水资源开发利用监控体系与动态管理系统研发

从自然与社会水循环的基本原理出发，结合水资源开发利用总量控制理论与研发技术，详细阐述了取用水总量控制监控的基本理论及体系框架，并考虑取—用—耗—排水之间的关系，提出广西北部湾经济区取用水总体控制监控的基本理论与体系设计框架，并研发了经济区水资源开发利用控制动态管理系统。

9.1 取用水总量控制监控的基本理论

取用水总量控制监控是落实总量控制红线的重要技术支撑和主要工作抓手，然而，目前广西北部湾经济区水资源信息化建设严重滞后，水资源计量监测水平低、监控手段缺乏、应急反应滞后，尚未形成满足管理需要的监测、计量、信息管理能力，数据的可靠性、准确性和完整性不足，远不能适应经济社会发展对水资源管理精细化、动态化、科学化和定量化的要求，直接影响到总量控制红线的划定和实施，难以适应最严格水资源管理制度的工作要求，且由于缺乏水资源监控手段和水资源信息管理平台，制约了取水许可管理、计划用水等业务管理工作的开展，致使 2020 年基本建成水资源合理配置和高效利用体系的目标无法实现。

广西北部湾经济区取用水总量控制监控系统以市级水资源监控基本点（站）的在线监测和传输能力建设以及市级水资源监控管理信息平台建设为重点建设内容。取用水总量控制监控主要致力于完善经济区内水资源管理所需的数据获取和监控手段，形成满足实施总量控制红线管理需要的监测、计量、信息管理能力；建立包含计算机网络、数据库、应用支撑平台、业务应用系统和应用交互等层面的北部湾经济区信息平台系统，为水行政主管部门、社会公众、管理对象、政府相关职能部门和规划设计单位提供服务。

广西北部湾经济区取用水总量控制监控系统为保证水资源数据的时效性、真实性和权威性，实现水资源管理从粗放、静态、经验、定性管理向精细、动态、科学、定量管理转变提供了重要保障；有助于真正实现现状能监、管理有措、决策有助。

总量控制监控系统是在深入进行水资源管理业务需求分析的基础上，基于水资源专业模型技术，综合运用联机事务处理技术、组件技术、GIS、决策支持系统等技术，与水资源专项业务结合，构建先进、科学、高效、实用的总量控制管理业务处理信息系统。根据对主要业务的需求分析，应用系统涵盖以下几部分内容（图9-1）。

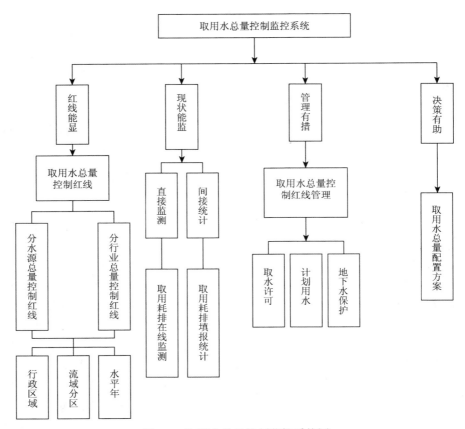

图 9-1　取用水总量控制监控系统图

（1）红线能显——总量控制信息服务系统。该系统对总量控制红线信息提供服务，具体包括：按流域分解的指标和按行政区划分解的指标，流域又细化为一级分区、二级分区、三级分区、四级分区乃至五级分区，而行政区划可以细化到地市级行政区和县区级行政区等，这些指标又包括2015年、2020年和2030年等不同水平年，也可以分解到每年甚至每月，将红线信息显现出来。

（2）现状能监——总量控制业务管理系统。该系统服务于总量控制管理各项日常业务处理。该系统提供对各类在线监测数据的信息服务，包括取水口、河流行政边界、水功能区等的监测信息；取用耗排水量信息发布，水资源相关政策法规、标准规范等发布，水资源公报、水质简报等发布，行政公示项目信息统计和发布，水资源丰枯形势、计划用水等发布，重大污染等突发事件处理发布等；综合信息服务，通过地理信息系统和综合数据库，实现各类用水户取用耗排信息汇总和综合展示、统计、对比分析等。

（3）管理有措——总量控制决策支持系统。该系统利用 3S［GIS、遥感技术（remote sensing，RS）、全球定位系统（global positioning system，GPS）］技术和水量调度模型等手段，为编制水量调度方案和监督调度方案的实施提供决策支持，为水资源管理各项工作提供信息服务、分析计算、模拟仿真等功能。用水总量控制方案包括年度控制方案、月度控制方案、实时控制方案、应急控制方案等，根据主要来水区径流预报、可供水量分配方案、不同时段最小下泄流量等情况，综合运用枯水期径流演进预报模型、SWAT 模型等，编制多套用水总量控制预案并进行综合分析评价，供相关领导决策。

（4）决策有助——总量控制应急管理系统。该系统用于突发灾害事件时的水资源管理工作，针对不同类型突发事件提出相应应急响应方案和处置措施。突发灾害事件包括重大水污染事件、重大工程事故、重大自然灾害及重大人为灾害事件等。应急预案管理按照出险类型分门别类对应急发生、告警、方案制定、执行监督和实际效果等全过程进行管理，提供操作简便的应急预案调用等功能。应急调度依据采集的实时信息，判断事件类别，参考应急预案，提出应急响应参考方案，选定应急响应方案，将应急响应方案作为调度的边界条件，生成调度方案。

9.2　广西北部湾经济区取用水监控现状

目前，广西已经完成了大部分的取用水监控体系、水功能区监控体系的建设内容，其中完成安装调试的监测站点约 1200 个，已实施的监测站点数据由临时的采集服务器进行数据存储。2016 年广西开展国家水资源监控能力建设项目建设内容里面的系统集成及信息服务、门户系统开发部分的工作。此外，广西水利厅与国家防汛抗旱总指挥部及水利部之间的网络通道已建成，即部—委—自治区—地市—县的计算机广域网已搭建完成。

广西北部湾经济区水资源主要靠大气降水。全年80%的降水量集中在汛期4~9月，降水时空分布不均，汛期水灾频繁，春秋两季发生干旱。目前广西北部湾经济区四市境内仅设立了 12 个水文站点，全区土地面积为 42465km²，平均站网密度为 3539 站/km²，低于广西全区平均站网密度（2058 站/km²）和全国平均水平（2098 站/km²），其中南宁市站网密度最低，为 4422 站/km²，钦州市站网密度最高为 2710.75km²/站，北海市和防城港市站网密度分别为 3337km²/站和 3086km²/站。

广西北部湾经济区已监测取用水户共计 3348 个，监测用户主要为工业企业、政府事业单位以及大中型水库、发电厂，农业用水户监测覆盖度较低。已知北部湾经济区取水许可发证数总量为 41.5 亿 m³，目前已知检测取水许可年用水量占发证数年用水量的 75%，其中南宁市最高，监测取水许可量为 7.12 亿 m³/年，占南宁市取水许可年用水量的 80%，防城港市最低，监测取水许可量为 0.38 亿 m³/年，占防城港市取水许可年用水量的 61%，北海市和防城港市监测取水许可量分别为 0.73 亿 m³/年和 0.89 亿 m³/年，分别占北海市和防城港市取水许可年用水量的 71% 和 73%。

9.3　广西北部湾经济区取用水总量控制监控体系框架

9.3.1　自然水体的监控

需要对主要河流断面、重要饮用水功能区流量、水位、水生态等指标进行监控，确保逐月的生态流量，促进生态系统结构和功能的良性循环。

1. 主要河流断面水量监控

经济区现有水文站网的布局方面，原有水文站网已基本覆盖大江大河干流及主要支流，基本满足控制洪峰流量沿程变化和水量沿程变化，能用所收集到的资料，借助相关、内插、移用等方法，解决无水文资料地区的其他河流流量特征值或流量过程。但水文站密度较低，缺乏准确的水文数据，易导致在水资源调控、防汛抗旱、水环境监测等工作中出现时机延误、决策错误等尴尬局面；且随着经济社会的发展，工业化和城市化进程加快，经济社会活动的重心向城镇倾斜，城镇对防洪及水资源管理服务的要求提高，对水文资料的需要既有实时性要求，又有系列性要求。

1）主要河流增设站点

在流经重要城镇河流上增设水文站，掌握水体的蓄水量和水面的变化规律，为防汛及水资源开发利用服务。

2）主要水库增设站点

在大中型水库上增设水文观测设施便于掌握水库水位变化实时动态，掌握水库供水的实时动态变化。

3）增巡测水文站

针对现有水文站网布局尚存的空白区，以及局部地区站网过稀问题，拟增设水文巡测点，改善现有站网布局中过于薄弱的环节，充分发挥站网的总体功能。这些站点采用人工定时巡测和安装自动监测仪器方式进行观测，做到点面兼顾、实测和调查相结合。

2. 水生态功能区监测

开展河流生态及湿地生态监测，弥补生态环境监测方面的空白，为恢复河流生态与湿地生态修复提供基础数据与服务。长期以来广西北部湾经济区水文业务主要围绕防汛及水文基础资料收集而开展工作，在生态环境监测方面为空白。

3. 地下水监控

地下水作为北部湾经济区部分农田灌溉及城镇供水的重要水源，在保障人民生活、促进经济社会发展，改善生态环境等方面有着举足轻重的作用。为合理开发利用和保护地下水资源，有效控制地下水超采，涵养地下水源，改善生态环境，延缓和防止地质灾害的继续发展，加强地下水管理和保护，实施水资源优化配置和合理调度，拟在地表水资源缺乏、地下水开采量较大且经济发展较快的区域设置地下水监控点。

9.3.2　用水户用水过程的计量和监控

广西北部湾经济区供取水监控是指对南宁、北海、钦州和防城港的取水户用水情况的实时监测与水表用水量集中管理。广西北部湾经济区地表水资源丰富，城市供水主要是以地表水为主，地下水为辅的方式供给。

1. 农业用户的监控——重要灌区

1）农业灌溉用水监控

农业灌区监测的用水量主要采用渠道监测和电表计量。在大、中型灌区（如合浦灌区）渠道中利用流速仪监测、宽顶堰量水等监测方法进行渠道测量，并利用历年水位-流量关系曲线进行水量计算，采用流速仪法进行流量校核。在小型灌区及分散农业灌溉取水户中用电表计量即电水转换法计量取用水量，根据农业灌溉提水泵的最大功率来计算灌溉用水量。

用水数据应按月经由各级水行政管理部门进行上报，由于农业灌溉水量分布较为分散且成分复杂，实时在线难度较大，因此采用汇总统计方式。

2）畜牧养殖取用水量

采用典型区监测方法进行统计计算，选取用水典型区进行详细的用水调查，调查典型区的养殖数量、日用水量，计算各典型区的用水定额，然后根据典型区数量计算出农村生活及畜牧养殖取用水量。

用水数据应按月经由各级水行政管理部门进行上报，由于畜牧养殖取用水量分布较为分散且成分复杂，实时在线难度较大，因此采用汇总统计方式。

2. 工业用户的监控——重要产业园

工业企业用水水源主要来自蓄、引、提、调 4 类地表水水源工程，在各工厂的出水口处安装流量监测设施，监测水位、流量，在干渠及放水口处设置测流断面，供水管道上安装管道流量计进行流量监测。

工业用水数据应做到实时在线传输，统一上报到总量控制管理平台，便于水行政管理部门统计分析。

3. 生活用户的监控——主要社区

1）城镇生活用水

城镇生活供水主要来自自来水厂，采用现有水表实现在线远程监测即可以做到用水量的实时在线统计，或可以通过水厂出水量统计城镇生活用水量。

城镇生活用水数据应做到实时在线传输，统一上报到总量控制管理平台，便于水行政管理部门统计分析。

2）农村生活用水

采用典型区、典型村监测方法进行统计计算。选取农村生活用水典型户进行详细的用水调查，调查典型户的人口、日用水量，计算各典型区的人均生活用水定额，然后根据农村生活用水的取用人数计算出农村生活取用水量。

9.3.3　用水户耗水过程的计量和监控

加强对区域各用水户耗水的监测，在耗水监测过程中，积极推进生活耗水计量、工业企业水平衡测试、农业灌溉实验，并注重遥感等先进手段在耗水监测中的应用，提高水资源精细化管理水平。

利用卫星遥感技术，通过卫星影像的信息分析，并经相关的理论模型计算，可以得到广西北部湾经济区的实际消耗水量，利用遥感监测耗水，其在时间连续和空间大尺度上相比传统水平衡 ET 具有很大的优势。

利用卫星遥感技术测算耗水 ET 数据应做到实时在线传输，统一上报到总量控制管理平台，便于水行政管理部门统计分析。

9.3.4　用水户排水过程的计量和监控

建立取—用—耗—排的动态关联，加强对区域各用水户排水的监测，监测城市或工业园排水量，且可以利用水平衡方程计算实际耗水量。

利用现代检测仪表、数据通信和模拟技术，实现对排水管网、河道、泵站、污水处理、城市、工业园及农业灌区退水的实时动态监测和自动化控制管理，建立一套完整的北部湾经济区排水智能化监控调度管理一体化系统。

利用 3S 技术监测排水数据应做到实时在线传输，统一上报到总量控制管理平台，便于水行政管理部门统计分析。

9.4　广西北部湾经济区水资源开发利用控制动态管理系统

9.4.1　系统界面与结构设计

　　研发"广西北部湾经济区水资源开发利用控制动态管理系统"平台，并通过互联网独立发布，可操作性强、可视化好，并可与建设中的"广西水资源监控能力体系"平台实现耦合、链接，能够对不同区域、不同水源、不同用户水资源开发利用的信息进行统计查询，并进行动态预警，可为区域水资源开发利用的动态管理提供支撑。

　　利用该系统可以将水资源开发利用的阈值指标与统计数据进行动态对比分析和预警管理，用户可以通过动态配置不同维度参数进行智能对比，挖掘出直观有效的信息，从而达到危险预警效果。系统通过数据自动比对，把用户从复杂、烦琐的数据运算中解除出来，提高了工作效率和信息的准确性，同时为用户提供相关的数据和专业的图形信息以备参考。

　　该系统采用三层架构搭建（图 9-2），以便于系统后期的扩展和升级，前台采用 EXT 框架搭建，大量应用无刷新技术并且采用 Java Script 对象表示法（Java Script Object Notation，JSON）作为数据传输格式，减少服务器压力，提升访问友好度和速度。

　　（1）数据访问层采用了数据库松耦合设计，有利于数据库迁移。

　　（2）业务逻辑层是整个系统的业务核心部分，各业务逻辑清晰独立，利于维护和扩展。

　　（3）表现层采用 JSON 数据格式，这种数据格式有利于所有开发语言系统之间的互相调用，而且有利于数据传输，提高数据的传输效率。

　　系统主要参数说明如下：

　　（1）开发语言：HTML、JavaScript、C#。

　　（2）开发工具：Visual Studio 2010，SQL SERVICE 2008。

　　（3）硬件：CPU：Intel 双核@2.50GHz 或以上（CPU 越高越好，运行越流畅）。

　　（4）硬盘：40G 以上。

　　（5）内存：1G 以上。

　　（6）显示器：分辨率 1024×768 或以上。

　　（7）外设：USB 接口，键盘、鼠标。

　　（8）网络带宽：要求 512K 带宽；建议 2M 以上。

　　（9）操作系统：支持 Windows 2003/XP/Vista/Windows7，包括 32 位和 64 位版本。

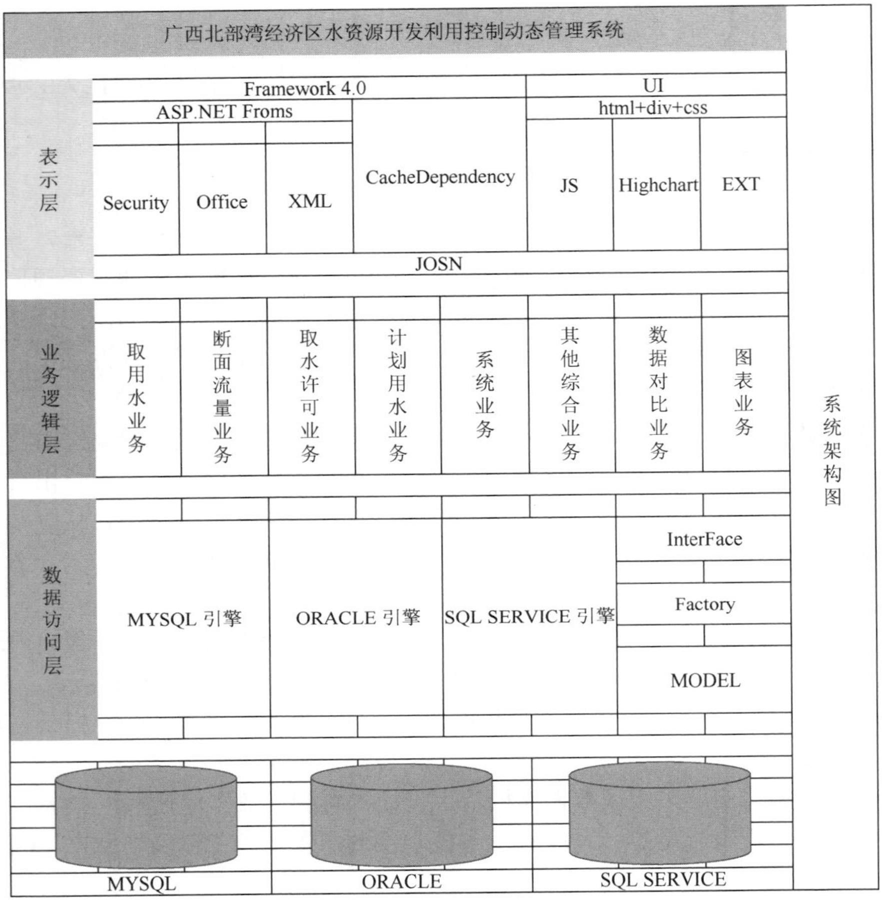

图 9-2　广西北部湾动态管理系统三层架构

9.4.2　系统主要功能及实现方式

该系统能够实现的系统功能包括（图 9-3）：①不同用户取用水量查询与比较，将指标阈值和实际统计数据进行动态比较，实现查询、展示和预警功能；②断面流量的查询与对比；③取水许可量和计划用水量的查询与比较。

系统功能主要可以通过 Excel 导入数据实现指标数据和实际数据的在线动态管理。指标数据主要包括取用水量的查询与比较、取水许可的查询与比较、断面流量的查询与比较、计划用水的查询与比较，以及用户管理和权限管理。

系统通过参数筛选出指标数据和实际数据，以表格方式呈现。并且系统根据用户点击地图上的热点，弹出参数设置界面，用户配置不同纬度的参数，生成比对图表，比对图表可以保存为 JPG、PNG、PDF 等格式文件。

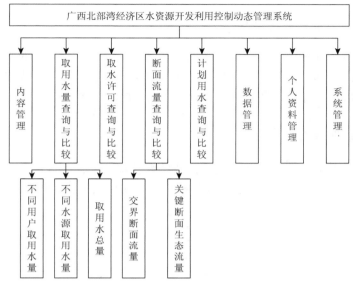

图 9-3　广西北部湾动态管理系统功能图

1. 不同用户取用水量查询与比较

1）实际数据查询

主要为用户提供最新的取用水公告信息，及时通知用户。并可以根据地区、类别和维度进行查询，并生成数据表格。

2）各市分区县对比显示

用户选择以市区为单位，利用来水频率、指标年份、统计数据年份等维度信息生成比对图表，图表可以保存为 JPG、PNG、PDF 等格式文件。

3）各县分用户显示

用户以县城为单位，选择来水频率、指标年份、统计数据年份等维度信息，生成比对图表，图表可以保存为 JPG、PNG、PDF 等格式文件。

2. 断面流量查询与比较

1）交界断面流量

交界断面用来反映水系进入某行政区域时和离开某行政区域时的水量。用户以县为单位，选择入境或出境断面等信息，生成比对图表，图表可以保存为 JPG、PNG、PDF 等格式文件。

2）关键断面生态流量

关键断面生态流量有三条标准线，分别是最低生态流量、适宜生态流量、较好生态流量。

3. 取水许可和计划用水查询与比较

取水许可和计划用水的目的为实现科学合理地用水，使有限的水资源创造最大的社会、经济和生态效益。用户以县区为单位，选取计划用水或取水许可等不同信息，生成比对图表，图表可以保存为 JPG、PNG、PDF 等格式文件。

9.4.3 系统业务流程图

该系统的业务流程分为四个部分，分别为数据导入、数据修改、数据添加和数据接口配置，如图 9-4 所示。首先将数据运用指定的 Excel 格式导入之后，对

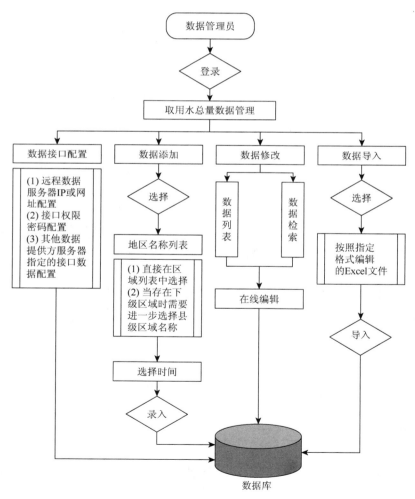

图 9-4　系统业务流程图

数据进行在线编辑，然后添加地区名称列表选择相应的用户、水源类别和时间，最后输出表格及分析比对图表。

9.5　本章小结

（1）本章从"自然-社会"二元水循环原理出发，详细分析了实行总量控制的必要性以及广西北部湾地区现有总量控制监控能力现状。总体上，广西北部湾地区水资源监控能力较为薄弱，仅部分工业和城市生活用水有监控，农业和农村生活及生态用水缺乏监控。

（2）为保证取用水总量控制监控系统做到红线能显、现状能监、管理有措、决策有助，构建了包括总量控制信息服务、业务管理、决策支持和应急管理在内的水资源开发利用总量控制四大系统，并就社会水循环过程中的取—用—耗—排阶段提出了相应的监控方法及新增的监控断面，解决了当前监控点覆盖不足的现状，保障了水文数据的真实性和有效性。

（3）创新研发"广西北部湾经济区水资源开发利用控制动态管理系统"平台，并通过互联网独立发布，可操作性强，可视化好，可与建设中的"广西水资源监控能力体系"平台实现耦合、链接，能够对不同区域、不同水源、不同用户水资源开发利用的信息进行统计查询，并进行动态预警，可为区域水资源开发利用的动态管理提供支撑。

第10章 广西北部湾经济区取用水总量管理阈值和措施

开展取用水总量管理目标制定和管理措施的识别工作，是广西北部湾经济区取用水控制红线指标以及动态管理指标实施和落实的重要支撑。在理论研究、指标体系构建、红线制定关键技术研发与应用、管理技术研发与应用的基础上，本章主要对广西北部湾经济区取用水总量管理目标和措施进行系统分析。首先，本章提出了广西北部湾经济区总体取用水总量管理的主要控制指标；其次，将这些管理控制指标层层分解到各区县，并给出了未来水平年不同来水频率下的精细化控制指标；最后，结合广西北部湾经济区取用水总量管理的实践进展和未来发展趋势，在地表水配置、地下水利用、产业结构和布局、用水效率、生态用水保障、取水许可与计划用水管理、监控管理等方面，有针对性地提出具体的对策和措施。

10.1 总 体 目 标

根据广西北部湾经济区的区情水情，本研究成果的实施分为 2020 年、2030 年两个水平年，依据水资源开发利用控制管理指标及区域优化配置结果，结合区域经济社会和规划工程的整体安排，提出相应的控制目标，具体见表 10-1。

表 10-1　广西北部湾经济区未来水平年水资源开发利用控制管理总体指标

编号	分类水平年 控制指标	2020 年				2030 年			
		多年平均 (1956~2000 年)	50%	75%	95%	多年平均	50%	75%	95%
1	区域可耗水量/亿 m³	29.88	30.26	32.03	27.89	28.61	28.92	30.30	26.57
2	地表水总量控制/亿 m³	70.96	71.78	75.57	66.56	73.12	73.77	76.73	68.59
3	地下水总量控制/亿 m³	4.13	4.13	4.13	4.13	4.21	4.21	4.21	4.21
4	其他水源供水总量/亿 m³	1.67	1.67	1.67	1.67	1.74	1.74	1.74	1.74
5	生活用水总量控制/亿 m³	12.59	12.59	12.59	12.59	14.71	14.71	14.71	14.71
6	工业用水总量控制/亿 m³	22.26	22.26	22.26	22.00	31.32	31.32	31.32	31.02
7	农业用水总量控制/亿 m³	41.19	42.01	45.8	37.05	32.25	32.9	35.86	28.02

续表

编号	分类水平年 控制指标	2020 年 多年平均（1956～2000 年）	50%	75%	95%	2030 年 多年平均	50%	75%	95%
8	河道外生态用水总量控制/亿 m³	0.72	0.72	0.72	0.72	0.79	0.79	0.79	0.79
9	主要控制断面最小生态流量/(m³/s)	*							
10	县界交界断面流量控制/(m³/s)	**							
11	取水许可总量控制/亿 m³	72.3				74.5			
12	计划用水总量控制/亿 m³	72.3	72.92	76.49	68.01	74.5	74.98	77.78	70.11

＊为主要控制断面，指南宁—南宁站、北海—常乐站、钦州—陆屋站、防城港—长岐站等关键断面，具体指标值见表 7-11；＊＊为县界交界断面，指广西北部湾经济区 15 个县界交界断面，具体控制指标值见表 7-12～表 7-15。

10.2　具体管理阈值指标

根据广西北部湾经济区水资源开发利用管理总体目标，以耗水控制下水资源优化配置结果为基础，以广西北部湾水资源开发利用九大管理控制指标为重点，并将其层层分解到各区县，规划水平年不同频率下各区县控制指标，详见表 10-2 和 10-10。

10.2.1　地表水取水总量控制指标

控制地表水取水总量，需优化地表水分配，避免地表水过量开发。广西北部湾经济区地表水 2020 年、2030 年多年平均取水总量分别为 709600 万 m³、731200 万 m³；其中南宁、北海、钦州、防城港四市 2020 年地表水取水总量分别占全区的 51.6%、15.2%、21.7%、11.5%，2030 年四市地表水取水总量分别占全区的 50.7%、15.1%、21.6%、12.6%，可以看出南宁市为全区的地表水取水总量大区，防城港市未来地表水取水总量上升较快。另外，从不同来水频率控制来看，95%特枯来水频率下地表水来水锐减，同时考虑生态保护需求，四市的地表水取水总量降幅较大，四市各区县不同频率下地表水取水总量控制具体指标详见表 10-2。

表 10-2　广西北部湾经济区地表水取水总量控制指标　　　单位：万 m³

地市	区县	2020 年 多年平均（1956～2000 年）	50%	75%	95%	2030 年 多年平均（1956～2000 年）	50%	75%	95%
南宁	武鸣县	43914	44720	48428	41192	43918	44642	47973	41195
	横县	51507	52331	56124	48313	51892	52661	56198	48675
	宾阳县	52914	53748	57584	49633	53207	53949	57361	49909

续表

地市	区县	2020年				2030年			
		多年平均 (1956~2000年)	50%	75%	95%	多年平均 (1956~2000年)	50%	75%	95%
南宁	上林县	29927	30446	32834	28072	30025	30522	32811	28163
	马山县	19709	19985	21253	18487	19809	20047	21144	18580
	隆安县	17824	18168	19748	16719	17752	18078	19578	16652
	市区	150205	151278	156215	140892	153898	154621	157947	144356
	全市	366000	370676	392186	343308	370501	374520	393012	347530
北海	铁山港区	16000	16144	16807	15008	23100	23244	23908	21668
	银海区	10000	10103	10577	9380	9400	9470	9794	8817
	海城区	12700	12828	13417	11913	16100	16211	16722	15102
	合浦县	69000	70059	74930	64722	61500	62240	65645	57687
	全市	107700	109134	115731	101023	110100	111165	116069	103274
防城港	上思县	19166	19405	20502	17978	21498	21677	22497	20165
	防城区	25233	25555	27034	23669	26660	26889	27938	25007
	东兴市	11112	11195	11576	10423	12480	12526	12737	11707
	港口区	26088	26108	26195	24471	31661	31671	31715	29698
	全市	81599	82263	85307	76541	92299	92763	94887	86577
钦州	钦州港区	16503	16503	16504	15480	16800	16801	16801	15759
	钦南区	34391	34729	36283	32259	35756	35962	36909	33539
	钦北区	25259	25540	26833	23693	25915	26088	26885	24308
	灵山县	58278	58951	62046	54665	59496	59917	61853	55807
	浦北县	19870	20043	20843	18638	20333	20435	20903	19072
	全市	154301	155766	162509	144735	158300	159203	163351	148485
全区		709600	717839	755733	665607	731200	737651	767319	685866

10.2.2 地下水取水总量控制指标

控制地下水取水总量，需遏制地下水超采。本次地下水总量控制是全区地表水取水总量控制联动指标，考虑广西北部湾经济区地下水开采量较少，仅占全区用水总量的5%，本次将地下水取水总量控制统一简化为多年平均取水阈值。广西北部湾经济区地下水2020年、2030年取水总量分别为41300万 m^3、42100万 m^3；

其中南宁市、北海市、钦州市、防城港市四市 2020 年地下水取水总量分别占全区的 50.1%、33.7%、16.0%、0.2%，2030 年四市地表水取水总量分别占全区的 51.8%、32.1%、15.9%、0.2%，可以看出南宁市地下水取水总量占全区地下水取水总量的一半以上，北海市由于地下水存在超量开采，未来地下水取水总量得到控制。四市各区县地下水取水总量控制具体指标详见表 10-3。

表 10-3　广西北部湾经济区地下水取水总量控制指标　　　单位：万 m^3

地市	区县	2020 年	2030 年
南宁	武鸣县	9346	9843
	横县	280	295
	宾阳县	3884	4090
	上林县	52	55
	马山县	6	6
	隆安县	3239	3411
	市区	3893	4100
	全市	20700	21800
北海	铁山港区	1700	1700
	银海区	3400	3200
	海城区	4100	3900
	市区小计	9200	8800
	合浦县	4700	4700
	全市	13900	13500
防城港	上思县	78	78
	防城区	15	15
	东兴市	7	7
	港口区	0	0
	全市	100	100
钦州	钦州港区	0	0
	钦南区	1085	1102
	钦北区	1537	1560
	灵山县	2450	2487
	浦北县	1528	1551
	全市	6600	6700
全区		41300	42100

10.2.3　农业用水总量控制指标

根据农业种植结构、灌溉制度、灌溉效率和各区县水资源条件，需实施农业用水总量控制管理，提高水资源的利用效率和效益。广西北部湾经济区 2020 年、2030 年农业用水总量分别为 411900 万 m^3、322500 万 m^3，全区农业用水总量未来进一步压缩；其中南宁、北海、钦州、防城港四市 2020 年农业用水总量分别占全区的 56.8%、17.4%、17.8%、8.0%，2030 年四市农业用水总量分别占全区的 62.3%、16.5%、14.0%、7.2%，可以看出南宁市为全区的农业用水总量大区；从农业用水压缩来看，南宁、北海、钦州、防城港四市农业用水规模 2030 年相比 2020 年分别减少了 14%、26%、38%、30%，可以看出钦州、防城港、北海农业通过节水、调整种植结构压缩了较大的用水规模，对于区域工业和生活用水增长情况下总用水规模控制起到了很大作用。另外，从不同来水频率控制来看，95% 特枯来水频率下地表水来水锐减，四市的农业用水总量降幅较大，四市各区县不同频率下农业用水总量控制具体指标详见表 10-4。

表 10-4　广西北部湾经济区农业用水总量控制指标　　　　单位：万 m^3

地市	区县	2020 年				2030 年			
		多年平均（1956～2000 年）	50%	75%	95%	多年平均（1956～2000 年）	50%	75%	95%
南宁	武鸣县	40300	41106	44813	37577	36205	36929	40260	33482
	横县	41224	42048	45841	38030	38444	39213	42750	35227
	宾阳县	41697	42530	46367	38416	37087	37828	41240	33788
	上林县	25954	26473	28861	24098	24879	25377	27666	23018
	马山县	13790	14066	15334	12568	11923	12161	13258	10695
	隆安县	17171	17514	19094	16066	16305	16631	18131	15204
	市区	53666	54739	59676	44353	36157	36881	40207	26616
	全市	233802	238476	259986	211108	201000	205020	223512	178030
北海	铁山港区	7209	7353	8016	6217	7218	7363	8027	5786
	银海区	5149	5252	5726	4529	3515	3585	3909	2932
	海城区	6400	6527	7116	5612	5555	5666	6177	4556
	市区小计	18757	19132	20858	16358	16288	16614	18113	13274
	合浦县	52943	54002	58872	48665	37012	37752	41158	33199
	全市	71700	73134	79730	65023	53300	54366	59270	46474

续表

地市	区县	2020 年				2030 年			
		多年平均 （1956～2000 年）	50%	75%	95%	多年平均 （1956～2000 年）	50%	75%	95%
防城港	上思县	11925	12164	13261	10737	8915	9093	9913	7582
	防城区	16072	16394	17872	14508	11407	11635	12684	9754
	东兴市	4149	4232	4613	3460	2293	2338	2549	1519
	港口区	954	973	1061	954	486	495	540	486
	全市	33100	33763	36807	29659	23101	23561	25686	19341
钦州	钦州港区	8	8	9	8	5	5	5	5
	钦南区	16894	17231	18786	14761	10293	10499	11446	8076
	钦北区	14060	14341	15634	12494	8661	8834	9631	7055
	灵山县	33649	34322	37417	30035	21044	21465	23401	17356
	浦北县	8690	8864	9663	7458	5096	5198	5667	3836
	全市	73301	74766	81509	64756	45099	46001	50150	36328
全区		411903	420139	458032	370546	322500	328948	358618	280173

10.2.4　工业用水总量控制指标

根据工业产业结构、行业用水定额和各区县水资源条件，需实施工业用水总量控制管理，提高水资源的利用效率和效益。广西北部湾经济区 2020 年、2030 年工业用水总量分别为 222600 万 m^3、313200 万 m^3，全区工业用水总量未来呈快速增长趋势；其中南宁、北海、钦州、防城港四市 2020 年工业用水总量分别占全区的 40.1%、16.4%、25.9%、17.6%，2030 年四市农业用水总量分别占全区的 38.4%、17.5%、26.2%、17.9%，可以看出南宁市为全区的工业用水总量大区；从工业用水增长来看，南宁、北海、钦州、防城港四市工业用水规模 2030 年相比 2020 年分别增加了 31100 万 m^3、18200 万 m^3、24400 万 m^3、16900 万 m^3，分别增长了 35%、50%、42%、43%，可以看出南宁、钦州工业用水量增加较大。另外，从不同来水频率控制来看，考虑河流生态保护，95%特枯年钦州市和防城港市的工业用水总量将受到来水影响，有小幅降低，南宁和北海由于郁江干流和南流江干流流量大，95%频率下工业用水仍能得到保障。四市各区县不同频率下工业用水总量控制具体指标详见表 10-5。

表 10-5　广西北部湾经济区工业用水总量控制指标细化　单位：万 m³

地市	区县	2020 年				2030 年			
		多年平均 （1956～2000 年）	50%	75%	95%	多年平均 （1956～2000 年）	50%	75%	95%
南宁	武鸣县	9649	9649	9649	9649	13894	13894	13894	13894
	横县	5265	5265	5265	5265	7537	7537	7537	7537
	宾阳县	10115	10115	10115	10115	14523	14523	14523	14523
	上林县	1486	1486	1486	1486	2209	2209	2209	2209
	马山县	2625	2625	2625	2625	3855	3855	3855	3855
	隆安县	1508	1508	1508	1508	2099	2099	2099	2099
	市区	58552	58552	58552	58552	76183	76183	76183	76183
	全市	89200	89200	89200	89200	120300	120300	120300	120300
北海	铁山港区	8539	8539	8539	8539	14341	14341	14341	14341
	银海区	6099	6099	6099	6099	6984	6984	6984	6984
	海城区	7581	7581	7581	7581	11036	11036	11036	11036
	市区小计	22219	22219	22219	22219	32360	32360	32360	32360
	合浦县	14381	14381	14381	14381	22440	22440	22440	22440
	全市	36600	36600	36600	36600	54800	54800	54800	54800
防城港	上思县	6274	6274	6274	6274	11294	11294	11294	11294
	防城区	6746	6746	6746	6746	12223	12223	12223	12223
	东兴市	4365	4365	4365	4365	6146	6146	6146	6146
	港口区	21815	21815	21815	20198	26438	26438	26438	24475
	全市	39200	39200	39200	37583	56100	56100	56100	54137
钦州	钦州港区	14738	14738	14738	13715	14894	14894	14894	13853
	钦南区	11133	11133	11133	11133	17253	17253	17253	17253
	钦北区	8012	8012	8012	8012	12328	12328	12328	12328
	灵山县	16969	16969	16969	16969	27437	27437	27437	27437
	浦北县	6747	6747	6747	6747	10088	10088	10088	10088
	全市	57600	57600	57600	56577	82000	82000	82000	80958
全区		222600	222600	222600	219959	313200	313200	313200	310195

10.2.5　生活用水总量控制指标

　　根据生活用水定额和各区县水资源条件，实施生活用水总量控制管理，提高水资源的利用效率和效益。考虑生活用水性质和用水安全保障要求，本次生活用水总量控制统一简化为多年平均取水阈值，广西北部湾经济区 2020 年、2030 年生活用水总量分别为 125900 万 m³、147100 万 m³，全区生活用水总量受人口出生率增长和城镇化影响未来呈快速增长趋势；其中南宁、北海、钦州、防城港四市 2020 年生活用水总量分别占全区的 51.7%、12.7%、26.1%、9.5%，2030 年四市生活用水总量分别占全区的 49.0%、12.5%、27.7%、10.7%，可以看出南宁市生活用水总量基本占全区的一半；从生活用水增长来看，南宁、北海、钦州、防城港四市生活用水规模 2030 年相比 2020 年分别增加了 7000 万 m³、2400 万 m³、7900 万 m³、3900 万 m³，分别增长了 11%、15%、24%、33%，可以看出南宁、钦州生活用水量增加较大。四市各区县生活用水总量控制具体指标详见表 10-6。

表 10-6　广西北部湾经济区生活用水总量控制指标细化　　单位：万 m³

地市	区县	2020 年	2030 年
南宁	武鸣县	3579	3870
	横县	5297	6148
	宾阳县	4832	5461
	上林县	2812	3237
	马山县	3173	3865
	隆安县	2265	2600
	市区	43142	46920
	全市	65100	72100
北海	铁山港区	3578	4975
	银海区	2556	2423
	海城区	3176	3829
	市区小计	9310	11227
	合浦县	6690	7173
	全市	16000	18400
防城港	上思县	2063	2474
	防城区	3539	4230
	东兴市	2880	4280
	港口区	3418	4815
	全市	11900	15800
钦州	钦州港区	1744	1884
	钦南区	7755	9668
	钦北区	5414	7144
	灵山县	11623	15018
	浦北县	6364	7086
	全市	32900	40800
全区		125900	147100

10.2.6　生态用水总量控制指标

本次河道外生态用水主要指城镇生态环境用水，具体包括城市环卫用水、绿地用水、城镇河湖景观娱乐用水等，本次将河道外生态用水总量统一简化为多年平均取水阈值，采用定额法计算。广西北部湾经济区河道外生态 2020 年、2030 年用水总量分别为 7200 万 m³、7900 万 m³，全区河道外生态用水总量未来呈增长趋势；其中南宁、北海、钦州、防城港四市 2020 年河道外生态用水总量分别占全区的 45.8%、16.7%、20.8%、16.7%，2030 年四市河道外生态用水总量分别占全区的 45.6%、17.7%、20.3%、16.5%，可以看出南宁市河道外生态用水总量基本占了全区的 45%；从河道外生态用水增长来看，南宁、北海、钦州、防城港四市河道外生态用水规模 2030 年相比 2020 年分别增加了 300 万 m³、200 万 m³、100 万 m³、100 万 m³，可以看出南宁、北海河道外生态用水增加较大。另外，相比以上行业用水总量，河道外生态用水总量控制为最小值，鼓励各地区根据行业用水规模压缩情况适当调整生态用水量，四市各区县河道外生态用水总量具体指标详见表 10-7。

表 10-7　广西北部湾经济区河道外生态用水总量控制指标细化　单位：万 m³

地市	区县	2020 年	2030 年
南宁	武鸣县	573	632
	横县	515	571
	宾阳县	756	830
	上林县	248	275
	马山县	313	357
	隆安县	356	396
	市区	540	539
	全市	3300	3600
北海	铁山港区	274	366
	银海区	196	178
	海城区	243	281
	市区小计	713	825
	合浦县	487	575
	全市	1200	1400
防城港	上思县	237	217
	防城区	244	241
	东兴市	306	381

续表

地市	区县	2020 年	2030 年
防城港	港口区	414	461
	全市	1200	1300
钦州	钦州港区	109	117
	钦南区	518	486
	钦北区	214	267
	灵山县	459	500
	浦北县	199	230
	全市	1500	1600
全区		7200	7900

注：表中数据因小数变整数涉及四舍五入的问题，有相差±1 的情况。

10.2.7 重要区县交界断面流量控制管理指标

由于最低河道生态流量阈值是确保河道生态健康的最低要求，对于常态下的水资源开发利用管理的约束较弱，不能起到最严格水资源开发利用控制的作用，因此，根据南宁、北海、钦州、防城港四市 15 个区县水资源开发利用控制红线下水资源细化配置方案的区域水循环仿真模拟和主要断面流量过程，确定未来不同水平年的水资源开发利用控制红线下的区县交界断面流量控制管理指标，如表 10-8 所示。

10.2.8 取水许可总量控制指标

严格取水许可总量控制，严格取水许可总量控制。本次取水许可总量控制是实现全区用水总量控制的重要手段之一，科学制定不同水平年取水许可总量控制指标，严格控制增量，是保证用水总量控制目标的重要途径。广西北部湾经济区2020 年、2030 年取水许可总量指标分别为 722600 万 m^3、745000 万 m^3；其中南宁、北海、钦州、防城港四市 2020 年取水许可总量指标分别占全区的51.2%、16.2%、21.1%、11.4%，2030 年四市地表水取水总量分别占全区的 50.4%、16.0%、21.0%、12.6%，可以看出南宁市取水许可总量占全区取水许可总量的一半以上，反映出南宁市在北部湾经济区中所处的核心地位。四市各区县取水许可总量控制指标详见表 10-9。

表 10-8　广西北部湾经济区各区县交界断面控制流量

单位：m³/s

地市	区县	交接断面	1月	2月	3月	4月	5月	6月	7月	8月	9月	10月	11月	12月
南宁	武鸣	武鸣-隆安（武鸣河交界处）	15.2	14.0	14.7	20.8	39.2	84.3	121.8	128.1	98.1	48.7	31.1	18.6
	隆安	隆安-市区（右江交界处）	96.7	88.9	93.0	132.1	249.2	535.4	773.1	813.2	622.7	309.5	197.4	117.8
	市区	市区-横县（邕江交界处）	302.7	278.1	291.2	413.4	779.8	1675.4	2419.6	2544.9	1948.6	968.6	617.8	368.7
	横县	横县-贵港（邕江交界处）	349.1	320.8	335.8	476.9	899.4	1932.4	2790.7	2935.3	2247.5	1117.2	712.5	425.2
	上林	上林-宾阳（清水河交界处）	3.9	3.6	3.8	5.3	10.0	21.6	31.2	32.8	25.1	12.5	8.0	4.7
	宾阳	宾阳-来宾（清水河交界处）	14.8	13.6	14.2	20.2	38.2	82.0	118.4	124.5	95.3	47.4	30.2	18.0
	马山	马山流入洪水河	5.1	4.7	4.9	7.0	13.1	28.2	40.7	42.8	32.8	16.3	10.4	6.2
北海	市区	市区-入海口	5.8	6.5	7.1	14.4	19.8	25.8	33.1	31.9	20.8	11.9	7.5	5.2
	合浦	南流江入海口	84.1	94.4	104.4	210.5	289.0	376.9	484.8	466.1	303.5	174.2	109.8	76.1
钦州	浦北	浦北-北海（武利江交界处）	17.7	19.8	21.9	44.2	60.7	79.2	101.8	97.9	63.7	36.6	23.1	16.0
	灵山	灵山-市区（钦江与大风江交界处）	17.9	20.8	25.1	51.9	67.9	121.7	160.2	130.1	81.0	43.6	29.7	14.8
	市区	市区-入海口	62.5	72.7	87.4	181.1	236.7	424.5	558.6	453.8	282.6	152.1	103.7	51.7
防城港	上思	上思-崇左（明江交界处）	6.3	5.7	7.7	12.5	23.0	61.9	83.2	62.3	38.6	19.7	10.5	6.7
	市区	市区入海口（防城河）	11.0	9.9	13.3	21.8	40.1	107.8	144.9	108.6	67.2	34.3	18.3	11.7
	东兴	东兴入海口（北仑河）	1.5	1.4	1.8	3.0	5.6	14.9	20.1	15.1	9.3	4.8	2.5	1.6

表 10-9 广西北部湾经济区取水许可总量计算结果 单位：万 m³

地市	区县	2020 年	2030 年
南宁	武鸣县	51317	51410
	横县	47143	46867
	宾阳县	53471	53525
	上林县	28372	28230
	马山县	17363	17084
	隆安县	19417	19304
	市区	153117	158980
	合计	370200	375400
北海	铁山港区	19398	26718
	银海区	13389	12549
	海城区	16830	20186
	市区小计	49617	59452
	合浦县	67583	60048
	合计	117200	119500
钦州	钦州港区	16587	16881
	钦南区	36085	37408
	钦北区	24872	25804
	灵山县	56918	57776
	浦北县	18038	18632
	合计	152500	156500
防城港	上思县	19618	21928
	防城区	25369	26843
	东兴市	11350	12756
	港口区	26364	32072
	合计	82700	93600

10.2.9 计划用水总量控制指标

推行计划用水动态管理，提高用水管理水平。本次区域计划用水总量控制是实现全区用水总量控制的重要手段之一，科学制定不同水平年不同来水频率下区域计划用水控制指标，是实现动态控制用水总量的重要管理途径。广西北部湾经济区 2020年、2030 年多年平均计划用水总量指标分别为 72.26 亿 m³、74.50 亿 m³，枯水年份（75%）全区计划用水总量分别为 76.60 亿 m³、77.90 亿 m³，特枯年份（95%）全区计划用水总量分别为 68.12 亿 m³、70.23 亿 m³。相比多年平均年份，枯水年份的计划用水有所提高，而特枯年份则有所降低，其主要原因为在枯水年份需水量较多年平均年份增加，来水量减少但供水量仍能满足需水要求，故计划用水总量有所提高；而在特枯年份需水量增加较多，来水量显著减少且不足以满足需水，此时可供水量成为约束阈值而限制了用水，故在特枯年份计划用水总量有所减少。四市各区县计划用水总量控制指标详见表 10-10。

表 10-10　广西北部湾经济区年度计划用水控制指标细化　　单位：亿 m³

地市	区县	2020 年				2030 年			
		多年平均	50%	75%	95%	多年平均	50%	75%	95%
南宁	武鸣县	5.13	5.21	5.56	4.87	5.14	5.21	5.52	4.88
	横县	4.71	4.79	5.13	4.43	4.69	4.76	5.07	4.40
	宾阳县	5.35	5.42	5.78	5.04	5.35	5.42	5.74	5.05
	上林县	2.84	2.89	3.11	2.66	2.82	2.87	3.08	2.65
	马山县	1.74	1.76	1.87	1.63	1.71	1.73	1.82	1.60
	隆安县	1.94	1.97	2.12	1.84	1.93	1.96	2.10	1.83
	市区	15.31	15.42	15.90	14.40	15.90	15.97	16.30	14.95
	全市	37.02	37.46	39.50	34.87	37.54	37.92	39.67	35.37
北海	铁山港区	1.94	1.95	2.02	1.84	2.67	2.69	2.75	2.53
	银海区	1.34	1.35	1.39	1.28	1.25	1.26	1.29	1.20
	海城区	1.68	1.70	1.75	1.61	2.02	2.03	2.08	1.92
	市区小计	4.96	5.00	5.17	4.73	5.95	5.98	6.12	5.65
	合浦县	6.76	6.85	7.30	6.37	6.00	6.07	6.38	5.66
	全市	11.72	11.85	12.47	11.10	11.95	12.05	12.51	11.31
防城港	上思县	1.96	1.98	2.09	1.85	2.19	2.21	2.29	2.07
	防城区	2.54	2.57	2.71	2.39	2.68	2.71	2.81	2.53
	东兴市	1.14	1.14	1.18	1.07	1.28	1.28	1.30	1.20
	港口区	2.64	2.64	2.65	2.48	3.21	3.21	3.21	3.01
	全市	8.27	8.33	8.63	7.78	9.36	9.40	9.61	8.80
钦州	钦州港区	1.66	1.66	1.66	1.56	1.69	1.69	1.69	1.58
	钦南区	3.61	3.64	3.80	3.40	3.74	3.76	3.86	3.52
	钦北区	2.49	2.51	2.63	2.35	2.58	2.60	2.67	2.43
	灵山县	5.69	5.75	6.03	5.36	5.78	5.82	5.99	5.44
	浦北县	1.80	1.82	1.88	1.70	1.86	1.87	1.91	1.76
	全市	15.25	15.39	16.01	14.37	15.65	15.73	16.12	14.74
全区		72.26	73.04	76.60	68.12	74.50	75.11	77.90	70.23

10.3　实　施　方　案

10.3.1　推进地表水总量控制，实现区域地表水优化配置

要达到上述取水管理目标，实现区域地表水优化配置，需从以下几个方面具体实施。

1. 优化地表水总量初始分配

考虑各区县的人口分布、经济社会发展水平、经济结构与生产力布局、水资源条件、用水情况等多方面因素，综合确定广西北部湾经济区地表水量分配指标，作为各地区使用地表水的约束性指标。广西北部湾经济区地表水 2020 年、2030 年多年平均取水总量分别为 709600 万 m³、731200 万 m³；其中南宁、北海、钦州、防城港四市 2020 年地表水取水总量分别为 366000 万 m³、107700 万 m³、81600 万 m³、154300 万 m³，2030 年四市地表水取水总量分别为 370500 万 m³、110100 万 m³、92300 万 m³、158300 万 m³，四市各区县不同频率下地表水取水总量控制具体指标详见表 10-2。

2. 建设调水配套工程

在北部湾经济区，规划兴建大垌水库、木头滩引水工程、郁江调水工程等一批沿海城市供水重点水源工程和引调水工程，满足城市及工业园发展的需水要求。

具体在南宁市通过调引那板水库水入凤亭河水库，实现那板、凤亭河、屯六和大王滩水库群联合向南宁市区和明阳工业园区供水，供水规模为 147 万 m³/d，通过合江引水工程，从郁江支流合江调水至清水河支流沙江和清平水库，主要解决五化灌区的供水和灌溉问题，多年平均年供水量为 0.23 亿 m³，另外开工建设屏山水库、大庙水库、陈平江引水工程、横梨水库扩容与横梨-莲塘水库连通等一批重点水源工程，以满足南宁市 2020 年新增用水需求。北海市规划在南流江修建合坝抽水站，提取南流江的水补充合浦水库群的瓜库旺盛江水库，扩建关草营放水闸，在东岭兴建控制闸及抽水站、铺设输水管道送水至铁山港水厂，可新增供水规模 47 万 m³/d，满足北海城市 2020 年新增用水需求。防城港市主要通过新建大垌水库，并与小峰水库、木头滩引水工程及白石牙水库联合调度，可新增供水规模 30.5 万 m³/d，满足防城港市规划水平年 2020 年新增需水要求。钦州主要新建郁江调水（引郁入钦）工程，并通过提水工程和本地蓄水工程（如金窝水库）调节后向港区和工业园区水厂供水，多年平均郁江调水量为 2.71 亿 m³，可满足防城港城市新增用水需求。

3. 开发应急水源保障工程

受气候因素和地形地貌等自然特点影响，广西北部湾经济区大部分地区水资源年内年际变化大且常常出现连续枯水的情况，特殊干旱情况下，大部分江河水资源量和可供水量较正常年景显著减少，应合理科学地制定一批应急使用保障水源作为战略储备，以应对特殊干旱和突发供水安全事件，提高抗御特殊干旱和应对突发安全供水事件等非常时期的供水安全水平和保障能力。

在南宁市要加强邕江饮用水源地保护，尽快建设南宁市区应急备用水源地，规划以南宁市近郊的天雹水库、龙潭水库、西云江水库、峙村河水库等作为南宁市应急备用供水水源，其有效库容分别为 0.088 亿 m^3、0.09 亿 m^3、0.343 亿 m^3 和 0.063 亿 m^3，备用水库日供水能力达到 16 万 m^3。同时规划大王滩水库与凤亭河屯六水库联合供水作为南宁市第二应急供水水源。北海市区现状供水水源主要为地下水，根据供水水源的特点，拟定石头埠等地下水源、清水江水库（库容为 0.71 亿 m^3）、闸口水库（库容为 0.2 亿 m^3）为北海市区及铁山港工业区的主要应急供水水源，将洪潮江水库（库容为 7.03 亿 m^3）作为北海市备用应急供水水源工程。在钦州市区及沿海工业区，规划选择水质较好的大马鞍水库、吉隆水库和茅岭江为钦州市区应急供水水源，另外在特殊情景下可适当增加地下水开采量。在防城港根据防城河流域的特点，规划将三波水库和具有年调节功能的小峰水库作为应急供水水源，特殊情景下适当增加地下水开采量，另外考虑到茅岭江水量充足，将茅岭江作为防城港市远景备用供水水源。

10.3.2　强化地下水总量控制，实现地下水采补平衡

要达到上述取水目标，控制地下水过量开采，需从以下几个方面采取具体措施。

1. 优化地下水总量初始分配

考虑各区县地下水资源开发现状及未来经济社会发展水平，综合确定广西北部湾经济区地下水量分配指标，作为各地区使用地下水的约束性指标。广西北部湾经济区地下水 2020 年、2030 年多年平均取水总量分别为 41300 万 m^3、42100 万 m^3；其中南宁、北海、钦州、防城港四市 2020 年地下水取水总量分别为 20700 万 m^3、13900 万 m^3、100 万 m^3、6600 万 m^3，2030 年地下水取水总量分别为 21800 万 m^3、13500 万 m^3、100 万 m^3、6700 万 m^3，四市各区县不同频率下地表水取水总量控制具体指标详见表 10-3。

2. 对地下水进行合理区划，严格控制超采区开采量

广西北部湾经济区现状开发利用地下水 3.49 亿 m^3，局部集中开采地区如南宁

市宾阳县城及黎塘镇、北海市海城区、禾塘村等区域由于地下水开采引起了环境地质问题,这些区域应逐步关闭部分开采井,实行地下水限采。未来广西北部湾经济区应结合产业结构调整和水资源条件,合理调整地下水开采布局,科学合理开采地下水,防止超采地下水,保障地下水补给与开采量的平衡,规划到 2020 年广西北部湾经济区地下水开采量控制在 4.21 亿 m^3 以内,主要是压缩南宁市宾阳县黎塘镇和北海市城区等地区的不合理地下水开采量,其中南宁市宾阳县压采 0.018 亿 m^3,北海市压采 0.08 亿 m^3,按照规划实施超采区自来水管网覆盖范围内的地下水自备水源一律关闭。

10.3.3　优化产业结构和布局,实施以水定产的原则

区域用水需求 2015～2030 年增加约 5 亿 m^3,产业结构变化较大,逐步实现农业用水向工业转移,受工业反哺农业的政策导向,三次产业结构比例从 2015 年的 13∶38∶47 变化为 2030 年的 5∶42∶51。

(1)在农业方面:因地制宜合理调整农、林、牧、渔业比例,合理安排农作物的种植结构及灌溉规模,建立与水资源条件相适应的节水高效农作与养殖制度。由于经济区的快速发展,要逐步减少农业用水,适当引导作物种植结构和提高灌溉效率。在钦州、防城港等水资源短缺和生态脆弱与城市用水需求快速增加地区,严格限制和压缩高耗水作物种植面积,发展高效糖料蔗、木薯、水产养殖等低耗水高效农业,必要时实施退耕还林还草。

(2)在二三产业方面:1998～2011 年,三次产业增加值的比重从 30∶28∶42调整为 17∶36∶47,可以看出工业和服务业实现了快速发展。严格按照《关于深入推进节水型企业建设工作的通知》(工信部联节[2012]431 号),淘汰落后产能,加快转变企业高效用水结构。具体区域上,南宁市是广西北部湾经济区发展的核心地区,以工业发展为主,但区域供水水源单一,因此本区域在开展水系连通增加保障的同时尽量逐步淘汰落后钢铁、造纸等用水工艺的产业,确保水资源的高效利用和用水保障安全。北海、钦州、防城港等地区将重点发展石油化工、能源工业、林浆纸一体化、船舶修造业等,需水向区域沿海地区集中,导致供水集中程度高,供水难度进一步加大,应控制高耗水企业(如火电、初级化工等高耗水行业),提高工业园区用水进驻标准。

10.3.4　大力发展节水型产业,提高行业用水效率

1. 农业节水

广西北部湾经济区目前农业用水比重仍然较大,且农业用水属于粗放式,水

资源存在一定的浪费现象，为了适应广西北部湾经济区经济社会跨越式发展的需求，必须加快推行节水农业。通过灌区节水改造等工程节水措施，到 2020 年灌溉水利用系数从现状年的 0.422 提高到 0.550，广西北部湾经济区形成 11.4 亿 m^3 的农业年节水能力，其中约 70% 的节水量用于改善现有灌区和新增灌溉面积，约 30% 的水量用于支持工业及城镇生活用水；通过农艺措施、管理措施等多种非工程节水措施，提高水分利用率和水分生产率以及减少无效蒸发量，进一步提高农业综合节水能力。农业节水主要对策措施如下：

1）加快大中型灌区续建配套与节水改造

根据《广西大型灌区续建配套与节水改造规划（2009～2020 年）》《广西壮族自治区中型灌区节水配套改造"十二五"规划》等，全面推进大中型灌区续建配套和节水改造，重点抓好粮食主产区、严重缺水地区和生态脆弱地区的灌区改造力度，优先安排支撑新增千亿斤粮食生产能力的大中型灌区改造项目，到 2020 年基本完成对全区合浦水库灌区、洪潮江水库灌区、五化灌区、钦灵灌区等 5 座大型灌区以及重点中型灌区的续建配套和更新改造，新建达响水库灌区、屏山水库灌区、王岗山水库灌区、乐滩水库引水灌区等重点中型灌区。在加强大中型灌区骨干工程配套与节水改造的同时，要加强对末级渠系和田间工程的节水改造，节水灌溉率达到 72%，提高田间用水效率。

2）积极推进小型灌区节水改造和田间高效节水技术

加快重点小型灌区的节水改造进程。结合广西北部湾经济区农业种植特色，选择典型县市建设糖料蔗等高效节水灌溉示范工程；在全区推广稻田浅湿控制灌溉技术。采取节灌技术和农艺节水技术相结合的综合节水措施，综合运用工程、生物、管理和农艺、农机、化学等措施，因地制宜推广各种先进的田间节水技术和方法，提高灌溉水分生产效率，鼓励发展和应用喷灌技术、微灌技术和精准控制灌溉技术，推广耐旱、高产、优质的农作物品种。

3）大力发展雨水集蓄和旱作节水农业

大力发展包括水肥一体化技术、覆盖栽培技术、深耕深松技术的推广应用。针对我区旱地作物较多，分布广，同时缺乏水肥管理条件的实际情况，积极推广水肥一体化滴灌技术，重点安排在水果、蔬菜、茶叶、甘蔗上的应用，主要建设内容为：修建山区蓄水池、地头水柜、水井，铺设田间输水管网，全部实行水肥一体化配套设施。同时积极推广覆盖栽培、深耕深松等旱作节水技术，重点安排在玉米、甘蔗、瓜类、水果、蔬菜、花生、黄豆等旱作物种植上，以减少土壤水分蒸发、增强土壤蓄水保墒能力，提高作物产量。

2. 工业节水

根据《中国节水技术政策大纲》及相关规划的要求，大力发展循环经济，切实转变经济发展方式和用水方式，提高工业用水效率，降低工业单位产品取用水量。重点推进火力发电、石油石化、造纸、钢铁、纺织、化工、食品等高用水重点行业节水技术改造。合理转变用水方式，不断降低高用水、高污染行业比重，使产业结构和布局与当地水资源条件相适应，大力发展优质、低耗、高附加值产品，同时优化产品结构。要在严格市场准入及限制高消耗、高排放、低效率、产能过剩行业盲目发展的基础上，结合企业技术改造对工业系统用水进行节水改造，推广先进的节水技术和工艺，逐步淘汰落后的、高耗水的工业、设备和产品，新、改、扩建项目要按照高标准节水和节水"三同时"（建设项目的主体工程与节水措施同时设计、同时施工、同时投入使用）的要求进行建设，制定节水措施方案，配套建设节水设施，严格水资源论证。要求所有新建工业项目和工业技术改造项目开展单位工业增加值用水量指标审查及工业合理化用水的评审，严格执行广西壮族自治区地方标准《工业行业主要产品用水定额》。

全面推行清洁生产和高效用水，加强循环用水，一水多用，努力提高工业用水重复利用率。要大力推进工业废污水处理回用技术，鼓励沿海火（核）电、石油石化、钢铁等高用水行业积极采用海水淡化、海水冷却技术、降低对新鲜水的取用量。2020 年，万元工业增加值用水量（含直流火核电冷却用水）降低到 56m³ 以下，比现状减少 48%，通过工业节水改造等措施，形成 4.7 亿 m³ 的工业年节水能力，其中 70%用于扩大生产，约 30%用于解决现状工业供水不足和提高供水保证程度。

3. 城乡生活节水

根据水资源承载能力科学规划城镇布局，合理确定城镇规模和产业结构，加快对运行使用年限长及老城区漏损严重供水管网的更新改造，加大新型防漏、防爆、防污染管材的更新力度，降低供水管网漏损率。2020 年，广西北部湾经济区城市供水管网漏损率降低到 12%以下。加快节水型设备和器具及节水产品的推广应用，严格市场准入，禁止使用国家明令淘汰的用水器具，全面使用节水型设备和器具。强化自备用水管理，严格控制城市公共供水范围内建设自备水源，已有的自备水源要逐步限期关闭。加强宾馆、洗浴、洗车等服务业的用水管理，注重价格杠杆的调节作用，合理调整水价，发展节水型服务业。推广城市建筑中水利用技术，加强城镇污水集中处理与回用，鼓励雨水收集利用。鼓励沿海缺水城市积极发展海水淡化、海水直接利用技术，通过热电联产及综合利用的方式发展海水淡化产业，考虑建设一些小型海水淡化工程用作沿海缺水城镇的应急备用水源。到 2020 年，通过城镇供水管网改造等工程措施，形成约 0.6 亿 m³ 的年节水能力，主要用于新增人口生活用水及改善生活条件，提高居民生活用水标准。结合新农村建设，积极推行农村村镇集中供水，推广家用水表和节水器具，促进农村生活节水。

10.3.5　保障生态用水总量，提高生态环境质量

1. 明确职责，保证生态环境用水

在广西北部湾经济区内的新颁布的法律法规和政策中进一步明确水资源保护与动植物、生态系统方面的职责，并且在流域和区域新制定的规划中，应当加强对流域区域内江河湖库的合理水量、维护水体的自然净化能力等方面内容的管理。尤其要在其中选择重点流域和重点河段，将保护生物物种、生态系统对河道内生态流量和水环境条件的要求作为水资源开发的必要条件，如此次计算中，需要重点保护的河道鱼类三场、鱼类、红树林、重要湿地等目标。

2. 实施生态调度，保护河流水生态系统

水资源作为一个特殊的载体，其具有经济和生态双重属性，因此需综合考虑二者，并使得二者的综合效益最大化。因此在水资源开发利用过程中，水利工程的设计应为植物生长和动物栖息创造条件，为鱼类产卵、鸟类和水禽提供栖息地和避难所。例如，广西北部湾经济区内郁江流域的十级梯级电站开发，必须谨慎选择、不断评估，在进行环境影响评价时，不应仅仅局限于工程本身，还应从梯级水库的角度进行分析，实施生态调度，选择重点保护对象，保证下泄流量和重要的洪水脉冲流量，满足下游河道内水生态要求。

3. 建设鱼类保护设施，保护鱼类资源

新建水利工程应充分论证由水库建设改变河流生态系统导致的地球化学场合生物场的改变带来的弊端，减轻污染物的累积程度，采取必要的补偿工程措施和生物措施。

对于已建、在建的水电站应建立鱼类增殖站，进行人工繁殖、放流保护，如在南宁段应将赤眼鳟、青鱼、草鱼、鲢鱼、鳙鱼5种鱼类列为近期放流对象，将乌原鲤、龙州鲤、大眼卷口鱼、白肌银鱼4种鱼类列为中期放流对象，赤虹、叶结鱼、暗色唇鲮、日本鳗鲡4种鱼类列为远期放流对象。

4. 加强沿岸污染控制，保护生态环境

严格执行环境影响评价制度，加快建设研究区内城市污水处理设施，提高污水处理率和处理效率，同时采取污水资源化措施，有效利用处理后的污水，如城市绿化和灌溉等，以减少入河污染物排放，并进一步提高南宁、北海、钦州、防城港四市的污水处理率。

严格控制河流水体养殖，如在郁江横县境内的淡水网箱养殖、广西沿海地区海水养殖等，需严格控制，调整和优化养殖产业结构，发展高产、高效益无污染养殖业，严格控制投饵和用药等。

在广西推广畜禽养殖业粪便综合利用和处理技术，鼓励建设养殖业和种植业紧密结合的生态工程，控制规模化畜禽养殖业污染。为了减轻农业非点源污染，实行合理灌溉，减少农田径流，科学施肥，采用农作物配方施肥技术，提高肥效，减少总施用量，提倡生态农业，采取间种、套种相结合，种养结合，推广农作物病虫害综合防治技术，减轻农药污染。

5. 保证生态流量，保护河口生态环境

广西北部湾有六条入海河流，河口结构独特，为海陆交界地带的动植物系统（如红树林、钦州湾部分鱼类资源）提供了栖息场所和生存环境，具有重要的生态保护价值。以钦州湾三条河流为例，应保证入海河流主要断面的月平均最小生态流量分别为茅岭江黄屋屯站 $10.75\text{m}^3/\text{s}$、风江坡郎平站 $13.05\text{m}^3/\text{s}$、防城港长岐站 $6.60\text{m}^3/\text{s}$；适宜生态流量分别为 $14.48\text{m}^3/\text{s}$、$17.59\text{m}^3/\text{s}$、$8.88\text{m}^3/\text{s}$；较好生态流量分别为 $18.196\text{m}^3/\text{s}$、$22.137\text{m}^3/\text{s}$、$11.159\text{m}^3/\text{s}$；以保持河口水域合理的盐分，维系近岸海域幼鱼和无脊椎动物的育苗，洄游鱼类产卵、育肥，也确保工农业生产供水质量，减少河口泥沙淤积。

10.3.6 完善取水许可管理体系，严格控制取水增量

在耗水控制的水资源配置模型基础上，开发区域取水许可总量核算方法，核算出现状年全区取水许可总量控制指标为 63.8 亿 m^3，其中南宁市为 34.6 亿 m^3，北海市为 10.0 亿 m^3，钦州市为 13.5 亿 m^3，防城港市为 5.7 亿 m^3。通过对比根据水利统计年鉴得到各地市共发放的取水许可水量与通过取水许可总量核算结果，其中南宁市、北海市、钦州市、防城港市的统计取水许可量均不同程度小于核算后的实际应纳入取水许可管理的取水量。反映出目前全区存在取水许可统计范围不全、取水许可管理范围不全等问题，存在实际发生的取水行为没能纳入取水许可管理的情况。针对这一问题，考虑今后广西北部湾取水许可控制需求，本研究提出如下具体建议：

（1）完善取水许可管理范围，加强计量检测。对于农业用水、集中供水的农村生活用水，逐步开展取水许可管理，加强水资源论证、取水许可管理的实施力度，至 2020 年，纳入取水许可管理的用水量占总用水量比例要达到 80%以上。尤其是对于防城港市，目前核算的取水许可总量与实际统计得到的数据有较大的出入，建议在扩大取水许可管理范围的同时，重点健全水资源监控体系，完善水资

源监测站网布局，逐步扩大监测项目和增加监测频次，加强取、排水计量监控设施建设，强化水资源信息化管理手段。

（2）严格控制取水许可增量。本研究预测 2020 年、2030 年南宁市取水许可总量控制指标分别为 37.0 亿 m³、37.5 亿 m³，北海市取水许可总量控制指标分别为 11.7 亿 m³、12.0 亿 m³，钦州市取水许可总量控制指标分别为 15.3 亿 m³、15.7 亿 m³，防城港市取水许可总量控制指标分别为 8.3 亿 m³、9.4 亿 m³。各地市在制定未来水平年社会经济发展规划时，对于新增取水许可数量应严格控制在未来水平年取水许可控制指标范围内。对取用水总量已达到或超过控制指标的地区，暂停审批其建设项目新增取水许可。

（3）本研究从水资源精细化管理的角度提出了取水许可警戒线管理模式，通过设定红色、橙色、黄色警戒线来实现对区域取水许可的细化控制。对于具备监控能力的工业园区、现代化灌区，建议先行推广实施。

10.3.7 推行计划用水动态调整，提高用水管理水平

区域年度计划用水动态调整方面，本研究制定了 50%、75%、95%来水频率下的区域年度计划用水控制指标作为不同水平年下年度计划用水管理的重要依据。具体落实过程中，应首先完善区域计划用水管理办法，即每个年末制定下一年度的计划用水，并考虑来水预报，结合本书8.3节的计算成果，确定下一年度的计划用水指标。

用户计划用水动态调整方面，应结合本研究提出的动态调整方法，出台相应的计划用水管理细则，对于年度计划用水，应结合历史用水规律进行核算，对于月计划用水方面，应鼓励用水户的"主动节水"，在全年取水总量指标的约束下，进一步针对各个月的计划用水指标设定控制线并实行动态调整，以动态管理用水户的取水量，实现对月计划用水的弹性管理。

对于计划用水的实施，一方面实现计划用水管理地区和用水户的全覆盖，至 2020 年，取水许可管理范围内实施计划用水管理的水量比例要达到 100%；另一方面耦合计划用水动态管理核算方法，以实现户计划用水弹性管理；在《计划用水管理办法》所要求的对纳入取水许可管理的单位和其他用水大户实行计划用水管理的基础上，逐步增加纳入计划用水管理的用水户数量；推广阶梯水价管理，县级及以上城市应于 2015 年年底前全面实行居民阶梯水价制度，2020 年年底前，全面实行非居民用水超定额、超计划累进加价制度。深入推进农业水价综合改革。

10.3.8 打造取用水信息管理平台，实现取用水定量监控

为落实区域取用水总量控制的各项指标，需要建立取用水监控体系平台，实

现水资源开发利用的监测与计量的数据获取、统计与分析，并对用水户水资源开发利用行为进行动态的监控和预警。当前，广西正在组织开展自治区级水资源监控管理平台的系统集成体系研发，其中，取用水监控体系主要包括 1500 个工业及生活取用水户管道取水的在线监测，约 150 个农业灌溉渠取水在线监测、5 个水力发电站发电量在线监测，以及 2 个地下水超采区共 10 个水井的地下水位在线监测。该监控体系还不能满足广西北部湾经济区水资源开发利用红线的范围要求，具体表现在如下几个方面：一是需要进一步加大用水户在线监测的覆盖范围，加大北部湾经济区的布点，特别是重要产业园（如铁山港工业园、明阳工业园），重要灌区（如合浦灌区）、主要社区（如快速城镇化商业小区）；二是除了对重要取水户取用水进行监控外，还需要对主要河流断面、重要饮用水功能区流量、水位等指标进行监控，确保逐月的生态流量，促进生态系统结构和功能的良性循环；三是除了对取用水体系监测，还应加强对区域各用水户耗水的监测，在耗水监测过程中，积极推进生活耗水计量、工业企业水平衡测试、农业灌溉实验，并注重遥感等先进手段在耗水监测中的应用，建立取—用—耗—排的动态关联，提高水资源精细化管理水平；四是加大信息的共享力度，研发具有实用性的信息管理平台，为区域取用水总量控制的监控与动态考核提供信息支撑。

第11章　主要成果与展望

11.1　主　要　成　果

本书通过对广西北部湾经济区水资源开发利用控制红线制定与动态管理的理论、关键技术研究及其应用，得到如下主要成果。

1. 创新提出了区域水资源开发利用总量控制理论构架

在对水资源开发利用总量控制、控制红线内涵解析的基础上，识别了水资源开发利用总量控制的三大基础理论，即流域"自然-社会"二元水循环理论、分行业耗用水原理及适应性管理理论，分别为水资源开发利用的总量控制提供边界、驱动和动态修正。在此基础上，比较分析了水资源开发利用控制宏观、中观和微观尺度的控制目标、控制对象及控制条件。提出了水资源开发利用总量控制"效率一核制约、供需双向协调、宏中微三层嵌套"的基本框架与基本准则。绘制了不同来水频率条件下区域生态用水保障和用水效率提高双重要求水资源开发利用总量控制的动态曲线，识别了枯水期和丰水期水资源开发利用总量控制的基本路径。

2. 提出了基于交界断面流量动态闭环反馈的复杂水资源系统的多维均衡阈值确定方法

分别考虑人与自然关系层面、社会经济取用水层面、行政管理等不同层面的实践需求，面对复杂水资源系统（具体包括水量、水质、用水效率、地表水、地下水、外调水、再生水等多重子系统），面向流域生态保护，提出了交界断面流量动态闭环反馈的多维均衡阈值确定方法。并且构建了区域通用、区域特有的关键阈值。针对典型区域特点，分别确定了不同区域的调控理念，北方区域的多维临界调控和南方区域的多维均衡调控阈值。通过不断地用交界断面流量动态闭环反馈过程核准区域阈值，为区域水资源开发利用总量控制提供了定量依据。

3. 系统研发区域取用水总量控制红线制定模型系统

针对广西北部湾经济区水资源特点与开发利用现状，自主研发了区域水资源开发利用总量控制模型系统（ET_WAS模型），具体包含区域可耗水量评价、基于耗水的水资源配置和面向用水总量控制的水循环模拟三大环节和功能。通过 ET_WAS 模型，可以仿真模拟实现耗水控制指标下的取用水管理指标的分配和制定、各时段"自然-人工"二元水循环动态反馈及河流断面流量过程，该模型的成功研发，为区域水资源总量控制红线指标制定、生态调度和动态管理提供了科学工具。

4. 分水源、分用户、分频率年细化制定广西北部湾经济区取用总量控制阈值

根据广西北部湾经济区经济社会、水资源、生态流量恢复目标等相关规划和数据，通过系统分析、模型量化、合理性分析，制定广西北部湾经济区耗水目标下的取用总量控制红线，为区域水资源管理提供支撑。考虑区域取用水总量受来水频率影响，区域水资源开发利用控制红线为多年平均值，本次研究细化制定不同频率下的区域取用总量控制阈值，为区域水资源实际管理提供支撑。

5. 定量给出了取用水总量控制条件下区县交界断面流量控制指标

根据南宁、北海、钦州、防城港四市水资源开发利用控制红线下水资源细化配置方案的区域水循环仿真模拟和主要断面流量过程，确定未来不同水文频率下的区域关键断面流量控制管理指标。多年平均来水条件下南宁、北海、钦州、防城港四市汛期的出境断面最低生态流量分别为 $403.93m^3/s$、$48.27m^3/s$、$40.95m^3/s$、$18.02m^3/s$，非汛期分别为 $72.79m^3/s$、$6.78m^3/s$、$4.95m^3/s$、$2.53m^3/s$。由于最低河道生态流量阈值是确保河道生态健康的最低要求，对于常态下水资源开发利用管理的约束较弱，本次研究确定了北部湾经济区 15 个区县交界断面的控制流量管理指标。

6. 研发了取用水总量控制动态管理技术

研究阐明了水资源可利用量、用水总量控制红线、取水许可总量、用水计划和实际用水量之间的相互关系。通过分析水资源管理现状，识别取用水总量控制动态管理中存在的若干问题。结合不确定性动态系统优化决策方法，提出基于径流聚类预报与断面复核双向约束的时程滚动修正的序贯决策方法。通过建立月时间尺度分频率段多元线性自回归模型，结合逐月跨界断面流量复核逐月实际用水量，实现"预报-复核"双向约束下逐月用水总量控制指标的序贯决策模式，以此作为取用水总量动态管理的基础。进而，在基于耗水控制的水资源配置模型基础上，开发区域取水许可总量核算方法，核算出现状年、2015 年、2020 年、2030 年全区取水许可总量控制指标分别为 63.8 亿 m^3、70.0 亿 m^3、72.3 亿 m^3、74.5 亿 m^3，并确定了各水平年取水许可增量指标。研究提出了取水许可警戒线管理模式，通过设定红色、橙色、黄色警戒线实现对区域取水许可的细化控制。同时，提出了计划用水动态管理模式，根据不同来水频率确定区域年度计划用水控制指标，并在年度控制指标基础上，建立月计划用水指标动态确定方法，实现对用户计划用水的弹性管理。

7. 经济区水资源开发利用监控体系框架与动态管理系统平台研发

基于“二元”水循环原理，系统提出了广西北部湾经济区水资源开发利用控制的监控体系的设计方案。创新研发了“广西北部湾经济区水资源开发利用控制动态管理系统”平台，并通过互联网独立发布，可操作性强、可视化好，并可与建设中的“广西水资源监控能力体系”平台实现耦合、链接，能够对不同区域、不同水源、不同用户水资源开发利用的信息进行统计查询，并进行动态预警，可为区域水资源开发利用的动态管理提供支撑。

11.2 创 新 点

本书取得了如下四方面的创新成果：

（1）提出了区域水资源开发利用总量控制模式及其控制曲线与路径。提出了“效率一核制约、供需双向协调、宏中微三层嵌套”的区域水资源开发利用过程控制模式，绘制了不同来水频率条件下区域生态用水保障和用水效率提高双重要求的水资源开发利用总量控制的动态曲线，识别了缺水期和丰水期区域水资源开发利用总量控制的不同起点和路径。

（2）创新提出了交界断面量质动态闭环反馈的复杂水资源系统的多维均衡阈值确定方法。提出了以交界断面流量为校核指标的取水、用水、耗水、排水全过程阈值体系，通过动态闭环反馈技术解决了区域取用水后上下游水量不闭合的矛盾，构建了适合于广西北部湾经济区的水资源开发利用控制多维均衡决策范式。

（3）研发了面向河流生态功能维系的区域耗水红线分配及水循环动态响应模拟技术，提出了与取用水红线控制指标相协调的耗水控制指标。提出了面向河流生态功能维系的区域经济社会目标耗水计算方法，通过原型观测实验建立的区域行业耗水-用水关系曲线，研发了基于耗水控制的水资源优化配置，提出了比取用水红线更准确的耗水红线，并在此基础上实现了区域耗用水过程下水循环过程仿真模拟，刻画出“自然-人工”二元水循环动态反馈、各时段水循环转化通量及河流断面流量过程。

（4）发展完善了径流聚类预报与断面复核双约束的时程滚动修正序贯决策方法的动态管理技术，形成了广西北部湾经济区重点用水户的水资源动态管理方案。通过对历史来水序列进行“丰-平-枯”聚类划分，建立月时间尺度来水频率预报模型，实现来水量逐月预报并确定初始用水指标，利用逐月跨界断面流量复核逐月实际用水量对逐月指标进行滚动修正,实现"预报-复核"双向约束下逐月用水总量控制指标的序贯决策。以该方法为核心,结合取水许可、计划用水管理制度,以及"逐年考核-多年复核"机制,创建了取用水总量控制红线在不同来水频率下动态管理技术。

11.3　研 究 展 望

1. 北部湾经济区水资源开发利用控制的导则与技术标准研发

为指导北部湾经济区水资源开发利用红线制定及动态管理,需要编制经济区水资源开发利用控制的导则和技术标准,提高水资源开发利用管理的规范化和可操作性,实现对不同地区水资源开发利用情况的动态评估与考核,全面支撑区域实行区域水资源开发利用控制的精细化、规范化管理实践。

2. 加强北部湾经济区三条红线之间的联动关系研究

最严格水资源管理三条红线是从不同角度对水资源的利用和保护进行管理,三者之间既有区别,也有密切关系。三条红线"取水总量-用水效率-水质状况"通过水循环及其伴生过程动态耦合和关联,以及水功能区水质目标的提升,可以增加可供水量,提高水资源安全保障的程度。例如,用水效率提高有利于促进水资源开发利用总量控制并减少入河排污量。因此,在研究水资源开发利用控制红线制定与动态管理的技术及应用的基础上,今后需要结合广西北部湾经济区的区情水情,进一步揭示其三条红线的联动定量关系,具体包括水资源开发利用总量控制与用水效率管理的关系、用水效率与水功能区限制纳污之间的关系、取用水总量控制与水质改善之间的关系等。

参 考 文 献

陈方，盛东，高怡，等.2009. 太湖流域用水总量控制体系研究. 水资源保护，25（3）：37-40.

陈进，朱延龙.2011. 长江流域用水总量控制探讨. 中国水利，（5）：42-44.

陈明忠，何海，陆桂华.2005. 水资源承载能力阈值空间研究. 水利水电技术，36（6）：6-8.

陈润，甘升伟，石亚东，等.2011. 新安江流域取水许可总量控制指标体系研究. 水资源保护，27（2）：91-94.

陈莹.2008. 基于复杂性理论的水资源系统演化方向业研究. 南京：东南大学.

褚俊英，王浩，王建华，等.2009. 我国生活水循环系统解析与调控研究. 水利学报，40（5）：614-622.

韩康，等.2007. 北部湾新区：中国经济增长第四级. 北京：中国财政经济出版社.

韩雁，黄跃飞，王光谦，等.2011. 基于区间不确定性水资源复杂系统的协调演化研究. 水利学报，42（8）：892-898.

何本茂，韦蔓新.2010. 钦州湾近 20a 来水环境指标的变化趋势Ⅶ：水温、盐度和 pH 的量值变化及其对生态环境的影响. 海洋环境科学，29（1）：51-55.

胡德胜.2013. 中美澳流域取用水总量控制制度的比较研究. 重庆大学学报（社会科学版），2013，19（5）：111-117.

胡震云，雷贵荣，韩刚.2010. 基于水资源利用技术效率的区域用水总量控制. 河海大学学报（自然科学版），38（1）：41-46.

黄德练，吴志强，黄亮亮，等.2013. 钦州港红树林鱼类群落时间变化格局及其与潮差等环境因子关系. 桂林理工大学学报，33（3）：454-460.

蒋晓辉，Angela Arthington，刘昌明.2009. 基于流量恢复法的黄河下游鱼类生态需水研究. 北京师范大学学报（自然科学版），45（5）：537-541.

蒋雪莲.2012. 基于关键种适宜盐度控制的河口生态需水研究. 北京：北京师范大学.

蓝文陆.2012. 钦州湾枯水期富营养化评价及其近 5 年变化趋势. 中国环境监测，28（5）：40-44.

雷晓辉，王浩，蒋云钟，等.2012. 复杂水资源系统模拟与优化. 北京：水利水电出版社.

李少华，董增川，周毅.2007. 复杂巨系统视角下的水资源安全及其研究方法. 水资源保护，2（23）：1-3.

李树华.1988. 钦州湾的流况及其水文特征. 海洋湖沼通报，（3）：17-22.

李香云.2013. 国外生态用水管理制度与启示. 水利发展研究，9：83-86.

林德才，邹朝望.2010. 用水总量控制指标与评价体系探讨. 实行最严格水资源管理制度高层论坛优秀论文集：94-98.

刘克岩，李明良，任印国，等.2012. 基于地下水位年变幅的地下水用水总量控制评估指标方法初探. 2012 全国水资源合理配置与优化调度技术专刊：1-7.

刘亮. 北部湾沿海红树林造林宜林临界线研究.2010. 南宁：广西大学.

刘文海. 2007. 国外水管理改革. http: //www.chinavalue.net/Biz/Article/2007-3-26160432.html.
刘永泉，凌博闻，徐鹏飞. 2009. 谈广西钦州茅尾海红树林保护区的湿地生态保护. 河北农业科学，13（4）：97-99.
鲁秉晓. 2014. 金昌市用水总量控制指标确定研究. 甘肃科技纵横，43（3）：28-29.
片冈直树. 2005. 日本的河川水权、用水顺序及水环境保护简述. 水利经济，23（4）：8-9.
秦大庸，陆垂裕，刘家宏，等. 2014. 流域“自然-社会”二元水循环理论构架. 科学通报，59（4-5）：419-427.
秦大庸，吕金燕，刘家宏，等. 2008. 区域目标 ET 的理论与计算方法. 科学通报，53（19）：2384-2390.
邵东国. 2012. 水资源复杂系统理论. 北京：科学出版社.
孙青言，褚俊英，秦大庸，等. 2013. 水资源开发利用总量控制研究方法评述. 节水灌溉，（6）：11-13.
汪党献，郦建强，刘金华. 2012. 用水总量控制指标制定与制度建设. 中国水利，7：12-14.
汪党献，王建生，王晶. 2011. 水资源合理开发与用水总量控制. 中国水利，（23）：59-63.
王浩，周祖昊，秦大庸，等. 2013. 基于 ET 的水资源与水环境综合规划. 北京：科学出版社.
王建华，王浩，等. 2014. 社会水循环原理与调控. 北京：科学出版社.
王静爱，毛睿，周俊菊，等. 2006. 基于入户调查的中国北方人口生活耗水量估算与地域差异. 自然资源学报，21（2）：231-237.
熊昫. 2010. 广西郁江老口枢纽工程与鱼类资源保护. 企业科技与发展，282（12）：89-91.
杨斌，张晨晓，钟秋平，等. 2012. 钦州湾表层海水温度盐度及 pH 值时空变化. 钦州学院学报，27（3）：1-5.
叶建春，李蓓，陈方. 2007. 太湖流域河道内用水控制指标分析计算. 水利水电技术，38（3）：1-5.
曾祥，董玲燕，骆建宇. 2011. 长江流域干支流用水总量控制指标研究. 长江科学院院报，28（12）：19-22.
张海涛，谢新民，谷军方，等. 2011. 邯郸市东风湖泉域用水总量控制研究. 水电能源科学，29（2）：17-20.
张丽珍，徐淑庆. 2010. 广西北部湾红树林湿地生态功能的探讨. 安徽农学通报，16（23）：134-136.
赵若. 2011. 城市化半城市化河流生态需水研究. 郑州：华北水利水电学院.
中国农业百科全书总编辑委员会水利卷编辑委员会. 1986. 中国农业百科全书·水利卷下. 北京：中国农业出版社.
中华人民共和国水利部. 2011. 河湖生态需水评估导则（SL/Z479-2010）. 北京：中国电力出版社.
周念清，赵露，沈新平. 2012. 基于协同学理论评价湘江流域水资源系统适应性. 人民长江，43（24）：9-12.
Daniel P L，John S G. 2003. Sustainability criteria for water resource systems. 王建龙译. 水资源系统的可持续性标准. 北京：清华大学出版社.
Govert D G. 1995. Adaptive water management：Integrated water management on the edge of chaos. Water Science and Technology，32（1）：7-13.
Julian T，Reinhard S，George K. 2008. Water loss control. McGraw-Hill Professional.